KB104823

생물학 명강 3

경암바이오 시리즈

세포는 우리에게
무엇을 말해주는가

생물학 명강 ❸

한국분자 · 세포생물학회 기획

고기남
고재원
김재호
김형기
박철승
박충모
백성희
서영준
선 웅
안지훈
오우택
임대식
정광환
정 용
조형택
한진희
지음

신인철
카툰

해나무

생명의 신비에
한 발짝 더 다가갈 수 있기를

이상열 제24대 한국분자 · 세포생물학회 회장

생명과학은 나날이 급변하고 있으며, 아마도 그 어떤 분야보다 역동적인 학문 분야일 것입니다. 1953년 제임스 왓슨과 프랜시스 크릭이 DNA의 이중나선형 구조를 발견한 이후, 지금까지 약 1만 5000종의 게놈(유전체) 정보가 해독되었고, 향후 10년 이내에 100만 개체 이상의 게놈이 해독될 것으로 보입니다. 이런 방대한 양의 유전정보 해독은 생명의 기원과 진화, 뇌의 신비, 생명체 복제에 대한 우리의 지식을 진일보시킬 뿐만 아니라, 난치병의 원인 규명과 치료, 줄기세포를 통한 재생 치료, 병충해 저항성을 갖춘 작물 개발, 인공장기 생산 등에 대한 지적 · 사회적 대변혁을 불러일으킬 가능성이 높습니다.

게놈 정보를 해독하고 활용하기 위해서는 생명과학 지식뿐 아니라 화학, 물리학, 정보공학, 전산통계학, 로봇공학, 의공학, 농학, 환경공학 등 다양한 분야의 융복합 지식이 필수적입니다. 지난 수십 년간 이뤄진 분자 · 세포생물학 분야의 발전은 베일에 싸여 있던 생명의 신비를 한 꺼풀씩 벗겨내고 있으며, 우리가 그토록 궁금해하던 수많은 질문들에 대해 차근차근 해답을 제시해주고 있습니다. 지금 이 순간에도, 수많은 국내 생명과학자들이 숱한 밤을 지새우면서 생명현상에 관한 탁월한 성과들을 도출해내는 중입니다.

한국분자 · 세포생물학회는 지난 2005년부터 세계적 수준의 국내 저명 과학자들을 강연자로 초청해 청소년들을 대상으로 자신들의 과학적 성취를 소개하는 '경암바이오유스캠프'를 진행해오고 있습니다.

그리고 지난 2013년부터 생명과학에 관심 있는 더 많은 청소년들을 위해 경암바이오유스캠프 강연을 책으로 묶어 출간하고 있습니다. 이미 출간된 『생물학 명강1』과 『생물학 명강2』는 미래창조과학부 인증 우수과학도서로 선정되어, 많은 청소년들이 즐겨 읽는 생명과학 분야 추천도서로 자리매김하고 있습니다.

이번 『생물학 명강3』에서는 1부에서 신경세포에 의한 뇌 기능과 기억 조절의 신비를 접할 수 있을 것이며, 2부에서 줄기세포의 역할과 암 발생 기전에 대한 지식을, 3부에서 DNA, RNA, 단백질의 본질과 기능을 배울 수 있을 것입니다.

생명체의 분화, 발생, 성장, 노화 과정은 대단히 복잡하고 정교한 유전적 회로 조절을 통해 이루어집니다. 이 책을 통해 다양하고 역동적인 생명현상의 원리를 배움으로써, 독자들이 생명의 신비에 한 발짝 더 다가갈 수 있기를 바랍니다.

특히, 경암바이오유스캠프 강연을 적극 지원해주시는 '경암교육문화재단'의 송금조 이사장님, 한국분자 · 세포생물학회 회원이자 이 책의 발간을 위해 수고한 생명과학 분야의 한국 최고 석학들, 그리고 해나무 편집부에 깊은 감사의 말씀을 전합니다.

감사의 말

미래 생명과학자들의
꿈과 열정을 위해!

송금조 경암교육문화재단 이사장

생명과학은 사람의 꿈과 희망을 책임질 수 있는 중요한 학문 분야라고 생각합니다. 이런 강한 믿음으로 저는 생명과학 분야에 관심을 가지고 지원하게 되었습니다.

그 첫걸음이 한국분자 · 세포생물학회의 경암바이오유스캠프에 대한 지원이었으며, 이를 통해 우리나라 생명과학의 미래를 이끌어갈 인재를 양성하는 데 도움이 되고 싶었습니다.

매년 개최되는 경암바이오유스캠프 강연장에서, 최고의 과학자들은 학생들에게 미래의 꿈을 심어주기 위해 열의를 불태우고, 또 참가 학생들은 귀중한 배움을 얻기 위해 열정을 다합니다. 이 모습을 지켜보는 사람들 또한 단순한 강연 이상의 희망을 가슴에 새길 수 있었을 것입니다. 경암바이오유스캠프를 거쳐 간 학생들이 우리나라와 세계를 이끌어갈 생명과학자가 되어 건강한 삶에의 꿈을 실현시키고 환경 · 식량 문제 등도 해결하는 밝은 미래를 기대해봅니다.

6

경암바이오유스캠프의 훌륭한 강연을 책으로 엮어낸『생물학 명강 1』,『생물학 명강2』에 이어, 이번에 세 번째 책『생물학 명강3』이 세상에 나오게 되어 더할 나위 없이 기쁩니다. 이것은 강연에 참여한 국내의 훌륭한 과학자들과 한국분자·세포생물학회, 그리고 여러 선생님들의 귀한 노력의 결실이라고 생각합니다. 저는 경암교육문화재단이 경암바이오유스캠프를 지원하게 된 것에 매우 큰 기쁨과 보람을 느끼며, 경암바이오 시리즈가 해를 거듭할수록 학생들에게 더 많은 지식과 열정을 전해 주는 좋은 도서로 발전하기를 소망합니다.

앞으로도 생명과학에 대한 관심과 지원이 우리나라 곳곳에서 환하게 타오르길 기대하며, 저도 열심히 응원하겠습니다.

차례

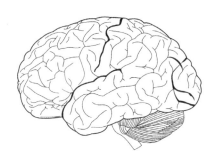

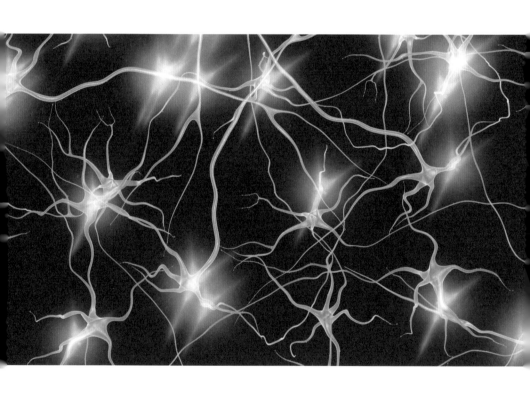

1부

뇌

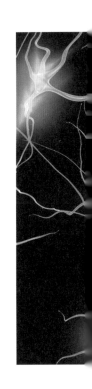

뇌를 숲으로, 신경세포를 나무로 비유한다면, 이 세상의 모든 사람은 각기 다른 뇌 생태계를 지녔다. 그 누구도 동일하지 않고, 다른 것으로 대체할 수 없을뿐더러, 복제할 수도 없다. 어떤 뇌를 지녔기에 〈햄릿〉도 나오고, $E=mc^2$이라는 공식도 나오고, '운명 교향곡'이 나오게 되었을까? 각기 다른 뇌 생태계를 지닌 사람들인데도 서로 의사소통을 하며 살아간다니 정말 놀랍지 않은가? 우리가 타인과 소통하고, 외부 환경을 경험하고, 글과 말로 표현하고, 학습할 수 있는 것은 모두 뇌 덕분이다. 더욱이 우리는 기억할 수 있기 때문에 우리 자신이 될 수 있다. 도대체 우리는 어떻게 기억을 저장하고, 또 어떻게 기억을 끄집어낼 수 있는 것일까? 신경세포들은 어떻게 신호는 주고받는 것일까? 알다시피, 뇌과학에 눈길을 주다보면 자신도 모르게 쏟아져 나오는 질문과 마주하게 된다. 그만큼 뇌는 아직 풀어야 할 수수께끼로 가득 찬 곳이다. 신경세포와 신경세포와의 모든 연결을 보여주는 뇌 지도(커넥톰)가 완성된다면 수많은 뇌 질환을 치료할 수 있게 될까? 생리학적으로 모든 감각과 기억 현상의 메커니즘을 규명하는 그날이 온다면, 뇌과학은 과연 우리에게 어떤 메시지를 던져주게 될까? 자, 이제 뇌과학의 눈부신 발달 과정을 실시간으로 지켜보는 황홀한 경험을 맛볼 때다.

시냅스에는 어떤 비밀이 숨어 있는가

고재원 대구경북과학기술원 뇌 · 인지과
학전공 교수

한국과학기술원(KAIST)에서 생물학을 전
공했으며, 동 대학원에서 신경생물학으로
이학석사 및 이학박사학위를 받았다. 미국
텍사스주립대학교 의과대학 연구원, 스탠
퍼드대학교 의과대학 연구원, 연세대학교
생명시스템대학 생화학과 교수 등을 거쳐,
현재 대구경북과학기술원 뇌 · 인지과학전
공 교수로 재직 중이다. 시냅스의 구조 및
기능을 조절하는 분자 기전에 관심을 갖고
있으며, 현재 시냅스 접착단백질들의 기능
연구를 통한 각종 뇌 질환의 병인 기전을
연구하고 있다. 청암펠로우쉽(2011), 아산
의학상(젊은의학자 부문, 2014) 등을 수상
했다. 역서로는 『분자세포생물학』(공역) 등
이 있다.

뇌는 사고, 판단, 기억, 학습 등의 고등한 기능에서부터 잠, 식욕, 성욕과 같은 원초적 기능에 이르기까지 동물의 모든 기능을 관장하는 기관입니다. 이 뇌에는 수많은 뇌세포들이 존재하는데, 이중 약 10%는 신경세포가 차지하고 있으며, '시냅스'라는 특수한 구조를 통해 신경 전달을 이루어냅니다. 그러면 시냅스란 과연 무엇일까요? 이 자리에서는 뇌가 얼마나 다양한 기능을 수행하는지, 그 가운데 가장 중요하다고 알려진 시냅스란 과연 어떤 역할을 해내는지를 소개해보고자 합니다.

신경계와 신경회로망

사람의 몸에는 다양한 신경계가 존재합니다. 신경계란 여러 가지 외부 환경의 자극을 받아들이고 그 자극에 대해 반응하는 계통을 말합니다. 인간의 신경계는 크게 중추신경계와 말초신경계로 나뉩니다. 중추신경계는 다시 뇌와 척추로 나뉩니다. 말초신경계는 중추신경계에서 뻗어 나와 몸 곳곳에 퍼져 있는 복잡한 신경계를 말합니다. 여기서는 중추신경계 중의 하나인 뇌에 국한해서 다룰 예정입니다.

동물들의 뇌 크기는 다양합니다. 우선 쥐와 인간의 뇌를 비교해보면 크기에서 큰 차이를 보입니다. 돌고래의 뇌는 인간의 뇌보다 더 큽니다. 물론 코끼리의 뇌도 인간보다 훨씬 더 큽니다. 그러면 뇌가 클수록 더 똑똑할까요? 돌고래는 인간보다 더 똑똑할까요? 아주 흥미로운 질문입니다.

우선 단순히 뇌의 크기가 아니라, 몸의 전체 크기에 비해 뇌가 차지하는 비율이 얼마인지를 고려해야 합니다. 그런 측면에서 보면 돌고래는 몸집이 크지 않으면서도 뇌가 상당히 큰 편입니다. 돌고래를 예외로

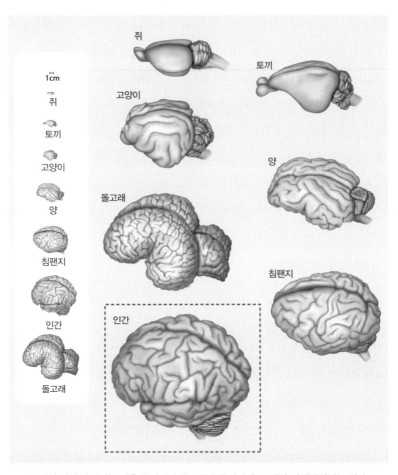

쥐

토끼

고양이

양

돌고래

침팬지

인간

1cm

쥐

토끼

고양이

양

침팬지

인간

돌고래

몸에서 뇌가 차지하는 비율이 더 클수록 고등동물이지만, 그것이 절대적이지는 않다.

하면, 다른 동물에 비해 뇌가 차지하는 비율이 가장 큰 동물은 인간입니다.

쥐, 토끼, 고양이와 비교해보았을 때, 인간의 뇌에 나타난 가장 두드러진 특징은 주름이 많다는 점입니다. 뇌에는 왜 이렇게 주름이 많을까요? 일단 주름을 펴본다고 한번 생각해봅시다. 주름을 다 펴보면 굉장히 길고 넓어질 겁니다. 즉 표면적이 넓어집니다. 한정된 크기의 두개골에 아주 많은 수의 뇌세포들을 넣으려면 주름지게 하는 방법이 효과적일 것입니다. 그래서 생물학자들은 고등한 동물일수록 주름진 형태의 뇌로 진화했을 것이라고 짐작하고 있습니다.

사람의 뇌를 자세히 들여다보면, 여러 부위로 나뉘었지만 유기적으로 연결된 하나의 기관이라는 것을 알 수 있습니다. 뇌의 기능으로는 자신을 인식하고 인지하는 인지 기능, 기억과 학습을 가능하게 하는 고등 기능, 외부의 자극 정보를 받아들이는 감각 기능, 운동과 수면을 매개하는 기능 등을 꼽을 수 있습니다. 이 외에도 뇌는 크고 작은 수백 가지의 기능을 담당하고 있습니다. 그래서 뇌 기능에 문제가 생길 경우에 사람은 뇌 질환을 앓게 됩니다.

뇌는 수많은 신경세포들로 구성되어 있습니다. 이 신경세포들은 아주 복잡하게 서로 연결되어 있는데, 이런 연결을 통칭해서 신경회로망이라고 부릅니다. 신경회로망은 얼마나 많을까요? 아직까지 우리는 정확히 알지는 못합니다. 다만 굉장히 많다고만 알고 있습니다.

예를 들어 뒤의 그림을 보면 여러 색의 동그라미가 보일 겁니다. 동그라미들이 하나의 신경세포를 가리킨다고 할 때, 초록색 동그라미는 가깝게 인접한 신경세포와 연결되었을 뿐 아니라 굉장히 멀리 있는 뇌 부위까지와도 연결되어 있는 것을 볼 수 있습니다. 즉 신경세포는 지역

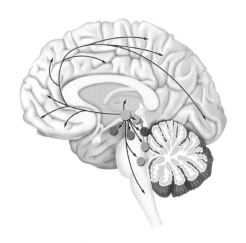

하나의 신경세포는 가깝게는 인접한 신경세포와 연결되어 있을 뿐 아니라 꽤 멀리 떨어진 뇌 부위와도 연결되어 있다.

적으로 멀리 떨어져 있는 신경세포와도 신경회로망을 통해 서로 대화를 나누고 있는 것입니다. 어떤 경우는 신경회로를 직선으로 펴보았을 때 우리 키의 3~4배의 길이보다 깁니다. 그만큼 길게 연결되어 있는 것들이 포개지고 말려서 우리 뇌 안에 들어가 있는 것입니다.

신경회로망에 대한 다양한 연구

그러면 복잡한 신경회로망이 어떻게 연결되어 있는지 알 수 있는 방법은 무엇일까요?

초창기 뇌 연구에서 사용된 방법은 골지 염색법이었습니다. 과학자들은 골지 염색법을 이용해 신경세포와 신경세포 간의 연결 구조를 파악하고자 했습니다. 방사능 염색 주입법은 방사성이 있는 물질을 인위적으로 뇌의 절편에 주입시킨 후 추적해서 신경회로를 탐색하는 방법입니다. 최근에는 여러 전자현미경 기술을 이용해서 탐색하고 있는데, 3차원으로 신경세포가 어떻게 연결되어 있는지를 눈으로 볼 수 있을 정도로까지 기술이 발달했습니다.

신경세포의 위치를 정확히 파악한 다음 그 신경세포들이 어떻게 연결되어 있는지를 지도 형태로 그리는 것을 연결체(커넥톰, Connectome)라고 부릅니다. 연결체학(Connectomics)은 연결체를 작성하고 분석하는 학문을 말합니다.

최근 미국 국립보건원에서 인간 뇌의 모든 연결체를 풀겠다고 선언한 이후, 미국 정부는 미국의 주요 대학에 1000만~3000만 달러의 연구비를 매년 투자하고 있는 중입니다. 복잡한 신경세포들의 연결 구조를 다 풀겠다는 것이 그들의 목표입니다.

지난 2010년 MIT에 재직했던 세바스찬 승(Sebastian Seung) 프린스턴대학교 교수가 TeD 컨퍼런스에서 '나는 나의 연결체이다(I am my connectome)'라는 주제로 연결체를 소개했는데(http://www.youtube.com/watch?v=HA7GwKXfJB0), 이 강의를 계기로 대중에게 연결체라는 단어가 널리 알려지기 시작했습니다. 연결체를 더 자세히 알고 싶다면 세바스찬 승(승현준)의 『커넥톰(Connectome)』을 읽어보면 큰 도움이 될 것입니다. 뇌의 기능을 이해하는 데 연결체가 얼마나 중요한지를 아주 쉽고 재미있게 기술한 책입니다.

세바스찬 승의 TeD 강의 QR 코드

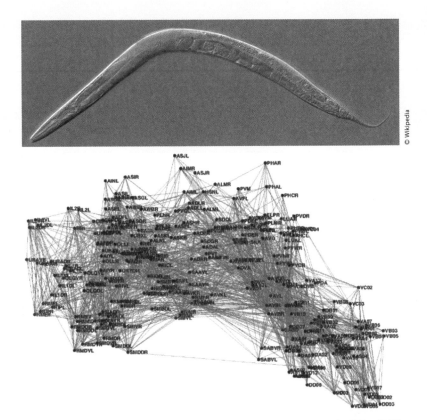

생물학 연구에 이용되는 모델 동물 가운데 유일하게 연결체가 해독된 동물은 예쁜꼬마선충이다.

연결체가 사람의 자아를 결정하는 데 굉장히 중요한 구성 요소라는 생각은 뇌에 대한 새로운 패러다임을 제시한 것이었습니다. 이 패러다임은 현대 신경생물학을 파악할 수 있는 큰 흐름이기도 합니다.

그러면 이런 복잡한 연결체가 풀린 동물로는 무엇이 있을까요? 유일하게 연결체가 해독된 동물은 예쁜꼬마선충뿐입니다. 예쁜꼬마선충은 생물학 연구에 사용되는 굉장히 중요한 모델 동물 중 하나입니다. 크기가 1mm밖에 안 됩니다. 예쁜꼬마선충에는 302개의 신경세포가 존재합니다. 옆의 아래 그림에서 신경세포는 점이고, 연결체는 선입니다. 이 302개의 신경세포들 간의 연결선은 약 7000개 정도입니다. 그러면 인간의 경우는 어떨까요? 과연 인간의 연결체는 어떤 특성과 형태를 갖고 있을까요? 아마도 예쁜꼬마선충의 연결체보다 100만 배 이상 복잡할 겁니다. 당연히 풀기도 힘들 겁니다.

쥐의 신경세포는 약 1억 개인데, 현재의 기술로는 1억 개의 신경세포가 형성하는 연결체를 다 풀기 어렵습니다. 왜냐하면 1억 개의 신경세포들 간의 연결체를 풀기 위해서는 1페타바이트(1petabyte = 10^{15}byte) 정도의 컴퓨터 용량이 필요하기 때문입니다. 인간은 쥐의 1000~100만 배 더 큰 용량이 필요합니다. 인간의 연결체를 푸는 과제는 컴퓨터 기술이 발달할 때까지 기다릴 수밖에 없을 것으로 보입니다.

이런 와중에 브레인보우(Brainbow)라는 굉장히 재미있는 기술 하나가 개발되었습니다. 간단히 설명하자면, 신경세포에 여러 형광 물질을 다양한 비율로 섞어 주입시켜 관찰하는 방법입니다. 대략 수십 가지의 형광 물질로 구분해서 주입해보면, 약 100여 가지 이상의 신경회로를 동시에 볼 수 있습니다. 이 기술을 이용해 쥐의 뇌 사진을 찍어보면 흥

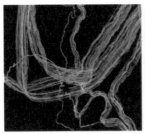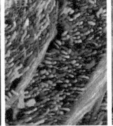

생쥐 신경세포의 브레인보우. 신경세포에 여러 가지 형광 물질을 주입시키는 브레인보우 기술을 활용하면 약 100여 가지 이상의 신경회로를 동시에 볼 수 있다. © Wikipedia, Jeff W. Lichtman and Joshua R. Sanes

미로운 사실들을 관찰할 수 있습니다.

브레인보우 기술은 하나의 신경세포와 그 주변의 신경세포, 그리고 약간 떨어져 있는 신경세포들이 어떤 식으로 연결되어 있는지를 동시에 볼 수 있는 기술입니다. 현재는 이 기술을 포함해 5~6가지의 기술이 더 개발되었고, 동물 수준에서 연결체가 연구되고 있습니다. 궁극적으로 이들 연구가 추구하는 것은 인간 뇌의 연결체학을 완성하는 것입니다.

뇌는 어떻게 기능하는 것일까?

뇌는 어떻게 기능하는 것일까요? 누군가가 여러분에게 "자동차는 어떻게 굴러갈까요?"라고 질문한다면 어떻게 답할 것인가요? 아마도 다양한 답이 나오겠죠. 누군가는 각각의 부품이 어떤 특성을 갖고 있는지 설명한 후 전체적인 맥락에서 각 부품들의 기능을 설명할 것입니다. 물론 이것만이 정답은 아닙니다. 저도 여기서 뇌의 기능을 살펴볼 때 이와 비슷하게, 작은 것의 구조와 기능을 먼저 살펴보고 그 다음으로 큰 것의 구조와 기능을 설명하는 방식을 취해보려고 합니다. 그러니까 뇌를 구성하고 있는 가장 중요한 요소를 먼저 들여다보고 그것들이 어떻게 기능하는지 살펴볼 계획입니다.

뇌도 몸의 다른 기관과 마찬가지로, 여러 가지 세포들로 구성되어 있습니다. 신경세포의 생김새는 유독 독특합니다. 19세기 말에 등장한 골지 염색법은 신경세포가 얼마나 특이하게 생겼는지를 처음으로 알게 해준 기술입니다.

골지 염색법을 발견한 신경과학자 카밀로 골지.

골지 염색법을 개발한 사람은 이탈리아 과학자 카밀로 골지(Camillo Golgi)입니다. 아마도 모두들 한 번쯤 골지체라는 단어를 들어보았을 텐데, 골지체라는 이름도 이 사람의 이름을 딴 것입니다. 골지 염색법은 신경과학계에 굉장히 중요한 기술입니다. 사실 골지 염색법 발견은 우연히 일어난 것입니다. 부유한 집안에서 자란 골지는 집에 실험실을 차려놓았는데, 어느 날 실수로 얇게 썰어놓은 동물의 뇌를 질산은이 담긴 그릇에 놓아두고 몇 주 동안이나 방치한 겁니다. 몇 주 뒤 골지는 자신이 방치했던 동물의 뇌에서 이상한 것들을 발견했습니다. 색깔이 변했을 뿐 아니라, 그 안에 여러 시커먼 물질들이 엉겨 붙어 있는 형태를 보았습니다. 골지는 그것을 현미경으로 관찰해보았고, 골지 염색법이라는 실험 기법과 자신이 관찰한 데이터들을 학회에 발표했습니다.

스페인의 과학자 라몬 이 카할(Raymónd y Cajal)은 골지 염색법을 접하고는, 골지의 방법을 따라 뇌의 각종 부위를 염색해보기 시작했

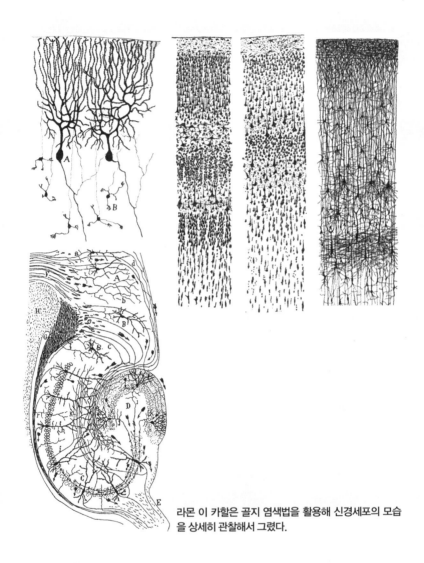

라몬 이 카할은 골지 염색법을 활용해 신경세포의 모습을 상세히 관찰해서 그렸다.

습니다. 그리고 눈으로 관찰한 것을 아주 세심히 그림으로 그렸습니다. 카할의 신경세포 그림들은 놀라운 광경을 담고 있었습니다. 그리고 1906년 골지와 카할은 공동으로 노벨상을 수상했습니다. 이 노벨상은 신경생물학 분야에 수여된 첫 번째 노벨상이었습니다.

흥미로운 사실은 관찰한 결과에 대해 골지와 카할이 서로 다른 해석을 내놓았다는 점입니다. 이 때문에 둘은 사이도 좋지 않았습니다. 어느 정도로 사이가 좋지 않았느냐면, 노벨상을 받는 시상식에서도 서로 싸웠습니다. 해석의 차이가 둘 사이를 벌려놓았던 것입니다. 그러면 그들의 해석에는 어떤 차이가 있었을까요?

골지는 신경세포를 하나의 큰 그물망 같은 것이라고 해석했습니다. 신경세포들이 연속적으로 뭉쳐져 있는 것이라고 생각했던 것입니다. 자신이 관찰한 것을 바탕으로 했으니 충분히 그런 결론을 내릴 수 있는 상황이었습니다.

반면 카할은 신경세포들은 붙어 있는 게 아니고, 아주 미세한 공간을 두고 서로 떨어져 있으며, 신경세포들 사이를 연결하는 무엇인가가 있을 것이라고 주장했습니다. 카할이 이렇게 주장한 것은 근거가 있었다기보다는, 자신이 그림을 그려본 결과 미세한 공간이 있다고 직감적으로 판단했기 때문입니다.

그러면 누구의 말이 맞았을까요? 약 50년 뒤 등장한 전자현미경은 카할이 맞다는 것을 증명했습니다. 그래서 요즘 신경생물학 교과서들은 카할을 현대 신경생물학의 아버지라고 부릅니다. 물론, 골지도 신경생물학에 굉장히 중요한 공헌을 한 과학자입니다.

신경세포와 시냅스

신경세포는 가운데에 세포체가 있고, 수상돌기와 축삭돌기라는 두 개의 돌기로 이루어져 있습니다. 축삭돌기의 끝에는 신경전달물질을 분비하는 신경말단이 있습니다. 그리고 신경말단은 다른 신경세포와 시냅스로 연결되어 있습니다. 신경세포는 이 신경말단을 통해 다른 신경세포에 신호를 전달합니다.

시냅스는 신경세포들 사이의 대화 창구 같은 곳입니다. 시냅스라는 용어는 그리스어 'synaptein'에서 유래했습니다. 단어 앞에 있는 syn-이 '함께', haptein은 '결합하다'라는 뜻입니다. 함께 결합하는 부위라는 겁니다. 아래의 그림에서 신경세포 1과 신경세포 2가 만나는 부위가 바로 시냅스입니다. 즉 하나의 신경세포의 축삭돌기(전시냅스)와 다른 신경세포의 수상돌기(후시냅스)가 만나는 부위입니다. 그럼 우리 뇌 속에는 이런 시냅스가 얼마나 많이 존재할까요?

시냅스는 보통 하나의 신경세포당 약 1000~1만 개까지 존재합니다. 뇌 속에 약 10^{11}개의 신경세포가 있으므로, 시냅스는 약 10^{14}개~10^{15}개

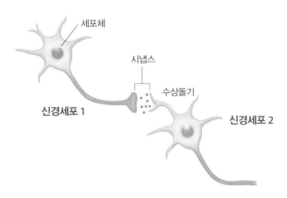

한 신경세포와 또 다른 신경세포가 만나는 부위가 시냅스이다.

가 존재합니다. 이렇게 많으니, 연결체를 푸는 것은 굉장히 어렵고 복잡할 수밖에 없습니다.

신경세포를 전자현미경으로 보면, 수상돌기가 길쭉하고 매끈하게 생긴 것이 아니라 우둘투둘한 모양을 갖고 있다는 것을 확인할 수 있습니다. 이런 돌출된 부위를 가시(spine)라고 부르는데, 시냅스가 형성되는 부위가 이 가시 부위입니다. 수상돌기를 보면 더 짙은 회색을 띠는 곳이 있는데, 이 부분은 전자밀도가 상당히 높은 부분입니다. 우리는 이렇게 짙은 회색을 띠는 곳에 특이한 단백질이나 물질이 모여 있을 것이라 충분히 예상할 수 있습니다.

단순화해서 말하자면, 시냅스를 잘 이해하는 것이 결국 복잡한 뇌를 이해하는 것이라고 할 수 있습니다. 그러면 어떻게 하면 시냅스를 이해할 수 있을까요? 먼저 전시냅스와 후시냅스를 구성하는 물질을 봐야 합니다. 또 여기서 대단히 중요한 것은 시냅스 단백질입니다.

시냅스에는 단백질이 얼마나 많을까요? 하나의 시냅스마다 작용하는 단백질은 굉장히 많은데, 약 1000~2000개 정도의 단백질들이 몰려 있으며, 이 외에도 굉장히 많은 수의 시냅스 단백질이 존재하고 있습니다. 전시냅스에는 신경전달물질의 분비에 관여하는 다양한 단백질들이 존재하고, 후시냅스에는 전시냅스에서 분비된 다양한 신경전달물질에 결합하는 수용체 단백질들과 이를 통해서 신경세포의 다양한 신호 전달을 매개하는 신호단백질 등이 존재합니다. 또한 시냅스의 뼈대를 유지하고 전시냅스와 후시냅스를 이어주는 접착단백질들이 존재합니다. 하지만 아직까지도 다양한 시냅스 단백질들의 정확한 기능은 잘 알려져 있지 않습니다.

우리는 왜 시냅스 단백질들을 연구해야 할까요? 크게 두 가지 이유가 있습니다. 하나는 시냅스 단백질의 기능을 명확히 이해해야만 시냅스의 기능을 이해할 수 있기 때문입니다. 다른 하나는 시냅스의 기능을 아는 데에서 더 나아가 시냅스의 기능이 가진 의미가 무엇인지를 알 수 있기 때문입니다.

뇌의 시냅스 단백질들의 기능에 문제가 생길 경우에는 각종 뇌 질환이 발생합니다. 뇌 질환은 뇌의 손상과 기능 이상에 의해 발생하는 퇴행성 뇌 질환, 뇌 발달 질환, 정신 질환 등을 통칭합니다. 시냅스 단백질에 생긴 문제를 고치려면 약을 개발해야 하는데, 시냅스 단백질의 기능을 온전히 이해하지 못한 채 약을 개발할 수는 없습니다.

그러면 시냅스 단백질들의 기능에 문제가 생긴다면 과연 어떤 문제들일까요? 도대체 정신 질환은 왜 생기는 것일까요?

명화 〈절규(The Scream)〉를 그린 화가 뭉크는 잇따른 불행으로 어렸을 때부터 불우하게 성장했습니다. 뭉크의 어머니, 누나, 여동생 등 가족들이 병에 걸려 일찍 세상을 떠난 데다, 평생 불안 장애와 우울증과 같은 여러 정신 질환에 시달렸습니다. 그림에도 그런 우울한 상태가 많이 표현되어 있습니다.

불안 장애의 대표적인 증상은 이름에서 짐작할 수 있듯이 지나치게 불안해하고 두려워하고 걱정을 많이 하는 정신 질환입니다. 미국 통계에 따르

에드바르 뭉크의 〈절규〉(1893)

아르몽 고티에의 〈살페트리에르 병원〉(1857)

면, 미국에서는 약 100만 명이 불안 장애를 겪고 있다고 합니다.

위의 그림은 프랑스의 화가 아르몽 고티에(Armand Gautier)가 19세기에 그린 겁니다. 그는 그 당시에 정신병을 앓고 있는 사람들을 모아놓은 수용소를 그렸는데, 이 당시 사람들은 치매, 환각, 공황 장애, 마비 증세 등을 앓고 있는 사람들을 이렇게 한 곳에다 모아 수용했습니다.

2010년 미국에서 실제로 일어났던 일화를 하나 소개하겠습니다. 살인 사건이 일어났는데, 범인은 심각한 조울증을 앓고 있는 정신 질환 환자였습니다. 이 환자는 태어난 지 6주 정도 된 자신의 아이를 죽였습니다. 아이가 우니까 성경책을 찢어 아이 입에 구겨 넣었던 것입니다. 사건이 일어난 순간에는 자신의 행동을 전혀 인지하지 못했습니다. 나중에 정신을 차리고 보니 아이가 죽어 있었습니다.

이처럼 심각한 경우, 정신병은 환자뿐 아니라 그 주변의 가족들에게도 씻을 수 없는 고통을 안겨줄 수 있는 질환입니다. 그래서 불과 얼마 전까지만 해도 사회적 편견으로 인해 병원의 정신과 문턱을 밟는 것을 기피하는 경향이 아주 심했습니다.

최근에는 이러한 뇌 질환에 대한 사회적 인식이 급격하게 변하고 있는 중입니다. 마치 감기에 걸리거나 여드름을 치료하기 위해 병원에 가서 치료를 받는 것처럼, 뇌 질환이라 의심되면 정신과에 가서 치료를 받는 것을 자연스럽게 여기는 쪽으로 바뀌기 시작한 것입니다. 몸이 아플 때 병원에 가서 치료를 받듯이, 정신이 아플 때 병원에 가서 치료를 받는 것이 전혀 이상하지 않게 된 것입니다.

사람이 태어나서 죽을 때까지 뇌 질환에 걸릴 확률을 전문 용어로 정신 질환 유병률이라고 합니다. 놀랍게도, 태어나서 죽을 때까지 정신 질환을 앓을 확률은 28%입니다(2011년 통계, http://snmh. go.kr/webzine/sub.jsp?webzine_idx=140&menu_code=health&date_year=2012&date_month=6 참조). 이 통계 수치는 저를 포함해 이 책의 읽는 사람들의 4분의 1 정도는 태어나서 한 번은 정신 질환을 앓을 가능성이 있다는 것을 말해줍니다.

최근 한국에서 급증하고 있는 질환은 인터넷 중독입니다. 이것도 질병입니다. 정신 질환에 걸렸다고 해서 두려워할 필요는 없습니다. 전문가의 도움을 받으면 충분히 치료할 수 있습니다.

그러면 얼마나 많은 종류의 정신 질환이 있을까요? 정신 질환의 종류로는 약 400종이 있습니다. 미국의 정신의학협회는 『DSM(*Diagnostic and Statistical Manual of Mental Disorders*)』이라는 책에 이를 아주 체계적으로 분류해놓았습니다.

현대 사회의 발달이 가속화될수록 정신 질환도 많아졌고, 이전 시대에는 보기 힘들었던 정신 질환들도 생겨났습니다. 물론 예전에는 진단 방법이 정교하지 않아서 병으로 규정되지 않았던 것들이, 최근의 체계화된 진단에 의해 병으로 규정되는 것들도 많습니다.

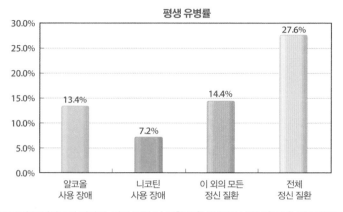

평생 유병률

2011년 통계자료에 의하면, 평생 동안 뇌 질환에 한 번이라도 걸릴 확률은 약 28%이다.

이제 현대 사회에서 자주 접하게 되는 정신 질환을 간단히 소개해보도록 하겠습니다.

대표적인 정신 질환으로는 반사회성 인격 장애가 있습니다. 영화 〈양들의 침묵(*The Silence of the Lambs*)〉에 나오는 극중인물 한니발 렉터는 전형적인 반사회성 인격 장애를 보여주는 인물입니다. 미국의 유명한 팝가수이자 복잡한 개인사로 유명한 브리트리 스피어스(Britney Jean Spears)는 한때 다중성 인격 장애(multiple personality disorder) 진단을 받기도 했습니다. 아인슈타인은 난독증(dyslexia)을 굉장히 심하게 앓았습니다. 난독증이란 교육 수준이나 발달 수준에 비해 읽는 능력이 굉장히 떨어지는 정신 질환을 말합니다. 피카소, 에디슨, 톰 크루즈 등 유명인 가운데 이 질환을 앓고 있는 이들이 많습니다.

영화 〈뷰티풀 마인드〉에는 조현병(schizophrenia)에 걸린 천재 수학자 존 내쉬(John Nash) 이야기가 나옵니다. 조현병은 대개 청소년 시기에 발병하는 질환으로, 우리나라의 경우 100명당 1명꼴로 조현병을 앓고 있습니다.

영화 〈말아톤〉의 주인공이 앓고 있는 질환은 자폐증입니다. 자폐증은 인구 1만 명당 5명꼴로 발생하는데, 자폐증을 앓는 환자들은 대개 다른 사람과 소통하지 못한 채 자신에게 비정상적으로 몰입하는 모습을 보여줍니다. 그러나 장애를 이겨낸 많은 사람들 덕분에 자폐증에 대한 인식도 꽤 많이 달라졌습니다.

정신지체(mental retardation or intellectual disability)는 여러 가지 원인에 의해 나타나는데, 대개 유전적인 요인이 많이 작용합니다. 다운증후군이 대표적인 사례입니다.

우울증과 강박증도 현대 사회의 많은 이들에게 나타나는 대표적인 정신 질환입니다. 어떤 청결강박증 환자의 경우는, 손이 깨끗하다는 것을 알면서도 불결하다는 느낌에 하루에도 수십 번씩 손을 씻습니다. 심한 환자들의 경우에는 샤워를 5시간씩 하기도 합니다.

뇌 질환과 시냅스의 기능 이상

그러면 도대체 뇌 질환의 원인은 무엇일까요? 원인은 매우 다양합니다. 유전적인 요인도 있고, 환경적인 요인도 있습니다.

최근의 학계에서는 퇴행성 뇌 질환을 포함해 거의 대부분의 정신 질환이 뇌의 시냅스 문제 때문에 생긴다는 이론을 정설로 받아들이고 있습니다. 즉 뇌 질환이 시냅스 질환이라는 것입니다.

뇌 기능이 올바르게 작동되려면 신경회로 활성이 원활하게 일어나야 하고, 그러려면 시냅스가 제대로 기능해야 합니다. 그런데 시냅스의 기능에 이상이 생기면 신경회로 활성에 문제가 생기고, 뇌 질환이 일어나게 되는 것입니다. 여기서 '시냅스의 기능 이상'은 달리 말하자면 '시냅스 단백질의 기능 이상'을 말합니다.

그러면 시냅스 단백질의 기능은 어떻게 연구할 수 있을까요? 뇌에는 수많은 시냅스 단백질들이 있으며, 특별한 경우가 아니라면 제대로 기능합니다. 그래서 마치 공기의 소중함을 모르는 것처럼, 우리는 각각의 시냅스 단백질들이 얼마나 우리에게 소중한 것인지를 의식하지 못한 채 살아갑니다. 그러면 만약 하나의 시냅스 단백질을 없애주면 어떨까요? 시냅스 단백질을 없앴을 때 나타나는 문제들을 보면 그 시냅스 단백질의 기능을 알 수 있을 것입니다.

시냅스 단백질을 없애려면 시냅스 단백질 정보를 담고 있는 유전자를 선택적으로 없애면 됩니다. 이탈리아 출신의 미국 분자유전학자 마리오 카페키(Mario Capecchi)는 이 기술을 개발해서 2007년에 노벨상을 받았습니다.

두 가지의 예를 소개해드리겠습니다.

시냅스 단백질 중에 Shank 단백질이라는 것이 있습니다. 이 단백질을 만드는 유전자를 없애면, 유전자조작 생쥐는 다른 생쥐와 어울리지 않습니다. 대개의 생쥐는 우리 안으로 들어가면 다른 생쥐에게 다가가서 쿵쿵거리면서 탐색하고 친근함을 표시합니다. 그런데 Shank 단백질이 없는 생쥐는 눈을 피하고 다른 생쥐에게서 멀리 떨어져 있습니다. 즉 사회성이 굉장히 결여된 생쥐가 태어나는 것입니다.

또 다른 예로, GKAP 단백질을 없앤 생쥐는 강박증을 가진 쥐가 됩니다. 이 쥐에게는 얼굴이나 목 밑에 심각한 피부 손상이 발생하는데, 이는 이 생쥐가 아픈데도 불구하고 심하게 긁어서입니다.

그래서 실제 강박증 환자에게 투여하는 약을 이 강박증 쥐에게 투여해보았습니다. 그랬더니 얼굴이나 목 밑을 긁는 현상이 없어졌습니다.

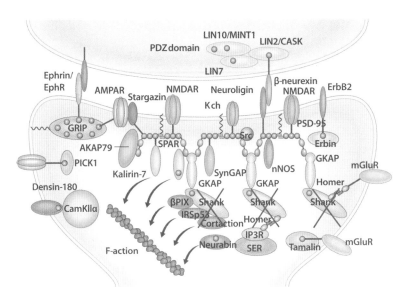

Shank 단백질을 만드는 유전자를 없애면 다른 생쥐와 어울리지 않는 생쥐가 태어난다.

이 약은 강박증 환자뿐 아니라 다른 정신 질환 환자들에게도 사용되는 약이기 때문에 약간의 논란이 있기는 합니다만, 이런 강박증 쥐 연구는 인간의 강박증을 연구하는 이들에게 꼭 참조할 만한 선행 연구인 것으로 보입니다.

의사가 아니더라도 기초 연구를 통해 많은 질병을 고칠 수 있습니다. 가령 뇌 질환의 원인이 되는 유전자를 찾아 모델 동물을 개발하고, 뇌 질환의 기전을 규명하고, 뇌 질환을 치료하는 새로운 약물을 만든다면, 정신 질환 환자를 치료하는 데 기여할 수 있는 것입니다. 만약 시냅스 단백질의 기능을 밝혀 개인 맞춤형으로 정신 질환을 진단할 수 있게 된다면, 궁극적으로는 정신 질환을 효과적으로 치유할 수 있는 길이 열리게 될 것입니다.

Q. 모든 인간의 신경세포 수가 다르고, 모두 다른 연결체를 가지고 있는 것인지 궁금합니다.

A. 그렇습니다. 지금 제게 질문한 학생의 연결체와 저의 연결체는 전혀 다를 겁니다. 서로 다른 유전자를 가지고 태어났고, 서로 다른 환경에서 자랐습니다. 실제로 유전적으로 동일한 쌍둥이조차도 환경이 다르면 연결체가 달라집니다. 살아가면서 받은 수많은 자극들과 학습, 수많은 경험들이 연결체를 완전히 바꿀 수 있습니다. 연결체가 변형되는 것은 늘 있을 수 있는 일입니다.

Q. 전자현미경으로 찍은 시냅스 사진을 보여주시면서 전자가 많이 존재하는 곳을 가리키셨는데, 그곳에 전자가 왜 많이 발견되는지 궁금합니다.

A. 전자현미경으로 보면 밀도가 높을수록 진하게 보입니다. 밀도가 높다는 것은 그곳에 어떤 특정 물질들이 굉장히 많이 농축되어 있다는 것을 의미합니다. 전자현미경 사진에서 볼 수 있는 중요한 정보는 신경세포와 신경세포 사이에 약간의 공간이 있다는 점입니다. 전자현미경을 통해 구체적으로 어떤 단백질이 있는지는 파악하기 어렵습니다. 현재, 전자현미경이 아니라 다른 첨단 기술들을 통해 어떤 단백질이 시냅스의 어디에 있는지 정확히 알 수 있습니다. 이 자리에서는 시냅스에 물질들이 몰려 있기 때문에 단순하게 전자밀도가 높아 보인다는 정도로 답변을 드릴 수 있을 것 같습니다.

Q. 인간의 연결체 지도가 우리에게 무슨 이익을 가져다주는지 궁금합니다.

A. 인간의 연결체 지도가 완성되면, 뇌 질환을 치료하는 데 크나큰 역할을 해낼 것입니다. 예를 들어 한 아이가 자폐증에 걸렸다고 해봅시다. 세 살 전에는 아이가 말을 제대로 하지 못하기 때문에, 의사는 정확하게 그 아이가 자폐증 환자인지 아닌지 진단하기가 어렵습니다. 그런데 만약 연결체 지도가 있다면, 세 살짜리 환자의 뇌를

찍어 정상적인 뇌와 비교해보면서 어떤 신경회로가 과부하되었는지, 아니면 어떤 신경회로가 과부족인지를 확인할 수 있고, 그것을 토대로 진단할 수 있을 것입니다. 아이가 어떤 질환에 걸렸는지 바로 진단할 수 있게 되는 것입니다. 치료도 가능하게 될 것입니다. 그러나 이 모든 것이 지금 당장 가능하다는 것은 절대 아닙니다. 지금 진행되는 기술의 속도를 봐서는 먼 미래에나 가능할 것 같습니다. 아직은 굉장히 요원한 일입니다.

Q. 거의 모든 뇌 질환이 시냅스의 기능 이상으로 인해 나타나는 것인가요?

A. 여러 가지 뇌 질환이 시냅스의 기능 이상 때문이라는 주장은 아직까지는 신경생물학의 핵심 가설입니다. 가설이라는 것은 아직까지는 100% 명확하게 증명되지 않았다는 것을 의미합니다. 그렇지만 '뇌 질환 = 시냅스의 기능 이상'이라고 말할 만한 증거들이 많이 나오고 있습니다.

뇌의 전기적 신호 전달은 어떻게 이루어지는가

박철승 광주과학기술원 생명과학부 교수
연세대학교를 졸업하고, 미국 브랜다이스
대학교에서 박사학위를 받았다. 하버드대
학교 박사후 연구원, 록펠러대학교 박사
후 연구원을 거쳐, 현재 광주과학기술원
생명과학부 교수로 재직 중이다. 광주과
학기술원 생명과학 고급인력양성사업단
(BK21) 단장을 지냈으며, 현재 국가지정연
구실(NLRL) 연구책임자를 맡고 있다. 이온
채널의 활성 및 조절을 통한 신경세포의 기
능에 관심을 갖고 포타슘 채널을 중심으로
연구를 진행 중이다.

히포크라테스(왼쪽)와 아리스토텔레스(오른쪽).

　마음이나 정신은 우리 몸의 어디에 존재할까요? 과거에 사람들은 심장에 있다고 생각했습니다. 잉카제국을 배경으로 하는 영화를 보면 태양신에게 사람의 심장을 바치는 장면이 나오는데, 그것은 사람들이 심장에 영혼이 깃들어 있다고 생각했기 때문인지도 모릅니다.

　그러면 역사 속에서 뇌는 어떤 존재였을까요? 고대 그리스의 유명한 철학자이자 의사였던 히포크라테스는 "뇌는 감각의 연관이며, 지능의 거처"라고 언급한 바 있습니다. 기원전 400년경에 이미 히포크라테스가 뇌에 대해 상당한 식견을 가지고 있었다는 것을 알 수 있습니다. 아리스토텔레스는 "뇌는 혈액을 냉각시키는 라디에이터(radiator)"라고 했습니다. 오늘날의 우리는 화가 나서 열을 받게 되면 곧잘 "머리의 뚜껑이 열린다"라는 표현을 쓰는데, 옛 사람들도 그렇게 생각했었던 것 같습니다.

　120년대 고대 로마의 유명한 의사이자 철학자였던 클라우디오스 갈레노스(혹은 갈렌)는 "대뇌는 감각을 수용하고, 소뇌는 근육을 지배한다."라고 언급했습니다. 이런 갈렌의 견해는 현대 과학이 증명한 것과

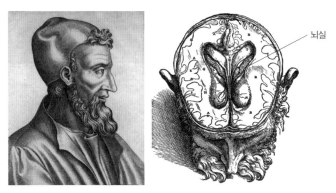

로마시대의 의사 갈렌(왼쪽). 뇌 안의 빈 공간인 뇌실(오른쪽)의 움직임이 신경을 통해서 운동을 시작한다고 생각했다.

아주 놀라울 정도로 유사합니다. 그의 다른 말을 하나 더 볼까요? 갈렌은 "뇌실 체액의 움직임이 신경을 통해서 운동을 시작한다."라고도 했습니다. 뇌실은 뇌 안의 빈 공간을 말합니다. 여기에는 뇌척수액이 차 있습니다. 갈렌은 뇌실 안의 척수액이 움직이는 것이 몸의 운동을 일으키는 힘이라고 생각한 것입니다. 그가 이렇게 이야기할 수 있었던 것은 해부학에도 조예가 깊은 의사였기 때문입니다.

이후 뇌실이 뇌 기능을 지배한다는 갈렌의 이론은 약 1500여 년 동안 강한 영향력을 행사합니다. 이에 감히 도전한 학자는 데카르트였습니다. 데카르트는 "나는 생각한다. 고로 나는 존재한다."라는 저 유명한 말을 남긴 철학자입니다. 이 철학자는 뇌와 관련된 말도 남겼는

데카르트는 정신과 육체가 뇌 속에 있는 송과선에서 연결된다고 주장했다.

데 "정신과 육체는 뇌 속에 있는 송과선(松果腺, Pineal gland)이라는 곳에서 연결된다."라고 이야기했습니다. 그가 이렇게 추측했던 것은 뇌에 있는 모든 기관들은 다 두 개씩 존재하는데, 송과선은 한가운데 딱 하나만 존재하기 때문인 것으로 보입니다.

19세기 이후 인간은 뇌에 대한 몇 가지 중요한 사실을 알게 됩니다. 그중 가장 주목할 만한 내용 중 하나는 신경계는 전기적인 신호를 전달하는 '와이어(wire)'라는 사실입니다.

또한 19세기에는 뇌의 각 부위가 어떤 기능을 담당하는지에 대한 궁금증이 컸는데, 이 점에 대해 프란츠 갈(Franz Gall)과 피에르 플루랑스(Pierre Flourens)는 완전히 다른 견해를 제시합니다.

갈은 뇌 기능이 부분마다 각기 다를 것이라는 '국지적인' 관점을 견지한 반면, 플루랑스는 뇌 기능이 전체적으로 퍼져 있을 것이라는 '전일적인' 관점을 견지했습니다. 이들의 주장은 둘 다 중요한 실험적인 근거에 바탕합니다.

갈은 골상학(Phrenology)으로 유명한 생리학자입니다. 골상학은 운동을 많이 하면 근육이 커지듯이 뇌의 어떤 부분을 많이 쓰면 그 부위가 발달하여 뇌의 모양도 달라져서 두개골을 만지면 그 사람의 뇌 기능을 이해할 수 있다는 학설입니다.

플루랑스는 뇌를 조금씩 잘라 나가면 동물의 뇌 기능이 떨어진다는 것을 관찰하고는, 뇌가 손상을 입으면 입을수록 뇌 기능이 많이 없어진다는 사실이 그의 주장을 뒷받침한다고 믿었습니다.

그럼 갈과 플루랑스 중 누가 과학적으로 맞을까요? 뒤늦게, 이것을 판가름할 만한 중요한 연구 결과가 등장했습니다.

신경과 의사 브로카는 말과 글은 이해할 수 있지만 표현하지 못하는

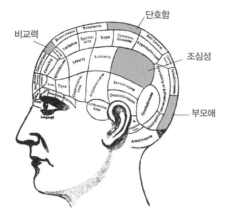

19세기에는 두개골의 모양에 따라 사람의 뇌 기능을 이해할 수 있다는 골상학이 등장했다.

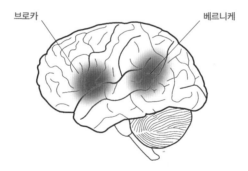

실어증은 뇌의 브로카 영역(왼쪽)이나 베르니케 영역(오른쪽)에 손상을 입을 때 나타난다.

'표현성' 실어증 환자의 사후 두개골을 열어보고는 실어증의 원인이 특정 부위의 손상 때문이라는 사실을 알았습니다. 이런 브로카의 연구 결과를 따르자면 플루랑스보다는 갈의 주장이 맞는 것으로 보입니다. 왜냐하면 다른 곳은 멀쩡하지만 국소적인 한 부분이 손상되었을 때 환자가 말을 표현하지 못했다는 것은 뇌 기능을 담당하는 영역이 각각 따로 있다는 사실을 암시하기 때문입니다. 실제로 현대의 뇌과학자들은 각각의 뇌 기능이 특정 부위와 관련된다고 생각하고 있습니다.

뇌 기능과 신경세포론

뇌 영상 장치 가운데 양성자방사단층(Positron Emission Tomography, PET)이라는 것이 있습니다. PET는 혈류가 많은 쪽을 영상화하는 장치로, 뇌 기능이 활성화될 때 그쪽으로 혈류가 많이 흐르기 때문에 활성이 높은 부위를 영상화할 수 있는 장치입니다. 가령 사과를 '보면' 뇌 뒤쪽의 기능이 굉장히 많이 활성화됩니다. 왜냐하면 그곳에 시각 담당 부위가 있기 때문입니다. 사과라는 말을 '표현하면' 브로카 부위, 즉 뇌의 옆 부분이 많이 활성화됩니다. 사과라는 말을 '들으면' 청각을 담당하는 부위가 활성화됩니다.

한 가지 재미있는 사실은 눈을 감고 사과를 상상해보라고 하면, 직접 눈으로 보고 말하고 들었을 때보다 상상하고 연상할 때 훨씬 더 많은 뇌 부위가 활성화된다는 사실입니다. 그만큼 상상하고 연상하는 뇌 기능은 고차원적인 뇌 기능입니다.

뇌는 무엇으로 구성되어 있을까요? 세포이론(Cell theory)은 모든 생명체는 세포라는 기본단위로 이루어져 있으며 세포는 세포로부터 나온

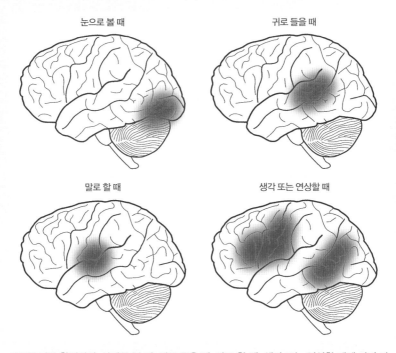

눈으로 볼 때   귀로 들을 때

말로 할 때   생각 또는 연상할 때

PET로 뇌를 촬영하면, 사과를 볼 때, 귀로 들을 때, 말로 할 때, 생각 또는 연상할 때에 각기 다른 부위가 활성화된다.

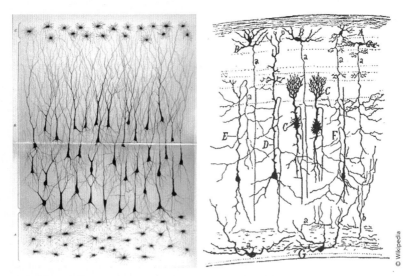

골지가 관찰한 신경세포(왼쪽)와 카할이 관찰한 신경세포(오른쪽). 둘 다 골지 염색법으로 신경세포를 관찰하였으나, 골지는 뇌가 다른 기관과 달리 그물처럼 구성된 기관이라고 생각한 반면 카할은 뇌도 세포로 구성되었다고 생각했다.

다는 견해입니다. 그런데 세포이론을 뇌에 적용하는 데에는 상당한 논쟁을 거쳤습니다. 세포이론이 정설로 받아들여지기 전까지 논쟁은 계속되었고 그 논쟁의 중심에는 카밀로 골지(Camillo Golgi)와 라몬 이 카할(Ramón y Cajal), 이 두 명의 과학자가 있었습니다.

이 논쟁에서 골지의 망상설(網狀說, Reticular theory)은 세포 이론을 반박했습니다. 망상설은 뇌가 그물처럼 생긴 기관이라고 얘기합니다. 골지는 자신이 발견한 염색법으로 쥐의 뇌를 관찰하고는 뇌는 다른 기관과 달리 망으로 구성된 기관이라고 생각했습니다.

마찬가지로 뇌를 자세히 관찰한 카할의 생각은 달랐습니다. 그는 뇌도 세포로 구성되었다고 생각했습니다. 오랜 관찰 끝에 그는 한가운데에 세포체가 있고 그것에 많은 가지가 나 있는 신경세포로 뇌가 구성되었다고 확신했으며, 그에 따라 골지의 망상설을 강하게 반박했습니다.

그러면 누구의 말이 옳았을까요? 골지와 카할이 1906년에 나란히 공동으로 노벨 생리의학상을 수상할 때까지도, 이 둘의 주장은 팽팽히 맞서고 있었습니다. 둘 중 누구의 주장이 옳은지는 기술이 발달할 때까지 더 기다려야 했습니다. 뒤이어 나타난 뇌 관찰 장비들은 카할의 손을 들어주었습니다. 이후 뇌의 기본단위가 신경세포라는 '뉴런 독트린(Neuron doctrine)', 즉 신경세포론이 정설로 자리 잡았습니다.

신경계는 중추신경계와 말초신경계, 이렇게 크게 둘로 나뉩니다. 뇌와 척수가 중추신경계이며, 그 밖의 신경계는 말초신경계입니다.

다양한 동물의 뇌를 들여다보면, 뇌 기능을 이해할 수 있는 중요한 사실들을 깨닫게 됩니다. 우선 쥐, 토끼, 고양이, 양의 순서대로 뇌를 보면, 동물의 몸집이 커질수록 뇌의 크기가 커집니다. 그리고 쥐와 인간의 뇌에서 보이는 가장 큰 차이는 뇌의 주름입니다. 인간의 뇌에는

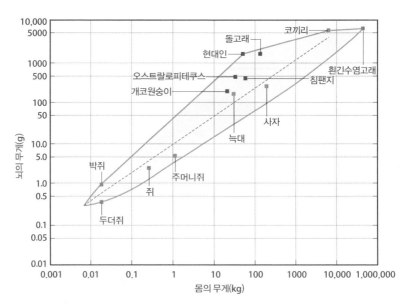

포유동물의 뇌 무게를 관찰해보면 대체로 몸무게와 뇌 무게는 비례한다는 것을 알 수 있다.

왜 주름이 많을까요? 이는 표면적 때문입니다. 주름이 많을수록 표면적이 늘어나 작은 공간에 더 많은 것을 집어넣을 수 있습니다.

다음으로 포유동물의 몸무게와 뇌 무게의 상관관계를 한번 살펴볼까요? 위의 그래프에서 x축은 몸의 무게이고, y축은 뇌의 무게입니다. 이 그래프는 로그 스케일(log scale)입니다. 로그 스케일은 한 단위가 10배씩 늘어난다는 뜻입니다. x축의 크기가 0.1, 1, 10, 100, 1000으로 커지고, y축도 0.1, 1, 10, 100으로 커집니다. 이 그래프는 몸의 무게와 뇌의 무게가 비례한다는 것, 즉 상관관계가 있다는 것을 말해줍니다.

그래프에서 박쥐, 생쥐, 사자, 코끼리, 흰긴수염고래는 직선 상에 잘 위치해 있습니다. 그런데 침팬지는 좀 위로 올라가 있습니다. 이는 무엇을 뜻할까요? 이는 몸의 무게에 비해서 뇌의 무게가 무겁다는 것을 뜻합니다.

　침팬지처럼, 오스트랄로피테쿠스와 현대인은 몸무게에 비해서 상당히 무거운 뇌를 가지고 있습니다. 흥미로운 사실은 유인원인 오스트랄로피테쿠스, 침팬지, 현대인과 비슷한 위치에 돌고래도 있다는 사실입니다. 이는 돌고래가 몸무게에 비해 뇌 무게가 많이 나간다는 것을 말해주며, 돌고래가 영리한 동물일 것이라 짐작하게 합니다.

계속 변화하는 뇌

　우리 몸에서 뇌는 그렇게 큰 기관이 아닙니다. 신생아의 뇌는 약 350g, 성인의 뇌는 약 1.4kg 정도입니다. 성인의 경우 체중의 50분의 1 정도이지만, 이런 무게와 크기에 비해 에너지는 상당히 많이 사용하는 기관입니다. 심장에서 나가는 혈류의 4분의 1을 뇌에서 소모합니다. 그런데 뇌는 그렇게 많은 에너지를 사용하면서도 에너지를 저장하지 못하는 기관입니다. 이와 달리 간이나 근육은 글리코겐(glycogen)과 지방으로 에너지를 저장합니다.

　뇌가 지닌 또 하나의 특징은 계속 변화하는 기관이라는 점입니다. 뇌의 이런 특성을 뇌 가소성(plasticity)이라고 합니다. 지금 보고 있는 이 책을 읽기 전의 여러분의 뇌와 책을 읽고 있는 여러분의 뇌는 그 사이 변화했습니다. 기억하고 학습하고 경험하는 모든 것들이 뇌의 구조에 미세한 변화를 불러옵니다. 안타까운 것은 뇌는 한 번 손상되면 재생되기 어렵다는 사실입니다. 뼈는 부러지면 깁스를 해서 다시 붙일 수 있지만, 뇌세포가 손상되면 복구하기가 굉장히 힘듭니다.

　대표적인 뇌의 기능들로는 무엇이 있을까요? 뇌는 외부의 환경을 감

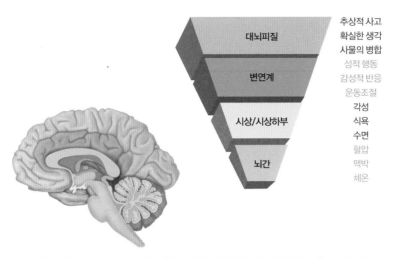

추상적 사고
확실한 생각
사물의 병합
성적 행동
감성적 반응
운동조절
각성
식욕
수면
혈압
맥박
체온

대뇌피질

변연계

시상/시상하부

뇌간

뇌간, 시상 및 시상하부, 변연계, 대뇌피질 등 뇌 부위에 따라 담당하는 기능이 다르다.

지하는 센서이며, 정보를 처리하고 행동을 실행하는 능력을 지니고 있습니다. 체온을 유지하고 심장을 뛰게 하는 가장 원초적인 기능에서부터 추상적인 사고를 하는 고차원적인 기능까지, 뇌가 담당하는 기능들은 실로 엄청납니다.

가장 기본이 되는 동물적인 기능은 뇌의 가장 깊숙한 곳에 있습니다. 뇌간과 시상·시상하부는 체온 조절, 맥박, 혈압, 수면, 각성 등에 관여하는 뇌 부위입니다. 변연계는 운동 조절, 감성적 반응, 성적 행동에 관여하는 뇌 부위입니다. 그 위에 있는 대뇌피질은 사물의 병합, 생각, 추상적인 사고 등이 이루어지는 곳입니다. 추상적인 사고처럼 온전히 인간만이 할 수 있는 곳은 대뇌피질 쪽에 몰려 있습니다. 진화론적으로 보면 대뇌피질은 가장 뒤늦게 진화한 부위입니다. (뇌의 구조가 더 자세히 알고 싶다면 다음의 동영상을 참조하시기 바랍니다. http://www.youtube.com/watch?v=HVGlfcP3ATI)

뇌의 구조 QR 코드

마음 또는 정신은 우리 몸 어디에 존재하는가?

다시 처음으로 돌아가볼까요? 마음 또는 정신(Mind)은 우리 몸의 어디에 존재할까요? 과학의 답변은 마음 또는 정신은 심장이 아니라 뇌에 존재한다고 말합니다. 그러면 뇌가 어떻게 이런 기능을 하는지 뇌의 신호 전달을 중심으로 설명해보도록 하겠습니다.

수면 연구의 대가 너새니얼 클레이트먼(Nathaniel Kleitman)은 잠잘 때의 뇌파를 연구한 과학자입니다. 그가 관찰한 중요한 사실은 잠잘 때와 휴식할 때, 행동할 때의 뇌파가 굉장히 다르다는 사실입니다. 그러면 뇌파란 무엇일까요? 뇌파는 대뇌피질에 있는 신경세포의 전기적인 현상을 뇌 밖에서 전극으로 감지한 것입니다. 클레이트먼은 이런 뇌파

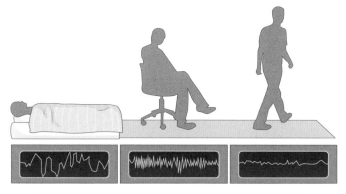

뇌파는 잠잘 때, 휴식할 때, 행동할 때에 각기 다른 패턴을 보여준다.

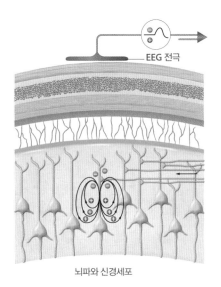

뇌파와 신경세포

대뇌피질은 두께가 약 2~4mm에 불과하지만, 뇌의 주기능을 담당하는 부분이다.

를 이용해, 잠잘 때에는 뇌파가 굉장히 크고, 휴식할 때에는 뇌파가 뾰족뾰족하면서도 작다는 것을 관찰했습니다. 그리고 활동할 때에는 뇌파가 휴식할 때보다 더 작았습니다. 이 현상은 다음과 같이 설명할 수 있습니다.

잠잘 때에는 별로 하는 일이 없기 때문에 모든 신경세포에 일종의 동기화(synchronize)가 이루어집니다. 그래서 맥박과 중첩되어 뇌파가 커집니다. 그러나 활동을 하게 되면 워낙 뇌의 각 부위가 많이 활성화되기 때문에 상쇄되어 굉장히 작게 나타납니다. 즉, 행동 양식에 따라 뇌파의 크기와 모양이 변한다는 것을 알 수 있습니다.

좀 더 뇌를 자세히 들여다볼게요. 뇌를 해부해보면, 대뇌피질은 약 2~4mm밖에 되지 않습니다. 마치 귤 껍질처럼 아주 얇은 부분이지만, 뇌의 주기능을 담당하고 있는 부분입니다. 뇌 신경세포의 약 3분의 2가 대뇌피질에 있습니다.

신경세포와 신경세포의 연결 부위는 시냅스 또는 신경 연접이라고 합니다. 인간의 뇌에는 약 1000억 개의 신경세포가 있으며, 한 신경세포는 평균적으로 약 1000개 정도의 시냅스를 갖고 있습니다. 그래서 인간 뇌의 전체 시냅스는 약 100조 개(10^{14}개)일 것이라 예상하고 있습니다. 뇌를 소우주라고 하는 것은 은하의 개수만큼의 신경세포가 존재하기 때문입니다.

신경세포의 전기적 성질

그렇다면 신경세포들은 어떻게 전기적인 신호를 생성하고 전달할까요?

신경세포의 외부와 내부의 전압을 전압계로 재보았습니다. 전압이 어느 정도 나올까요? 세포의 안쪽은 바깥쪽에 비해 약 65mV 정도 낮습니다. 관례에 따라 세포의 바깥쪽을 접지하여 0mV로 지정하기에, 세포의 내부는 −65mV가 됩니다. 어찌 보면 −65mV는 아주 미약한 전압이라고 할 수 있습니다. 그러나 세포막의 두께가 30Å, 즉 3nm(나노미터는 10^{-9}m임)인 것을 감안하면 결코 미약한 전압이 아닙니다. 이것은 세포의 두께가 약 3cm라고 할 때 20만 볼트의 전하가 대전되어 있는 상태라고 할 수 있습니다.

그러면 신경세포는 어떻게 전기에너지를 만드는 것일까요? 세포가 만드는 전기에너지를 이해하려면 먼저 세포의 구조와 기능을 좀 알아야 합니다.

세포의 바깥쪽에는 나트륨 이온(Na^+)이 많습니다. 세포 안에는 칼

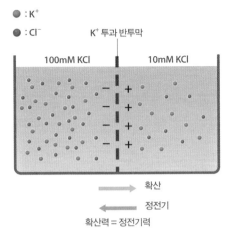

● : K⁺

● : Cl⁻

K⁺ 투과 반투막

100mM KCl   10mM KCl

확산

정전기

확산력 = 정전기력

수조에 칸막이를 설치해놓고 왼쪽에는 100mM의 KCl을, 오른쪽에는 10mM의 KCl을 놓아둔 후, 칸막이를 칼륨 이온만 통과할 수 있는 반투막으로 바꾸면 처음엔 칼륨 이온이 오른쪽으로 가다가 정전기력과 확산력이 같아질 때 칼륨 이온의 이동이 멈춰진다.

륨 이온(K⁺)이 많습니다. 세포 안에 비해 세포 밖의 나트륨 이온이 15배 정도 많고, 세포 밖에 비해 세포 안의 칼륨 이온이 28배 정도 많습니다. 말하자면 이온이 비대칭적으로 존재하는 것입니다. 이런 상태로 존재하기 위해서는 에너지가 필요합니다. 그리고 이를 위해 Na⁺ · K⁺ 펌프가 계속 ATP를 소모하면서 나트륨 이온은 밖으로 퍼내고 칼륨 이온은 안으로 퍼들입니다. 뇌가 몸의 혈류량의 4분의 1을 필요로 하는 이유는 이처럼 계속 나트륨 이온을 퍼내고, 칼륨 이온을 퍼들여서, 이온을 비대칭적으로 유지하도록 하기 위해서입니다. 즉 동물이 밥을 먹어야 하는 것은 이온의 비대칭성을 유지하려면 에너지가 계속 공급되어야 하기 때문입니다.

생각하는 실험을 한번 해봅시다. 우리의 사고 실험은 선택적 이온 투과와 관련된 것입니다. 위의 그림처럼, 칸막이가 설치된 수조의 왼쪽에는 100mM의 KCl이 있고, 오른쪽에는 10mM의 KCl이 있습니다. 두 곳 다 칼륨 이온과 염소 이온이 고루 존재합니다. 그리고 가운데에 있는 칸막이를 칼륨 이온만 통과할 수 있는 반투막으로 바꾸어봅시다. 그러면 어떤 일이 벌어질까요?

처음엔 왼쪽의 칼륨 이온이 오른쪽으로 갈 것입니다. 물론 염소 이온은 가지 못할 것입니다. 그렇게 하나둘씩 칼륨 이온이 오른쪽으로 가게 될 것입니다. 칼륨 이온은 양이온이고 염소 이온은 음이온이므로, 오른쪽이 양전하를 띠게 됨에 따라 양이온인 칼륨 이온이 정전기적으로 밀쳐지는 한편으로 왼쪽의 음전하가 끌어당겨져, 칼륨 이온은 오른쪽으로 점점 더 가기 어려워집니다. 그러다가 어느 순간 같아지는 때가 있습니다. 바로 정전기력과 확산력이 같아지는 때입니다.

확산력을 바꾸는 공식은 $RT \cdot \ln\{[농도]_{오른쪽}/[농도]_{왼쪽}\} = zFV$입니다($z$ = 전하량, F = 패러데이 상수, V = 전압). 이 식에서 z와 F를 정리하면 전압 $V = RT/zF \cdot \ln\{[농도]_{오른쪽}/[농도]_{왼쪽}\}$을 만들 수가 있습니다. z는 이온의 전하량이니까 칼륨 같은 경우는 +1입니다. F는 패러데이 상수, R은 기체 상수(gas constant), T는 온도(Temperature)를 뜻합니다. 모든 것이 다 상수이므로, 농도 구배에 따라 전압을 만들 수 있습니다.

이처럼 이온이 통과하는 반투막만 있으면 이온의 농도 구배에 따라서 전압을 만들 수 있는 것입니다. 이게 바

발터 네른스트는 이온이 통과하는 반투막만 있으면 이온의 농도 구배에 따라서 전압을 만들 수 있다는 것을 보여주는 '네른스트의 공식'을 제시했다.

로 '네른스트의 공식'입니다. 발터 네른스트(Walther Nernst)는 이 업적으로 1920년에 노벨 화학상을 탔습니다. 네른스트 공식을 세포에도 적용할 수 있습니다. 세포막 전압 $V = RT/zF \cdot \ln\{[\text{농도}]_{\text{밖}}/[\text{농도}]_{\text{안}}\}$입니다. 농도의 밖과 안이라는 차이밖에 없습니다. 칼륨 이온이 밖에 비해서 안에 28배가 많습니다. 그러면 칼륨의 $z = 1$이니까 대입을 하면 $V = RT/zF \cdot \ln\{[K^+]_{\text{밖}}/[K^+]_{\text{안}}\} = 58 \cdot \log\{[K^+]_{\text{밖}}/[K^+]_{\text{안}}\}$(mV)입니다. 결국은 28배 차이가 나면 약 -84mV의 전압을 만들 수 있습니다. 그래서 세포가 전압을 만들 수 있는 겁니다.

요컨대, 세포가 전기적인 신호를 만들 수 있는 것은 세포막 안팎의 이온 농도 차이로, 세포 안이 더 큰 음전하로 대전되기 때문입니다. 세포막에는 나트륨 이온만 통과시킬 수 있는 통로와 칼륨 이온만 통과시킬 수 있는 통로가 있습니다. 처음에 활동전위를 만들 때 나트륨 이온을 통과시키는 통로가 먼저 열립니다. 그 다음으로 시차를 두고 칼륨 이온을 통과시키는 통로가 열려서 칼륨 이온을 밖으로 내보냅니다. 세포 안으로 나트륨 이온이 들어오면 안쪽은 점점 양극을 띠게 됩니다. 그러다가 칼륨 이온이 통로를 통해 밖으로 나가면 다시 음극으로 돌아갑니다. 이것이 바로 활동전위, 즉 신경세포가 신호를 전달하는 전기적인 자극인 것입니다. 활동전위는 이온들이 세포 안으로 들어오고 나가면서 만들어지는 세포막의 전위차 때문에 만들어지는 것입니다. 이를 발견한 존 에클스(John Eccles), 앨런 호지킨(Alan Hodgkin), 앤드류 혁슬리(Andrew Huxley)는 1963년에 노벨 생리의학상을 수상했습니다.

나트륨 이온은 s오비탈이 꽉 찬 구형입니다. 원소 주기율표에서 나트륨은 1족에 속하는데, 나트륨에서 전자 하나가 떨어져 나가면 구형 이온이 됩니다. 지름은 약 0.95Å입니다. 칼륨 이온은 나트륨 이온보다 조금 더 큰 구형입니다. 신기하게도 칼륨 이온 통로(채널)는 나트륨 이온을 통과시키지 않고 칼륨 이온만 초당 수백만 개씩 통과시킵니다. 어떻게 이런 일이 생기는 것일까요? 이 원리를 이해하는 것은 오랫동안 과학계의 큰 숙제였습니다. 이 숙제는 최근에 와서 칼륨 이온 통로의 구조를 알게 되면서 풀렸습니다. 즉 칼륨 이온 통로 단백질의 독특

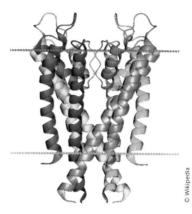

독특한 구조를 지닌 칼륨 이온 통로 단백질은 칼륨 이온만 초당 수백만 개씩 통과시킨다.

한 구조 때문에 칼륨 이온이 특정 부위에 결합함으로써 선택적으로 투과하는데, 초당 수백만 개를 굉장히 빠르게 통과시켜 전기적으로 세포막을 변화시켰던 것입니다. 이 연구로 미국의 로더릭 매키넌(Roderick Mackinnon)은 2003년 노벨 화학상을 수상했습니다.

세포 내에 있는 무기 이온들로는 몇 종류 되지 않습니다. 나트륨 이온, 칼륨 이온, 칼슘 이온(Ca^{2+}), 염소 이온(Cl^-)이 가장 중요한 생리 이온들입니다. 이런 대표적인 생리 이온들이 이온 통로를 통과함으로써 결국 몸에 전기적인 모든 작용을 일으킵니다. Na^+, K^+, Ca^{2+}은 여러 가지 생체 이온 전류를 가집니다. 어떤 것은 빨리 열렸다가 빨리 닫히고, 어떤 것은 천천히 열렸다가 계속 열려 있는 것도 있습니다.

뇌의 각기 다른 부위는 다양한 형태의 활동전위를 만들 수가 있습니다. 신경세포의 전기적 특징은 어떤 종류로 이온 통로들을 만든 것인지에 따라, 이들 이온 통로들이 협력해서 만드는 활동전위가 어떤 형태인지에 따라 결정됩니다.

뇌가 기능할 때 가장 기본이 되는 것은 생체 이온의 움직임입니다. 그것에 따라 신경세포의 전기신호가 만들어지는 것입니다. 신경세포와 신경세포를 건너가는 시냅스 전위도 마찬가지로 이온 통로에 의해 이루어집니다. 이런 신경세포의 전기신호를 통해 신경세포 네트워크 내에서의 전기신호가 만들어지고, 이것은 감각, 학습, 기억과 같은 뇌 기능이 이루어지도록 합니다. 그러나 이런 전기신호가 어떻게 고등 인지 능력을 형성하는지에 대해서는 밝혀야 할 것들이 아직 많이 남아 있습니다.

지난 2013년 미국 정부는 BRAIN(Brain Research through Advancing Innovative Neurotechnologies) Initiative 프로젝트에 약 1200억 원을 투자한다고 밝혔습니다. 그러니까 뇌의 수수께끼를 풀기 위해 우선 인간의 뇌 지도 작성에 투자하겠다는 계획입니다. 인간의 뇌 지도를 제작하면 뇌 기능을 알 수 있으리라는 기대 때문입니다. 뇌를 완벽하게 이해하는 것은 아직 요원한 일처럼 보입니다. 다만 신경세포가 어떻게 연결되어 있는지를 알 수 있는 뇌 지도를 작성한다면, 뇌 지도는 뇌를 이해하는 데 효과적인 길잡이가 될 것입니다.

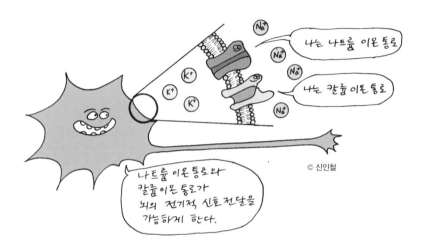

© 신인철

Q. 이온이 이동하면서 엄청난 전위차가 발생한다고 하셨는데, 이때 신경세포가 그런 전위차를 어떻게 버틸 수 있는지 궁금합니다.

A. 네, 굉장히 좋은 질문입니다. 세포막은 인지질 이중막으로 이루어져 있습니다. 이런 지질의 이중막은 전기에 저항력이 세고 안정적인 구조입니다. 그래서 신경세포가 전위차를 버텨내는 것은 인지질 이중 구조 때문일 것이라고 생각하는 연구자들이 꽤 많습니다. 대부분의 과학자들은 신경세포가 그 정도의 전기에너지를 충분히 이겨낼 수 있는 세포막 구조를 갖고 있다고 생각하고 있습니다.

Q. 뇌에서 작동하는 이온들로 나트륨 이온, 염소 이온, 칼륨 이온, 칼슘 이온 등이 있다고 하셨는데, 이들 이온들은 각기 다른 통로를 갖고 있는 것인가요?

A. 네, 나트륨은 나트륨 통로, 칼륨은 칼륨 통로, 칼슘은 칼슘 통로, 염소는 염소 통로를 이용합니다. 이들 통로는 특정 이온들만 통과시킵니다. 전류란 전하량을 띤 물질의 움직임을 말합니다. 그러니까 이온의 움직임은 곧 전류라고 할 수 있습니다. 전류에 의해 세포막 안팎의 전압이 바뀌는데, 이게 가능하기 위해서는 이온 통로들이 따로따로 있어야 합니다.

Q. 대뇌피질이 추상적인 사고를 담당하는 기관이라면, 또렷한 생각이나 추상적인 사고를 하지 않는 것으로 보이는 쥐 같은 동물에게는 대뇌피질 자체가 아예 없는 것인지 궁금합니다.

A. 대뇌피질이라는 것은 대뇌의 바깥쪽 껍데기를 말합니다. 대뇌피질 중에서 앞쪽 부위는 사고하거나 생각하거나 계획하는 것을 담당하는데, 쥐에게는 그 부위가 발달되어 있지 않습니다. 반면에 쥐의 경우 수염으로부터 받는 감각 부위는 굉장히 잘 발달되어 있습니다. 그러니까 각 동물은 저마다 필요한 감각 기관에 대한 대뇌피질 부위가 아주 잘 발달되어 있습니다.

Q. 저는 뇌-컴퓨터 인터페이스에 상당히 관심이 많습니다. 예를 들어 뇌와 컴퓨터가 연결된 경우에 사람이 '오른쪽으로 가고 싶다'라고 생각하면 휠체어가 오른쪽으로 가는 사례를 본 적 있습니다. 저는, 사람이 생각한 대로 휠체어가 움직이는 것이 전기 신호 하나하나에 의미가 부여되어서 기계가 그 신호를 이해하는 것인지, 아니면 실험자가 '오른쪽으로 가고 싶다'라고 생각했을 때의 정보와 패턴을 컴퓨터에 저장해놓았기 때문이어서인지 궁금합니다.

A. 실제로 뇌파의 각 코드를 컴퓨터가 이해하지는 못합니다. 다만 패턴을 이해하는 겁니다. 그러니까 내가 오른쪽으로 가고 싶다는 생각을 할 때 나타나는 파형을 이해하고 그 파형을 기억하는 것이지, 각각의 신경세포가 하는 것을 컴퓨터가 이해하는 것은 아닙니다. 아직까지 컴퓨터가 그 정도까지 발달하지는 않았습니다. 요즘은 뇌파를 해석하는 기계들이 상당히 많이 발달해서, 실제로 로봇처럼 움직여서 공을 주워 담는 정도의 수준으로까지 도달했습니다.

내 머릿속의
줄기세포에는
무슨 일이
일어나는가

선웅 고려대학교 의과대학 교수

서울대학교를 졸업하고, 동 대학원에서 박사학위를 받았다. 서울대학교 박사후 연구원, 일본 오사카 의과대학에서 박사후 연구원, 웨이크 포리스트 의과대학 박사후 연구원을 거쳐, 현재 고려대학교 의과대학 해부학교실 교수로 재직 중이다. 과학기술단체총연합 과학기술우수논문상 대상(2006), 고려대학교 석탑강의상 우수강의상(2007, 2008, 2009) 등을 수상했다.

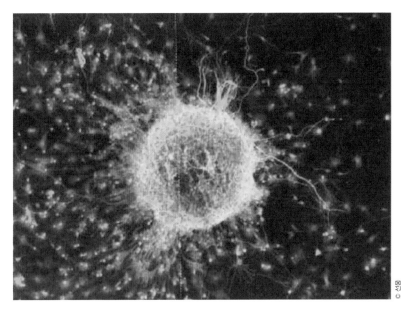

체외에서 배양한 신경줄기세포.

먼저 한 장의 사진을 볼까요?

공처럼 보이기도 하고 태양처럼 보이기도 하는 이것은 뇌의 줄기세포입니다. 어른 생쥐의 뇌에서 신경줄기세포를 꺼내 체외에서 배양한 것입니다. 키워보았더니 뉴런들이 자라나고 있는 모양을 볼 수 있었습니다.

뇌는 왜 있을까?

본격적으로 신경줄기세포를 다루기 전에, 뇌가 어떻게 구성되어 있는지 잠시 살펴보도록 하겠습니다.

산낙지의 다리는 조각난 상태에서도 잘 움직입니다. 사람의 팔은 어

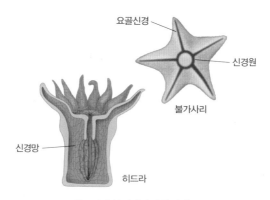

요골신경

신경원

불가사리

신경망

히드라

히드라와 불가사리의 신경계

떨까요? 사람의 팔은 잘리고 나면 움직이지 않습니다. 대신 팔이 잘린 부분은 격심한 통증을 느낍니다. 낙지의 다리와 사람은 무엇이 다른 것일까요? 차이는 신경계 모양에 있습니다.

낙지의 신경계를 자세히 보면 그물망처럼 퍼져 있습니다. 반면에 사람의 신경계는 중추신경으로 뇌와 척수가 있고, 이러한 중추신경계에서 유래한 신경망은 말초 신경계 쪽으로 발달되어 있습니다. 낙지의 다리에는 신경세포가 들어 있어서 다리가 잘리면 잘려진 쪽도 꿈틀거리지만, 사람의 잘려진 팔은 신경세포가 없어서 스스로 움직일 수 없습니다. 그 대신 팔이 잘리면 머리 쪽에서 극심한 통증을 느끼게 됩니다.

진화적으로 보면, 신경계는 처음에는 산만하게 퍼져 있다가 고등생물 쪽으로 갈수록 조금씩 가운데로 몰리게 되는 중앙집적화 현상을 보입니다. 이것은 뇌가 사방에 퍼져 있는 여러 기능을 모아놓은 집합체이며 서로 다른 역할과 기능을 담당하는 부분들이 모인 기관이라는 사실을 말해줍니다.

낙지는 뇌 없이도 잘 삽니다. 그런데 왜 고등동물은 뇌라는 것을 갖게 되었을까요?

동물의 뇌는 파충류의 뇌, 포유류의 뇌, 사람의 뇌로 구별할 수 있습니다. 동물의 뇌를 관찰해보면 파충류에서 포유류가 되면서 뇌의 안쪽 깊숙한 곳에 복잡한 구조물들이 생깁니다. 그리고 사람의 뇌에 가까워질수록 뇌의 바깥쪽 구조가 굉장히 커집니다. 가장 소중한 것을 깊숙이 숨겨 놓은 것처럼 실제로 뇌의 안쪽에 있는 뇌간은 호흡, 심장박동, 수면, 걷기 등 생명 유지에 정말 중요한 것들을 담당합니다. 파충류의 뇌는 이처럼 생존에 절대적으로 필요한 것들로만 이루어져 있습니다. 그러다가 포유류의 뇌가 되면서 싸움, 도망, 식사, 생식, 기억 등의 역할을 하는 구조물들이 발달합니다. 그렇다고 해서 파충류에 이런 뇌 부위가 없는 것은 아닙니다. 포유류가 되면 뇌의 변연계(Limbic system)라고 부르는 구조가 더 잘 발달하게 됩니다. 이 부분은 생존뿐 아니라 본능과 관련된 부분입니다. 본능이란 배워서 익힐 필요가 없이, 생각 없이도 할 수 있는 행동 양식을 말합니다. 사람의 뇌는 특히 대뇌피질이 발달되어 있습니다. 이 대뇌피질은 고급 인지, 추론, 창의력처럼 좀 더 고차원적인 능력을 갖도록 해줍니다. 자극에 대해 바로 반응하는 것이 아니라, 자극에 대해 생각하고 말하고 반응할 수 있도록 해주는 것입니다.

그럼 다시 한 번 질문을 던져보겠습니다. 도대체 뇌가 있어서 좋은 점은 무엇일까요?

첫째, 뇌는 불확실한 미래를 대비하기 위해 만들어진 진화의 산물입니다. 만약 외부의 환경이 잘 바뀌지 않는다면 각 개체가 처한 조건은 항상 똑같습니다. 먹고 자고 짝짓기를 하면 됩니다. 그래도 생명을 유지할 수 있습니다. 그러나 우리의 환경은 늘 똑같지 않습니다. 언제

든 환경이 바뀔 수 있으며, 심지어 어떻게 바뀔지 가늠할 수 없을 때도 있습니다. 어떻게 바뀔지 모르는데 바뀐 환경에 본능적으로 대처하도록 모든 행동 요소를 넣을 수가 있을까요? 그것은 불가능합니다. 불확실한 환경에 대처하는 가장 좋은 방법은 생각하게끔 만들어주는 것입니다.

둘째, 본능에 의해 행동하는 것이 아니라 생각해서 행동하려면 경험을 축적할 수 있어야 합니다. 뜨거운 물건에 손을 데면, 다음에는 뜨거울 것이라고 생각해서 뜨거운 것을 만져보고 싶은 본능에 가까운 호기심을 억제합니다. 이것이 바로 경험을 축적한다는 것의 의미입니다. 뇌에는 많은 기억을 계속 담아둘 수 있는 장치가 있습니다. 즉 경험을 담아놓는 곳이 있습니다.

셋째, 뇌는 관계를 인지하고 운영할 수 있게 합니다. 과학자들은 인간의 뇌가 발달하게 된 가장 큰 이유로 커뮤니케이션을 꼽습니다. 우리 주변에 가장 불확실한 외부 환경은, 나처럼 생각할 수 있는 타인입니다. 나처럼 판단할 수 있고, 거짓말을 할 수 있고, 생각에 따라 행동할 수 있는 타인은 가장 불확실한 환경에 속합니다. 커뮤니케이션 능력이 떨어지면 다른 사람이 진심을 말하는지 거짓을 말하는지 파악하기 어렵습니다. 타인의 심리와 행동, 언어를 파악하려면 머리가 굉장히 좋아야 합니다. 타인과 관계를 맺으면서 경험한 것들을 다 축적할 수 있어야 합니다.

그래서 진화생물학자들은 인간이 집단 속에 살고 있기 때문에 큰 뇌를 갖게 된 것이라고 주장합니다.

결국 뇌는 발생학적으로 유전자에 의해 모든 신경망이 만들어지는 것보다 경험에 의해 조금씩 변하고 그것을 유지하는 기제를 갖는 것이 훨씬 생존에 유리합니다. 뇌는 기억을 저장하고 경험을 축적하고 연상해내는 능력을 갖고 있다고 볼 수 있습니다.

여기에 하나의 딜레마가 있습니다. 사람이 학습하거나 경험하게 되면 뇌는 바뀌어야 합니다. 그런데 너무 잘 바뀌면 어떻게 될까요? 이것도 큰일입니다. 영화를 보고 잠을 잔 다음날 사람의 인간성이 바뀌어 있다면 보통 문제가 아닐 겁니다. 이렇게 되면 주변의 사람들은 여러분이 어떤 행동을 할지, 어떤 선택을 할지 전혀 예견할 수가 없어집니다.

이처럼 뇌가 변화하는 성질을 전문 용어로 가소성(plasticity)이라고 하는데, 뇌가 가소성을 가지고 있다는 것은 장점이기도 하지만 위험한 요소이기도 합니다. 그래서 뇌는 쉽게 바뀌지 않으면서도 어느 정도 바뀔 수 있는 능력을 갖고 있어야 합니다.

뇌를 이루는 다양한 세포

생각이나 마음이라는 것은 몸의 어디에 자리 잡고 있을까요? 뇌일까요, 심장일까요? 과거의 사람들은 심장에 들어 있다고 생각했습니다. 심장을 상징화한 '하트'로 마음을 표현하는 것은 이 때문입니다. 아마 뇌에 마음이 깃든다는 것을 알았다면 뇌로 마음을 표현했을 것입니다.

뇌는 나 자신입니다. 우리는 뇌를 통해서 나 자신과 외부를 인식하고, 새로운 생각을 만들어낼 뿐만 아니라 반응하고 행동할 수 있습니다. 뇌와 나를 분리해서 생각할 수 없으며, 의학적으로도 뇌가 사망하는 경우 인간 자체의 사망이라고 간주합니다.

뇌는 남에게 절대 줄 수 없는 개인 고유의 장기이기도 합니다. 심장은 심장 이식을 통해 남에게 줄 수도 있습니다. 그러나 뇌는 남에게 줄

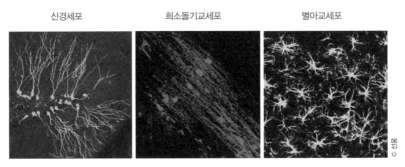

신경세포   희소돌기교세포   별아교세포

뇌는 신경세포, 희소돌기교세포, 별아교세포 등의 세포들로 이루어진 세포 덩어리다.

수 없습니다. 뇌 이식이 가능하다면, 마음은 뇌에 깃들어 있으므로 뇌를 남에게 이식한다기보다 몸을 다른 사람으로부터 이식받는다고 표현하는 게 더 적절한 표현일 것입니다.

뇌는 다른 장기와 마찬가지로 세포 덩어리로 되어 있습니다. 그런데 왜 특별할까요?

지금으로부터 약 100여 년 전, 스페인의 라몬 이 카할(Ramón y Cajal)은 신경세포를 자세히 관찰하고는 그것을 그림으로 그려 발표했습니다. 당시 학계는 스페인어로 된 논문을 투고하면 받아주지 않던 때였는데, 카할은 자체적으로 책을 만들어 연구자들에게 나누어주었습니다. 그 정도로 열정이 넘쳤던 연구자였습니다. 카할의 그림은 매우 정교했습니다.

뇌는 신경세포, 별아교세포, 희소돌기교세포 등의 세포들로 이루어진 세포 덩어리입니다. 이런 세포에는 특별한 것이 있었습니다.

뇌에는 천문학적인 숫자의 신경세포가 존재합니다. 대략 1000억 개 이상 있다고들 생각합니다. 하나의 신경세포는 평균적으로 약 1000개에서 1만 개의 시냅스를 가지고 있습니다. 시냅스는 신경세포와 신경세포가 서로 연결되어 있는 접합 부위를 말합니다. 그리고 1000억 개의 신경세포는 서로 신경망으로 연결된 네트워크를 만듭니다. 1000억 개의 신경세포가 약 1000개에서 1만 개의 시냅스를 가지고 있으니, 전체 시냅스 개수는 10^{14}~10^{15}개입니다. 이 수는 컴퓨터를 써서 계산하기 어려울 정도로 굉장히 큰 수입니다. 그러나 뇌에서 일어나는 일은 시냅스 개개의 활성도의 변화이기 때문에, 연구자들은 기억을 저장하거나 경험을 축적하거나 새로운 생각을 연상하거나 하는 뇌의 활동을 시냅스의 활성도 변화로 치환하면 그것들을 이해할 수 있을 것이라 믿고 있습니다. 마음에서 일어나는 모든 일들이 시냅스의 변화로 일어나는 것이라고 여기고 있기 때문입니다.

앞서 말했듯이 뇌의 가소성은 없어서는 안 되고, 그렇다고 가소성이 너무 커서도 안 됩니다. 그 중간점을 알기란 그리 쉬운 일이 아닙니다. 그래서 처음에 연구자들은 신경세포가 다른 신경세포와 시냅스를 형성하면 그다지 잘 변하지 않는다고 가정했습니다. 시냅스가 만들어진 다음에는 새로운 변화가 생기지 않을 것이라 생각한 것입니다. 그러자 어떻게 기억을 저장하는지, 어떻게 경험을 축적하는지에 대한 문제가 제기되었습니다. 그래서 연구자들은 시냅스의 능력이 강해지거나 약해지는 변화가 존재할 수 있다고 가정했습니다. 이것이 바로 '시냅스 가소성'이라는 가설입니다.

줄기세포란?

이제 줄기세포 이야기로 들어가보도록 하겠습니다. 줄기세포란 무엇일까요? 학문적으로 줄기세포란 두 가지 능력을 가지고 있는 세포를 말합니다. 하나는 자가복제 능력이고 다른 하나는 다분화 능력입니다.

줄기세포는 우리 몸에 근육세포나 신경세포, 간세포와 같은 세포들을 끊임없이 공급합니다. 줄기세포가 소진되지 않는 것은 자신과 똑같은 세포를 만들 수 있는 능력이 있기 때문으로, 만약 줄기세포에 자가복제 능력이 없다면 줄기세포는 다른 세포로 분화되어 결국 사라져버렸을 것입니다.

두 번째로 줄기세포는 여러 종류의 세포로 분화될 수 있는 다분화 능력이 있습니다. 줄기세포는 크게 수정란에서 유래하는 배아줄기세포와 우리 몸의 장기 곳곳에 들어 있는 성체줄기세포로 구분할 수 있습니다.

배아줄기세포는 모든 세포로 분화될 수 있는 전분화능을 갖고 있습니다. 반면 장기 곳곳에 들어 있는 성체줄기세포는 우리 몸을 구성하는 모든 세포는 아니더라도, 그 장기를 구성하고 있는 다양한 종류의 세포를 만들 수 있는 능력이 있습니다. 그래서 성체줄기세포를 '조직 특이성 줄기세포'라고도 부릅니다. 신경줄기세포는 성체줄기세포 혹은 조직 특이성 줄기세포의 일종입니다. 신경줄기세포는 뇌의 신경망을 이루는 여러 종류의 세포를 만드는 능력이 있습니다.

신경줄기세포와 새로운 신경세포

라몬 이 카할은 신경세포를 관찰한 초기의 연구자입니다. 카할이 연구할 당시 학계는 신경망이 어떻게 만들어지고 얼마나 안정화되어야 하는지에 관심이 컸습니다.

카할은 신경세포의 경우 배 발달 과정에서 만들어진 이후, 즉 태어난 이후에는 새로 만들어지지 않는다고 주장했습니다. 신경망은 더 이상 새로운 신경세포를 만들어내는 일을 하지 않는다는 얘기입니다. 그러나 1960년 말부터 카할의 주장과는 어긋나는 연구 결과들이 나오기 시작했습니다. 하지만 카할의 주장이 틀리다는 것을 증명하기까지는 꽤 긴 시간이 걸렸습니다.

오랫동안 사람들은 어른의 뇌에 신경줄기세포가 없을 것이라 생각했습니다. 그러다가 1990년대 말이 되면서 적어도 일정 영역에는 신경줄기세포가 있다는 것이 받아들여지기 시작했습니다. 최근에는 다양한 지역에 신경줄기세포가 있고, 신경세포가 계속 추가되고 있다는 근거들이 속속 등장했습니다.

신경줄기세포의 패러다임을 바꾼 연구자는 미국 솔크연구소의 프레드 게이지(Fred Gage) 교수입니다. 게이지는 1980년대에 쥐 실험을 통해 다 자란 쥐의 해마에서 신경줄기세포가 계속 만들어진다는 사실을 처음으로 발견했습니다. 그러나 아쉽게도 그의 발견은 학계에 큰 반향을 일으키진 못했습니다. 그래서 프레드 게이지는 인간의 뇌에 신경줄기세포가 있다는 것을 증명하기로 마음을 먹었습니다. 마침 게이지의 연구실을 찾아왔던 유럽인 연구원과 대화를 나누다가 그의 머릿속에 하나의 아이디어가 떠올랐습니다. 유럽인 연구원은 30여 년 전 유럽에 위치한 일부 치과에서 잇몸에 암이 있는지 없는지를 확인하기 위해 환자에게 진단용으로 브로모데옥시우리딘(BrdU, bromodeoxyuridine)을 주사한 경우가 있었다고 얘기했습니다. 그의 이야기는 프레드 게이지에게 서광과도 같은 이야기였습니다. 왜일까요? BrdU는 세포가 분열할 때 새로 합성되는 DNA에 끼어들어가는 특성이 있으며, 이후 면역 염색을 통하여 그 존재를 검출할 수 있는 특징을 가지고 있기 때문에 왕성히 분열하는 암세포를 표지하는 데 이용되었던 것입니다. 그러나, 한 번 DNA에 들어간 BrdU는 이후 세포가 계속 분열한다면 한 번 분열할 때마다 2분의 1씩 그 양이 감소하게 되므로, 계속 분열하는 세포들은 BrdU를 주사한 후 수개월 이상의 시간이 지나면, 그 양이 감소하여 검출할 수 없어집니다. 반면 BrdU가 끼어들어간 직후 세포 분열을 멈추고 분화한 세포의 경우엔 BrdU의 양이 줄지 않기 때문에 오랜 시간이 지난 후에도 검출 가능합니다. 따라서 만일 이 환자들로부터 BrdU를 가진 신경세포가 관찰된다면, 이는 BrdU를 주사한 당시 성인에게 새로 생성된 신경세포가 존재함을 의미하는 것입니다.

이들은 유럽으로 가서 이 처방을 받은 환자들을 수소문하여 몇몇 환자들로부터 사후 뇌 기증에 대한 허가를 받았습니다. 마침내 프레드 게이지는 몇 개의 뇌를 구해 잘라서 관찰할 수 있었습니다. 그랬더니 초록색으로 염색된 BrdU를 신경세포에서 발견할 수 있었습니다. 즉 이 시술을 받았던 50~60대의 사람의 뇌에서 신경세포가 새로 만들어졌다는 결정적 증거를 얻게 된 것입니다. 이 연구로 프레드 게이지는 일약 세계적인 과학자가 되었습니다.

프레드 게이지 이후에, 스웨덴의 과학자 요나스 프리센(Jonas Frisen)은 또 다른 기발한 아이디어로 신경줄기세포를 연구했습니다. 이 과학자가 사용한 것은 탄소 연대 측정법이었습니다. 프리센은 미국과 소련 등에서 1950~1960년대에 아주 짧은 기간 동안 열심히 원자폭탄 실험을 했다는 사실을 떠올렸습니다. 그는 그 시기에 대기 중에 ^{14}C 동위원소 방사능이 확 올라갔다 가라앉았다는 사실에 기초해, 그 시대를 살았던 사람들의 뇌에 ^{14}C을 가지고 있는 DNA가 존재할 것이므로, 그 사람들의 뇌를 대상으로 탄소 연대 측정이 가능할 것이라고 생각했습니다. 이것은 BrdU 주사를 맞은 극소수의 사람이 아니라 더 광범위한 사람들을 대상으로 정량 분석을 할 수 있다는 것을 의미했습니다.

실험 결과, 인간의 해마에서 하루 평균 700개의 뉴런이 새롭게 만들어지는 것으로 나타났습니다. 계산해보니, 일생 동안 해마의 치아이랑 속의 뉴런은 3분의 1이 바뀌었습니다. 이 정도라면 새로운 뉴런이 만들어진다는 것은 생물학적으로 중요하면서도 의미 있는 사실이라고 할 수 있습니다. 그렇다면 어떤 의미가 있는 것일까요?

학습과 기억

신경줄기세포가 새로운 뉴런을 만들어내는 곳은 어디일까요?

우리 머릿속엔 해마가 있습니다. 해마는 약 800~1000년 전, 이집트 사람들이 미라를 만들 때 뇌를 꺼내는 과정 중 발견되었는데 바닷속의 해마와 닮아서 해마라는 이름이 붙여졌습니다.

헨리 몰래슨(Henry Molaison, 일명 H.M.)은 단기 기억 장애 환자입니다. 그는 어릴 때 사고를 당한 이후 심한 간질 발작으로 일상생활이 불가능할 정도로 고통받고 있었습니다. 그는 간질 발작의 원인이 뇌의 해마에 존재하는 부위라는 것을 알고 절개 수술을 결심했습니다. 그러나

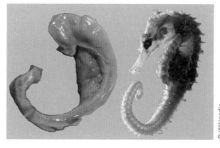

© Wikipedia

기억과 관련이 깊은 머릿속의 해마는 바다의 해마와 닮아서 해마라는 이름이 붙여졌다.

수술 이후 새로운 문제가 생겨났습니다. 수술을 받기 전까지의 기억은 멀쩡한데, 수술을 받은 이후부터는 새로운 기억이 저장되지 않았던 것입니다. 매일 만나는 의사에게도 "처음 뵙겠습니다."라고 인사했습니다. 이후 사람들은 H.M. 환자의 사례를 통해 해마가 뇌에서 기억과 관련되어 있다는 것을 알 수 있었습니다. 기억에는 장기기억과 단기기억이 있고, 처음 기억이 들어오면 해마를 거친 다음 장기기억 저장소로 갔던 것입니다. H.M. 환자의 경우, 새로운 기억은 해마를 거칠 수 없기 때문에 단기기억이나 장기기억이 만들어지지 않았던 것입니다.

이처럼 해마는 기억과 학습을 하는 데 매우 중요한 중추입니다. 또한 해마가 공간이나 시간을 인지할 때에도 매우 중요한 역할을 한다는 것도 점차 알려졌습니다.

제거 수술로 문제가 됐던 곳은 새로운 신경세포가 들어가는 곳인 해마의 치아이랑(dentate gyrus)이라는 부위였습니다. 해마는 학습과 기억에 중요한 곳이므로, 우리는 다음과 같은 가설을 세울 수 있습니다. "신경줄기세포가 신경세포를 만드는 것은 학습과 기억과 관련된다." 그런데 과연 정말 그럴까요?

학습과 새로운 신경세포

1990년대 말 미국 프린스턴대학교의 엘리자베스 굴드(Elizabeth Gould)는 공부를 많이 시키면 신경세포가 더 많이 생긴다는 연구 결과를 발표했습니다. 인과관계인지 아닌지는 알 수 없지만, 학습을 하면 신경세포가 늘어난다는 사실은 학습과 신경세포의 생성과의 상관관계를 보여줍니다. 굴드의 발표 이후, 학습과 신경세포와의 인과관계를 밝

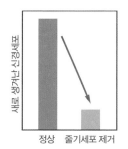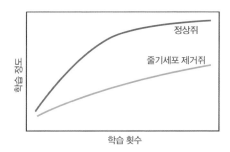

성체줄기세포와 학습. 성체줄기세포를 약물 또는 유전학적 방법으로 제거하면, 반복에 의한 학습 효과가 떨어진다. 이는 해마 치아이랑의 고유 기능 중 하나인 패턴 구분 능력(즉, 유사한 것을 구분해내는 능력)이 떨어지는 것과 관련되어 있다고 보여진다.

히고자 하는 실험들이 이어졌습니다.

초기 실험은 새로운 신경세포가 만들어지는 것을 막아보는 실험들이었습니다. 신경세포를 생성시키지 못하게 했을 때 학습 능력이 떨어진다면, 신경세포가 늘어나는 것이 공부하는 데 중요하다고 말할 수 있을 것입니다. 몇 개의 실험에서 이는 사실로 밝혀졌습니다. 즉 공부를 많이 하면 신경세포가 많아지고, 신경세포가 늘어나야 공부를 잘하게 되며, 공부를 더 하게 되면 신경세포가 또 많아지는 긍정적인 선순환(positive feedback)이 이루어졌습니다. 반대로 공부를 안 하면 신경줄기세포가 없고, 신경줄기세포가 없으니 공부를 잘하지 못하는 악순환(vicious feedback)이 이루어졌습니다.

새로 만들어진 신경세포의 운명

우리 뇌는 정교한 신경망과 함께 적절한 수준의 가소성이 있어야 합니다. 위에서 언급한 연구들에 근거하면, 신경세포가 해마에서 더 만들어지는 등 신경세포는 가소성을 갖고 있습니다.

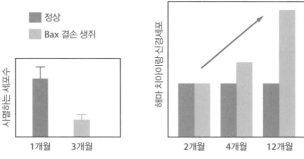

Bax 결손 생쥐의 경우, 새로 생성된 신경세포의 사멸이 전혀 일어나지 않는다(왼쪽). 그래서 생쥐의 나이가 들어도 해마 치아이랑 신경세포의 수가 계속 늘어난다.

그 다음으로 주목할 것은 이렇게 새로 만들어진 신경세포 대부분이 죽어서 없어진다는 사실입니다. 이건 또 무슨 말일까요? 생쥐 해마의 치아이랑에서는 하루 평균 700개 정도의 신경세포가 만들어집니다. 그런데 원래 만들어진 것 중 절반 이상은 만들어졌다가 죽기 때문에, 결국 200개 남짓의 세포만이 신경망 속으로 들어갑니다. 그러면 왜 기껏 만들어놓고 절반 이상의 세포는 없앨까요? 이 주제는 제가 관심을 갖고 있는 주제이기도 합니다.

저는 신경세포가 얼마나 많이 죽는지 살펴보았습니다. 신경세포가 많이 만들어지는 경우는, 학습, 운동, 새로운 경험, 정서적 안정 등을 꼽을 수 있습니다. 이러한 과정을 거칠 경우 새로운 신경세포가 더 많이 남습니다. 반면 스트레스 노화와 같은 과정을 거치면 새로운 신경세포 수는 적어집니다.

제가 로널드 W. 오펜하임(Ronald W. Oppenheim) 교수와 함께 공동 연구한 결과를 소개해볼까 합니다. 우리는 뇌가 신경망의 가소성에 적합한 만큼만 살리고 생성된 세포의 나머지 3분의 2는 죽여 없앰으로써 신경망의 안정성을 유지하고자 한다는 가설을 세웠습니다. 일단 무조건 많이 만들어놓고 가소성에 필요한 만큼만 남긴 다음 그 이상은 없애 버림으로써 신경망의 안정성을 유지시킨다고 생각한 것이었습니다.

그러면 이 가설은 어떻게 증명할 수 있을까요? 우리는 신경세포가 죽는 것을 막아보았습니다. Bax 유전자는 세포의 자발적인 자살, 즉 세포 사멸(apoptosis) 과정에 굉장히 중요한 유전자입니다. Bax 유전자가 없으면 해마의 신경줄기세포에 의해 만들어지는 신경세포가 죽지 않을 것이라고 생각했습니다. 신경세포가 사멸하는지 아닌지를 관찰해보았더니, 실제로 신경세포가 죽지 않았습니다. 즉 Bax 유전자가 제거된 상태에서는 신경세포가 죽었을 때 나타나는 마커들이 하나도 보이지 않았습니다. 이처럼 신경세포가 죽지 않았을 경우에 어떤 일이 일어났을까요?

실험을 진행한 지 2개월, 4개월, 12개월이 지났을 때의 쥐를 살펴보니, Bax 유전자가 제거된 쥐의 뇌에서 해마 치아이랑의 크기가 두 배로 커졌습니다. 정상 집단의 쥐에게서는 해마 치아이랑 크기의 변화가 없었습니다. 우리는 해마 치아이랑의 크기가 두 배로 커진 쥐가 무엇을 잘하고, 무엇을 못하는지 알아보기 시작했습니다.

신경세포 사멸과 장기강화

여러 가지 실험 중에서 한두 실험만 언급해보도록 하겠습니다. 다음의 그림은 해마의 신경회로를 단순화시킨 것입니다. 이 그림에서 빨간색 영역의 신경세포의 시냅스는 파란색 화살표의 시작점에서 만들어집니다. 우리는 하나의 신경망에서 장기강화 현상이 나타나는지 관찰해보았습니다. 장기강화(Long-term potentiation)는 학습과 기억의 근원

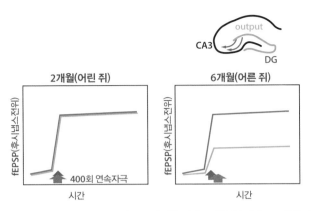

그림에서 보여주는 치아이랑의 신경회로를 분석한 결과, 2개월 된 어린 Bax 결손 생쥐에서는 장기강화 현상이 정상적으로 일어나는 반면, 6개월 된 어른 Bax 결손 생쥐에서는 잘 일어나지 않았다.

이라 여겨지는 굉장히 중요한 생물학적인 현상입니다.

보통 신경망을 이루는 신경세포들의 한쪽을 자극하면 다른 쪽에서 반응이 일어납니다. 자극하면 반응이 일어나고, 다시 바닥 상태로 되돌아오게 됩니다. 또 자극하면 다시 같은 반응을 일으켜야 하니까요. 그런데 이러한 자극을 계속 반복하면 자극이 끝난 후에도 마치 계속 자극이 주어지는 것처럼 신경세포가 약간 흥분 상태에 계속 머물러 있는 현상을 보입니다. 이것은 이 시냅스 연결에 질적인 변화가 일어났다는 것을 의미합니다. 이것은 더 작은 자극에도 더 쉽게 반응할 수 있게 신경망이 바뀐 것입니다. 장기강화 현상이 나타난 것이라 할 수 있습니다. 잘 생각해보면 기억한다는 것이 바로 이런 것입니다. 어떤 자극이 들어왔을 때 반응하는 시간이 오래 걸리면 기억을 잘 못하는 것이고, 별 자극이 없는데도 떠오르면 기억을 잘하는 것입니다. 우리가 추상적으로 느끼는 기억 현상과 시냅스의 전기적 신호가 매우 유사하다는 것을 알 수 있습니다.

학습과 기억을 가능하도록 만드는 신경 가소성의 생물학적 기초는 장기강화 현상입니다. 왼쪽 그래프를 보면 2개월 된 동물의 경우 자극과 반응이 위로 올라가 있습니다. 이는 유전자가 조작된 쥐에게도 똑같이 나타납니다. 이때는 신경줄기세포가 축적되어 있지 않기 때문입니다. 그러나 신경세포가 꽤 많아지는 6개월 된 동물에게는 다른 현상이 보입니다.

야생형(WT, wild type)은 자극하면 장기강화 현상이 나타나는데, Bax 유전자를 없앤 쥐에게서는 장기강화 현상이 나타나지 않습니다. 새로 생긴 신경세포 가운데 죽는 신경세포가 없으니 너무 많은 신경세포들이 신경 연접을 이루기 때문에, 오히려 회로에 장애가 생겨서 신경 가소성에 의한 변화를 일으키기 어려워진 것입니다. 이러한 신경회로의 기능 변화는 실제로 동물의 학습 능력에 대한 행동 분석을 통해서도 알 수 있습니다.

우리는 공포 조건화(fear conditioning) 방법을 통해 쥐의 학습 능력을 관찰해보았습니다. 먼저 쥐를 훈련용 상자에 넣은 다음 '삐—' 하는 소리와 함께 발에 전기 자극을 주는 것을 반복했습니다. '삐—' 소리와 함께 전기 자극을 주면 쥐는 놀라서 마치 얼어붙은 듯 꼼짝도 하지 않습니다. 이렇게 공포를 경험했던 쥐는 훈련용 상자에 들어가기만 해도 부르르 떱니다.

이 쥐를 전혀 다른 상자에 넣으면 공포에 떨지 않고 잘 놉니다. 그러다가도 '삐—' 소리를 들려주면 갑자기 얼어붙습니다. 즉 쥐는 소리와 공간에 반응합니다. 알려진 사실에 따르면, 공간에 반응하기 위해서는 해마가 꼭 필요하며, 소리에 반응하기 위해서는 아몬드 모양으로 생겼다고 해서 영어로는 아미그달라(amygdala), 우리말로는 '편도체'라 불리는

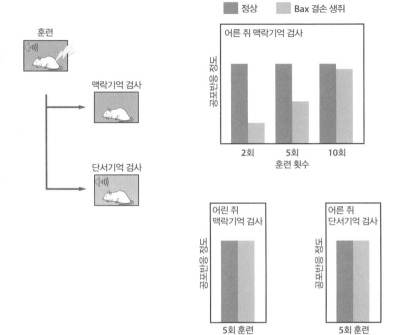

공포 조건화 반응 검사에서, 해마가 필요한 행동인 맥락기억 검사 결과, 어른 쥐의 공포기억 형성이 Bax 결손 생쥐에서 현저히 떨어져 있었다. 반면 아직 성체신경세포 생성이 활발하지 않은 어린 쥐에서는 이러한 변화가 관찰되지 않았으며, 어른 쥐에서 해마를 필요로 하지 않는 '단서 기억' 능력에는 변화를 보이지 않았다. 이러한 사실은 어른의 뇌에서 만들어진 후 적절하게 사멸되어야 하는 신경세포가 살아남게 되면 해마 기능의 장애를 일으킴을 의미한다.

다른 뇌 부위가 꼭 필요합니다.

그래서 공간과 소리를 나누어서 분석할 필요가 있습니다. 우선 해마가 꼭 필요한 영역을 테스트해보면, 보통 정상적인 동물은 두 번 정도 자극하면 무척 잘 기억하는 반면, Bax 유전자를 제거한 쥐는 약 5번은 자극해야 기억합니다. 다음 날에 테스트하면 10번은 자극해야 기억합니다. 즉 Bax 유전자를 제거한 쥐는 기억하는 능력이 없는 것은 아니지만 기억을 잘하지 못합니다. 좀 둔감해진 것입니다. 그러나 편도체가 꼭 필요한 영역을 테스트해보면, 아무 문제가 없습니다. 해마가 꼭 필요한 영역을 테스트해보면 어린 개체일수록 문제가 없었습니다. 이것을 토대로, 어른이 되는 기간 동안 새로 태어난 신경세포들의 3분의 2를 없애버리는 과정을 제거하면 신경망의 안정성이 망가지는 과정을 겪게 된다는 결론을 내릴 수 있습니다.

신경줄기세포와 뇌 질환 치료

이렇게 해마가 중요하다면 다양한 질환들과 연관될 가능성이 높습니다. 만약 해마 치아이랑의 신경줄기세포를 죽이면 어떻게 될까요? 미국 콜럼비아대학교 르네 헨(René Hen) 교수의 연구에 따르면, 해마의 신경줄기세포는 우울증과 관련이 있다고 합니다. 르네 헨은 해마의 신경줄기세포를 X-선 조사를 통해 없앤 다음, 항우울증 치료제인 프로작(Prozac)을 주입했습니다. 그러나 프로작이라는 약의 약효는 나타나지 않았습니다.

프로작은 SSRI(선택적 세로토닌 재흡수 억제제, Selective Serotonin Reuptake Inhibitors)로, 신경전달물질을 바꾸는 약입니다. 프로작은 약

2주를 먹어야 약효가 나타납니다. 신경 전도가 이뤄지는 시간은 mm/sec 수준으로 1초도 걸리지 않는데 말입니다. 르네 헨은 약 2주라는 시간이 신경줄기세포가 새로운 신경세포를 만들어 신경망을 이루는 데 걸리는 시간이라고 가정하고는, 신경줄기세포를 없애버린 다음의 결과를 관찰했습니다. 그랬더니 예측한 대로, 신경줄기세포를 죽이면 프로작이 약효를 발휘하지 못한다는 것을 확인했습니다. 반대로, 프로작을 열심히 먹이면 신경줄기세포가 많아진다는 것도 밝혀냈습니다.

생물학적으로 신경줄기세포의 기능이나 뇌 활동에서의 기여도에 대한 이해는 이제 겨우 걸음마 단계에 있습니다. 그러나 신경줄기세포의 존재는 신경세포가 죽거나 사라져서 생기는 많은 뇌 질환을 치료할 수 있다는 희망을 던져줍니다. 실제 성체의 뇌 조직을 꺼내 그 속에 있는 신경줄기세포를 배양기에서 키우거나, 배아줄기세포 또는 유도만능줄기세포(iPS 세포)에 적절한 처치를 취해서 신경줄기세포를 만들어 체외에서 배양하는 것이 가능합니다. 이런 신경줄기세포는 우리가 원하는 종류의 신경세포를 만들어내는 데 사용할 수 있을 겁니다. 만일 원하는 종류의 신경세포를 원하는 만큼 만들어낼 수 있다면 뇌 손상 환자에게 신경줄기세포를 이식해서 완전한 뇌 재생을 유도할 수도 있을 겁니다. 물론 이렇게 환자를 치료하는 데 실제로 사용되려면 넘어야 할 산이 많습니다. 그러나 신경줄기세포가 발견된 이후 이미 많은 발전이 이루어졌기에 많은 연구자들은 머지않아 병원에서 줄기세포를 처방할 날이 올 것이라고 낙관적으로 내다보고 있습니다.

Q. 복습을 여러 번 해도, 새로운 기억이 계속 들어오고 주기적으로 신경세포가 계속 사라지게 되면 상식적으로 장기기억이라는 게 만들어지기 힘들지 않나 생각되는데, 이런 상황에서 장기기억이 어떻게 생성되는지 궁금합니다.

A. 사실 어떤 면에서 기억의 종류를 분류하는 것은 굉장히 작위적입니다. 그런데 단기기억과 장기기억의 경우는 몇 개의 연구 결과에 의해 어느 정도 인정받고 있습니다. 소위 말해 단기기억은 컴퓨터 메모리 'RAM'과 같다고 보면 됩니다. 잠깐 머물렀다가 날아가버리는 종류의 기억입니다. 예를 들어 친구가 전화번호를 불러준 것을 빠르게 기억하고는 그 번호로 전화 통화를 하긴 하는데, 전화 통화가 끝난 다음에 그 번호를 기억하는 사람은 별로 없습니다. 단기 저장했다가 날려버리는 것입니다. 그러나 한 번 갔던 레스토랑, 한 번 갔던 길처럼 에피소드와 관련된 기억(episodic memory)은 선명하게 기억합니다. 이것은 단기기억과는 범주가 다른 기억입니다. 기억에 남기 위해서 모두 반복이 필요한 것도 아닙니다. 종류에 따라 반복이 필요한 것, 반복이 필요하지 않은 것, 단기적으로 남는 것, 장기적으로 남는 것이 있습니다. 단기기억은 해마에 잠깐 저장되고, 장기기억은 뇌의 피질의 여러 영역에 나뉘어져 저장됩니다. 해마는 뇌의 피질의 여러 영역으로 기억을 전달해주는 역할을 합니다. 복습을 통해 신경세포가 다시 활성화되어 해마를 통해 피질로 넘어가게 되면, 기억은 상당히 공고화됩니다. 또 신경줄기세포가 만들어서 1만 개의 시냅스가 바뀌는 큰 수준의 변화는 특정 해마 부위에서만 일어나고, 피질에서는 잘 발달되어 있지 않기 때문에 일단 장기화된 기억 자체가 변할 일은 없을 것 같습니다.

Q. 사람들은 평생 뇌의 10%도 사용하지 못하고 죽는다고 하는데요, 그러면 뇌의 여유 영역을 자극시키는 방법을 통해 뇌를 100% 사용할 수 있지 않을까요?

A. 뇌의 10%만 사용한다는 얘기는 맞기도 하고 틀리기도 합니다. 질문을 바꿔

볼게요. 뇌를 100% 쓰면 좋을까요? 뇌의 각 부위들은 수백 가지 서로 다른 기능과 역할을 담당하고 있습니다. 그런데 이 뇌가 동시에 전부 활성화된다면 무슨 일이 생길까요? 모든 감각이 다 활성화되면, 상상하지 못할 발작을 일으키게 될 겁니다. 그 어떤 발작도 뇌를 100% 활성화시키지 않습니다. 그러니 뇌의 100%를 한 번에 쓴다는 것은 상상할 수 없는 재난입니다. 그러면 정말 우리는 뇌의 10%만 쓰고 있을까요? 이 표현은 약간 이상합니다. 신경세포는 필요할 때 켜졌다 꺼졌다 해야 합니다. 계속 켜져 있으면 안 됩니다. 그러니까 넓게 보면, 우리는 뇌의 모든 부분을 쓰고 있습니다. 다만 동시에 한꺼번에 쓰지 않을 뿐입니다. 결국 얼마나 정교한 네트워크를 형성하느냐, 어떻게 해야 원하는 것을 쉽고 빠르게 수행할 수 있는 회로를 갖느냐가 더 중요한 것 같습니다.

Q. 자극이 계속되면 흔히 말해 '적응'이 이루어지고, 그러면 둔감하게 반응하게 될 텐데요, 그러면 장기강화된 기억이 또 다른 기억의 형태로 변환이 되는 것인가요?

A. 사실 뇌의 가소성은 여러 가지 형태로 나타납니다. 반복적인 자극에 신경세포 간의 연결이 더 강해지는 것도 있고, 신경세포 간의 연결이 더 약해지는 것도 있습니다. 장기강화는 세포 간의 연결을 더 강하게 만드는 방법입니다. 그러나 아주 강하게 지속적으로 자극만 주면 신경세포에 너무 많은 자극이 주어지기 때문에 신경세포가 죽을 수도 있는 위험한 지경에 이릅니다. 그래서 시냅스의 반응성을 낮추는 시냅스 크기 조정(Synaptic scaling)이 일어나, 같은 자극에 대한 반응성이 낮아집니다. 장기 억제(Long-term depression)는 신경세포 간의 연결을 약하게 하는 현상입니다. 또 다르게, A라는 신경망을 자극하면 B라는 신경망이 같이 활성화되거나, A라는 신경망을 자극하면 B라는 신경망은 같이 활성화되지 않는 현상도 있습니다. 이처럼 신경세포의 가소성은 매우 다양한 형태로 나타납니다.

어떤
과정으로
통증이
일어나는가

오우택 서울대학교 약학과 교수

서울대학교를 졸업하고, 미국 오클라호마 대학교에서 박사학위를 받았다. 텍사스주 립대학교 의과대학 갈베스톤 분교 연구원 을 거쳐, 현재 서울대학교 약학과 교수로 재직 중이다. 한국파스퇴르연구소 이사장 을 맡고 있다. 한국과학기술단체총연합회 과학기술우수논문상(1997), 생명약학연구 회 남양알로에 생명약학 학술상(2005), 특 허청 특허기술상 세종대왕상(2005), 대한 학술원 대한민국학술원상(2006), 송음 이 선규 의약학상(2008), 한국과학재단 이달 의 과학자상(2009), 한국연구재단 한국과 학상(2010), 한국과학기술총연합회 대한 민국최고과학기술인상(2010), 한국생화학 분자생물학회 DI학술상(2013) 등을 수상 했다.

이 세상에 통증을 한 번도 경험하지 못한 사람이 있을까요? 아마도 없을 겁니다. 통증이란 살면서 누구나 겪는 흔한 증상으로, 인체의 조직이 손상되었을 때 느끼는 고통스러운 감각입니다. 통증이 심하거나 오랫동안 지속되면 정상적인 생활을 할 수가 없습니다. 만사가 귀찮을 뿐 아니라 인간관계와 가정이 파괴되는 등 삶의 방향까지도 바꿀 수가 있습니다. 그래서 통증을 잘 억제시키는 것은 현대 의학의 의무 중 하나입니다.

만약 통증이 없다면 어떻게 될까요? 뜨거운 것을 만졌는데도 통증을 느끼지 못한다면 피부가 타버릴 겁니다. 이처럼 통증은 몸이 손상되는 것을 경고하는 신호로, 우리 몸은 아주 빠른 속도로 이 신호를 뇌로 전달합니다. 그런데 경고만 해주면 좋을 텐데, 통증의 정도가 너무 심해 문제가 될 때가 있습니다. 만성 통증을 일으킨다거나 극도로 아프게 해서 견디기 힘들게 하는 것입니다. 실제로 말기 암 환자의 60% 이상이 극심한 통증을 경험합니다.

통증을 느끼지 못하는 사람은 과연 행복할까요? 통증을 느끼지 못하는 사람들이 있기는 합니다. 히말라야 산맥의 깊은 곳에 위치한 파키스탄의 한 오지에는 통증을 전혀 모르는 가족들이 살고 있습니다. 이들의 삶은 평범하지 않습니다. 위궤양 등 병을 앓거나 상처를 입어도 아프지 않으니까 방치하다가 요절하는 경우가 많습니다. 그리고 대부분 말을 하지 못합니다. 어릴 때 자기 혀를 깨물어 먹어버리기 때문입니다. 손가락이 없는 경우도 많습니다. 손가락을 깨물어 피가 나면 그것으로 그림을 그리며 좋아합니다. 이 부족의 15~16세 소년들은 서커스단에 들어가 묘기를 펼치기도 하는데, 쇠꼬챙이로 손바닥을 뚫는 위험천만한 엽기 서커스를 보여줍니다. 정상적인 경우라면 통증 때문에 그와 같은 묘기를 보여줄 수 없었을 겁니다. 이처럼 너무 심하면 곤란하지만, 일상 생활을 유지하는 데 통증은 꼭 필요한 감각 중 하나입니다.

암이라는 질병도 초기에 아픔을 감지할 수만 있다면 지금보다는 훨씬 쉽게 대처할 수 있었을 것입니다. 암이 문제가 되는 것은 말기에 이를 때까지 통증을 느끼지 못하다가 뒤늦게 암세포를 발견하기 때문입니다.

통증은 몸을 보호하기 위한 감각이면서도 지나치면 고통을 안겨주는 감각입니다. 한 폐암 환자에게 얼마나 아픈지 물어보니 송곳 100개, 펜치 100개, 망치 100개, 톱 100개를 가지고 쑤시고 썰고 찢고 때리는 것과 같다는 얘기를 들은 적이 있습니다. 그러니까 숨 쉬기 힘들 정도도 아픈 것입니다. 어떤 때는 통증으로 인한 쇼크(pain shock)로 사망하기도 합니다. 그래서 전쟁터에서 군인이 큰 부상을 입으면 일단 통증을 잠재우고 쇼크를 막기 위해 진통제인 모르핀을 투여하곤 합니다.

통증 전달 경로

피부와 근육과 같은 말초 기관을 보면 신경이 전화선처럼 매우 넓고 촘촘하게 분포하고 있습니다. 이런 신경의 말단에는 이온 채널들이 분포하는데, 이런 것들을 분자 센서(molecular sensor)라고 합니다.

신경 자극으로는 열, 온도 변화, 압력, 캡사이신, 강한 기계적 자극(유해자극) 등이 있습니다. 피부나 근육 등 말초 신경으로 자극이 전해지면 감각신경 말단이 전기적으로 흥분하게 되고, 이 신경 신호(활동전위)가 척수를 통해 대뇌의 시상으로 전달됩니다. 그리고 시상으로 전달된 신경 신호가 대뇌피질에 전달되면 우리는 통증을 느끼게 됩니다.

구체적으로 보면, 뜨거운 열과 같은 자극이 오면 이것에 반응하는 이온 채널을 통해 감각신경세포 속으로 나트륨 이온(Na^+)이 들어갑니다. 그리고 나트륨 이온이 들어가면, 양전하가 자꾸 들어가니까 감각신경세포가 전기적으로 흥분하게 됩니다. 그러면 활동전위가 생기고, 신경 신호가 자극을 받은 곳에서 척수로, 척수에서 시상으로, 시상에서 대뇌로 가면, 우리는 통증에 비명을 지르게 됩니다. 즉 감각신경 말단에 존재하는 이온 채널이 자극에 반응해서 열리기 때문에 통증이 생기는 것입니다. 자극의 종류에 따라 이온 채널들의 반응도 다릅니다.

그래서 통증을 조절하려면, 통증 전달 경로 중 하나를 겨냥해서 약으로 막아주면 됩니다. 진통제는 이런 원리를 적용한 약입니다. 진통제가 말초 신경을 막을 수도 있고, 척수나 대뇌에서 막을 수도 있습니다. 어느 단계이든지 통증 전달 경로에 끼어들어 통증을 막는 것입니다.

통증의 원인

그러면 통증의 원인은 무엇일까요? 기본적으로 통증은 질병과 관련이 있습니다. 염증이 난 피부를 살짝만 건드려도 아픈데, 암 말기에 이르면 통증이 심해서 우아하게 죽을 수조차 없습니다. 뇌의 혈관이 터지거나 막혀서 생기는 뇌졸중 가운데 30% 이상은 극심한 두통을 일으킵니다.

통증 전달 경로를 다시 한 번 살펴볼까요? 우선 통증은 감각 기관에서 척수로 갑니다. 이 척수에는 회백질이 있는데, 앞쪽과 뒤쪽으로 구별할 수 있습니다. 앞쪽에는 주로 운동신경세포가 있고 뒤쪽에는 통증 전달세포가 있습니다. 때때로 신호가 뇌로 전달되지 않기도 합니다. 척

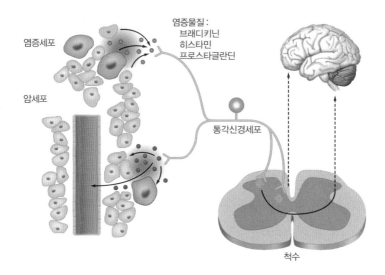

염증이 생기면 브래디키닌이나 히스타민, 프로스타글란딘과 같은 염증성 물질이 나와서 말초 감각신경세포를 자꾸 자극하고, 이런 자극이 통증을 일으킨다.

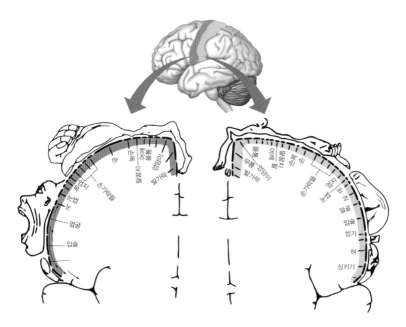

감각 중추의 특정 부위가 신체의 어느 부위와 연결되었는지를 보여주는 호문쿨루스.

수의 반사작용은 신호가 전달되었을 때 척수 안의 운동신경세포가 활성화되어 반응하는 작용입니다.

염증이 생기면 브래디키닌이나 히스타민, 프로스타글란딘과 같은 염증성 물질이 나와서 말초 감각신경세포를 자꾸 자극합니다. 이런 자극이 통증을 일으킵니다.

염증을 가라앉히면 염증성 물질이 나오지 않게 되고 이후 통증도 사라지는데, 아스피린 같은 약제가 이런 소염 기능을 갖고 있습니다.

피부의 어떤 부분을 확 긁으면 그곳이 금방 빨갛게 됩니다. 피부가 빨갛게 되는 이유는 긁을 때 히스타민이 나오기 때문입니다. 자극을 받아 히스타민이 나오게 되면 혈관이 확장되고, 그로 인해 피부가 빨갛게 되는 것입니다. 뺨을 맞았을 때 붉은 손자국이 생기는 것도 맞은 부위의 피부 밑에 히스타민이 나와서 혈관을 확장시켰기 때문입니다.

왼쪽의 아래 그림에서 녹색 부분이 제1감각중추이고, 분홍색 부분이 운동중추(motor cortex)입니다. 감각중추의 특정 부위가 신체의 어느 부위와 연결되어 있는지를 세부적으로 보면, 발가락에서 엉덩이를 거쳐 입술까지 연결되는 감각중추 지도를 그릴 수가 있습니다. 이를 대뇌피질의 호문쿨루스(Cortical homunculus)라고 합니다.

환자들을 대상으로 감각중추의 특정 부분을 전극으로 자극하면 그와 연결된 부분을 문지른다거나 콕콕 찌른다고 대답합니다. 이는 대뇌피질의 각 부위가 신체의 일부분을 대표한다는 것을 말해줍니다.

호문쿨루스를 자세히 보면, 실제 신체의 표면적이나 부피와는 관계없다는 것을 알 수 있습니다. 가령 실제 엉덩이는 상당히 크지만 호문쿨루스에서 엉덩이는 작은 영역을 차지할 뿐입니다. 그러나 손가락, 특히 엄지는 굉장히 큰 면적을 차지합니다. 이는 엄지가 많은 수의 신경과 연결되어 있다는 것을 알 수 있습니다. 손가락으로 10원짜리, 50원짜리, 100원짜리 동전을 만져서 구분할 수는 있지만, 엉덩이로 이들 동전을 만져서 구분하기 어려운 것은 이런 신경 연결 때문입니다. 그래서 신체의 어떤 부분이 민감하다는 것은 그곳에 굉장히 많은 신경세포가 있다는 것, 즉 말초신경의 밀도가 높다는 것을 의미합니다. 체성감각(體性感覺)이 민감한 곳은 손가락, 입술, 눈썹, 눈꺼풀 등입니다.

통증의 종류

통증에는 크게 급성 통증과 만성 통증으로 구분할 수 있습니다.

대표적인 급성 통증으로는 수술 후 통증이 있습니다. 수술을 하게 되면 살을 째고 바늘로 꿰매기 때문에 아플 수밖에 없습니다. 사고로 다쳐서 생기는 통증과 분만통도 급성 통증 중의 하나입니다.

만성 통증으로는 대표적으로 류머티스 관절염이 있습니다. 원래 관절은 매끈한데, 류머티스 환자들의 경우에는 자가면역 체계에 이상이 생겨 활막을 자기세포가 아닌 것으로 착각하고는 마구 공격합니다. 그래서 보통 사람들의 관절은 매끈하지만, 류머티스 환자들의 경우는 활막이 부서져 삐죽삐죽합니다. 삐죽삐죽한 것들이 서로 닿으면 신경세포가 짓이겨져 심각한 통증을 유발시킵니다.

류머티스 관절염이 아니더라도, 대개의 관절염은 형태를 변화시킵니다. 관절 부분이 휙 돌아갑니다. 60세 이상의 여성 중 40~50% 이상이 관절염을 겪는데, 이런 관절염 통증은 통증 중에서도 굉장히 심각한 편에 속합니다.

디스크라는 질병도 극도의 통증을 유발하는 질병 가운데 하나입니

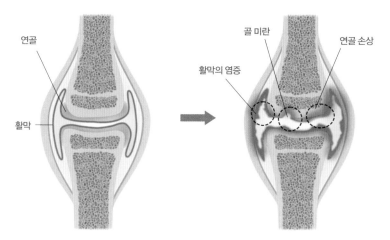

류머티스 환자들의 경우 활막이 부서져 삐죽삐죽하다.

다. 허리에는 척추와 척추 사이의 연골이 있는데, 이 연골이 바로 디스크입니다. 척추는 척추뼈와 척추뼈 사이에 연골을 중간에 끼워서 쌓아올려져 있습니다. 여기서 연골은 척추뼈와 척추뼈 사이를 보호해주는 역할을 합니다. 그런데 디스크가 찢어지거나 과대하게 커져서 툭 튀어나온 디스크가 척추 뒤에 있는 신경을 누르기 시작하면 고통도 심해질 뿐 아니라, 더 나빠지면 다리를 쓸 수 없게 됩니다. 가끔 튀어나온 연골을 수술로 제거하기도 하는데, 성공률은 그다지 높지 않습니다.

심장이 고장 났을 때도 통증이 심합니다. 심장은 하루에 7톤가량의 피를 퍼주는 매우 단단한 장기입니다. 가장 많이 움직이는 근육의 혈관은 관상동맥이며, 관상동맥의 아랫부분은 우관상동맥과 좌관상동맥으로 나뉩니다. 심장에서는 좌심실이 특히 중요한데, 좌심실과 이어진 좌관상동맥이 막히면 심장에 피가 통하지 않아서 이상이 생기기 시작합니다. 대표적인 심장 질환인 협심증(Angina Pectoris)은 심장에 피가 통하지 않아서 발생하는 통증입니다. 흥미로운 것은 심장에 고장 났는데도, 심장 쪽에서는 통증을 느끼지 못한다는 것입니다. 의사한테 심장이 아프다고 말하는 사람은 아무도 없습니다. 심장이 아니라 어깨가 아프거나 팔 전체가 아프거나 가슴 쪽이 아프거나 합니다. 심장과 연관된 피부와 근육에서 통증이 나타나는 것인데, 이처럼 장기와 연관된 부분에서 생기는 통증을 '연관통'이라고 합니다.

치통을 겪어본 사람들은 알 것입니다. 굉장히 아프죠. 치아에는 통증을 느낄 수 있는 신경세포가 아주 많습니다. 치아의 에나멜 층이 깎여져 위로 노출되면 참기 힘들 정도로 아픕니다.

그리고 얼굴의 상하악신경이 약간이라도 손상되면 굉장히 고통스러운 통증이 찾아옵니다. 상하악신경은 상당히 큰 신경으로 얼굴과 혀의 근육을 움직이게도 하고, 감각도 느끼게 하는 신경입니다. 얼굴이 한쪽으로 돌아가는 구안와사(혹은 안면마비)도 얼굴의 상하악신경의 손상으로 일어납니다. 이들 환자 가운데 통증이 심한 경우도 꽤 있습니다.

일반인들이 가장 흔하게 겪는 통증은 두통입니다. 두통이 왜 생기는지에 대해서는 과학적으로 확실히 규명되지 않았습니다. 현재로서는 뇌의 혈관이 확장되거나 수축되거나 할 때 두통이 생기는 것이라고 보고 있습니다. 긴장하면 혈관이 수축되곤 하는데, 이렇게 수축되면 통증이 생기는 것입니다. 특히 편두통은 여성들에게 훨씬 큰 빈도로 나타납니다. 그 이유에 대해서도 밝혀지지 않았습니다. 원인을 잘 모르기 때문에 치료 방법도 진통제 처방 정도입니다.

유령 통증(Phantom Limb Pain)이라고 하는 특이한 통증도 있습니다. 전쟁터에서 다치거나 사고를 당해서 팔다리를 절단한 환자들에게 나타나는 것인데, 없어진 팔다리인데도 그곳에서 느껴지는 통증을 유령 통증이라고 말합니다. 의사들은 환자의 신체에서 잘려진 부분이어서 그 통증을 치료할 수도 없습니다. 그런데 없어진 팔다리 부분이 어떻게 아픈 것일까요? 이런 현상이 일어나는 이유는 무엇일까요?

유령 통증을 설명하는 이론 중의 하나는 다음과 같이 설명합니다. 우리 몸은 신체 말단까지 신경이 있다고 가정을 합니다. 그래서 신경을 자르면 그렇게 잘려진 신경의 말단에 덩어리가 생기고, 그 덩어리 안에서 어떤 전기적인 현상이 생깁니다. 이렇게 전기적인 현상이 생기면 신경이 자꾸 자극을 받아 통증이 일어나는 것입니다. 이런 유령 통증은 실제로 굉장히 아픕니다. 그래서 어떤 경우에는 신경을 다시 한 번 잘라주는데, 그 경우에도 몇 달 후에는 다시 아프다고 합니다.

통증 가운데 가장 아프다고 여겨지는 것으로는 신경병성 통증이 있습니다. 감히 손을 델 수 없으리만치 아픕니다. 호킨스 바이러스는 이런 신경병성 통증을 일으키는 원인 중 하나로 꼽힙니다. 이 바이러스는 신경을 따라가면서 신경 손상을 일으키기 때문에 이 바이러스에 노출되면 엄청난 통증을 유발합니다. 신경을 따라가면서 강직이 일어납니다. 이럴 때 신속하게 치료하면 치료 효과가 좋지만, 조금이라도 늦으면 만성 통증으로 이어져 환자를 상당히 힘들게 합니다. 당뇨의 합병증으로 신경병성 통증이 나타나기도 합니다.

뇌졸중, 뇌암, 간질은 중추성 통증을 일으킵니다. 중추성 통증은 머리 안에 생긴 이상으로 인해 아픈 통증을 말합니다. 간질 환자 중의 30%는 중추성 통증을 크게 느낍니다.

장기 통증(visceral Pain)은 몸 안에 있는 장기들, 즉 위, 폐, 간, 대장, 소장, 쓸개, 식도, 기도 등에 나타나는 통증입니다. 앞에서 잠시 언급했는데, 장기 통증은 처음에는 연관통으로 나타납니다. 즉 심장, 신장, 허

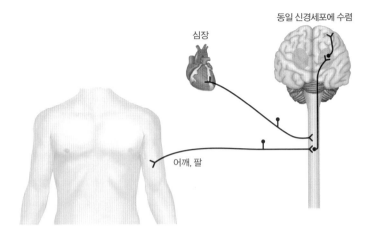

심장

동일 신경세포에 수렴

어깨, 팔

심장이 고장 났을 때 어깨와 팔 전체가 아픈데 이는 감각이 동일 신경세포에 수렴하기 때문이다. 이를 연관통이라고 한다.

파, 간 등의 장기에서 통증이 시작되지만 어깨가 아프거나 가슴이 아픈 것입니다. 목디스크인데도 모르는 경우가 많습니다. 그냥 어깨가 이상하게 뻐근하고 아프다고만 생각하는 것입니다. 심장이 고장 나도 어깨와 팔 전체가 아프다고만 여깁니다.

특히 여성은 연관통을 잘 알아야 합니다. 자궁외 임신은 수정란이 나팔관에 착상하는 것인데, 이를 맹장으로 오인해서 나팔관 파열이라는 불행을 겪기도 합니다. 자궁외임신으로 인한 파열은 출혈량이 매우 많기 때문에 빨리 조치를 취하지 않으면 생명을 잃을 수도 있습니다.

신장 결석(kidney stone)은 분만통보다도 아프다고 여겨지는 질환입니다. 많은 양의 아스피린을 투여해도 통증이 가라앉지 않으며, 4~5시간 이상 지속적으로 아픈 것이 특징입니다. 심하게 아프면 온 몸이 떨리기도 하고, 심한 오한이 생기기도 합니다. 옆구리가 기분 나쁠 정도로 아픈데, 이렇게 옆구리가 아픈 것도 연관통입니다.

그러면 연관통은 왜 생기는 것일까요? 아직 확실하지는 않지만 현재 유일한 가설인 연관통 이론은 다음과 같이 설명합니다. 자극은 척수에 있는 감각신경세포에서 뇌의 시상으로, 그리고 대뇌피질로 갑니다. 문제는 심장에서 오는 자극과 팔·어깨에서 오는 자극이 척수에 있는 신경세포에서 만난다는 것입니다. 그래서 심장에 고장이 생겼는데도, 대뇌피질에 있는 신경세포는 심장 쪽이 아니라 어깨에서 신호가 온다고 착각하게 됩니다. 그래서 심장에 문제가 생겼는데도 어깨가 아프다고 느끼는 환자들이 많은 것입니다.

통증을 지우는 진통제

아스피린은 소염제이자 진통제입니다. 아스피린은 사이클로옥시제네이즈(cyclooxygenase, COX)를 억제하는 역할을 합니다. 사이클로옥시제네이즈는 아라키돈산(arachidonic acid)을 프로스타글란딘(prostaglandin, PG)으로 만드는 효소입니다. 여기서 프로스타글란딘이 통증을 유발하기 때문에, 아리키돈산이 프로스타글란딘으로 되는 것을 막아주면 통증을 덜 느끼게 됩니다. 이런 원리를 처음으로 밝힌 과학자는 영국의 약리학자 존 R. 베인(John R. Vane)이었습니다. 그래서 1982

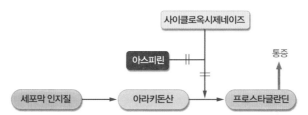

프로스타글란딘이 통증을 유발하기 때문에 아라키돈산이 프로스타글란딘을 막아주면 통증을 덜 느끼게 된다.

년, 베인 박사는 아스피린이 아라키돈산을 프로스타글란딘으로 바꿔주는 사이클로옥시제네이즈를 막아준다는 것을 밝힌 공로로 노벨 생리의학상을 받았습니다.

1893년 독일 바이엘 사는 아스피린을 개발해서 특허를 냈습니다. 원래 민간요법으로 쓰던 물질로부터 효과가 있는 부분만 추출해 약으로 만들었던 것입니다. 천연 아스피린은 살리실산으로, 버드나무 껍질에서 얻을 수 있는 물질입니다. 우리나라의 옛 사람들도 오한이 들면 버드나무 껍질을 푹 고아서 마시곤 했습니다.

아스피린이 말초에 작용하는 진정제라면, 모르핀과 같은 마약성 진통제는 중추에 작용하는 진정제입니다. 이런 마약성 진통제는 척수나 대뇌에 작용하는 약물이기 때문에, 이것보다 더 강력한 진통제는 없습니다. 그런데 진통 효과는 탁월하지만 '중독'이라는 부작용이 있습니다. 그래서 일주일만 투여하면, 환자들이 아프지 않는데도 약을 투여해달라고 요구합니다. 더욱이 내성도 있어서, 모르핀을 맞은 환자는 시간이 지나면 더 많은 양의 모르핀을 투여해달라고 요구합니다. 이 경우 의사들은 모르핀 양을 한정 없이 늘리지 않는데, 모르핀을 과다하게 투여하면 호흡 곤란으로 죽을 수 있기 때문입니다.

모르핀에 이어 코데인이라는 진통제가 등장하기도 했지만, 이 진통제도 마찬가지로 중독성이 있다는 것이 드러나 현재 모르핀과 코데인은 철저한 지침 아래 처방되고 있습니다. 이처럼 마약성 진통제는 중독성과 내성 때문에 한계가 많은 진통제입니다. 부작용이 없는 강력한 진통제 개발은 우리에게 남겨진 숙제라고 할 수 있습니다.

그러면 과연 어떤 과정으로 통증이 일어나는 것일까요? 물론 모든 것이 밝혀지려면 더 많은 연구가 이뤄져야 합니다. 그러나 통증이 생기

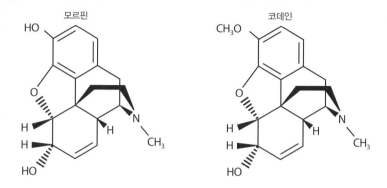

모르핀(왼쪽)과 코데인(오른쪽)은 중추에 작용하는 마약성 진통제이다.

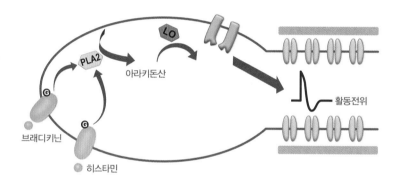

브래디키닌이 신경세포에 부딪히면 브래디키닌 수용체를 활성화시켜 아라키돈산을 만들고, 이 아라키돈산이 다시 HETEs라는 불포화지방산을 만들며, 이것이 세포막에 있는 캡사이신 채널을 열어준다. 이렇게 캡사이신 채널이 열리면 통증이 생긴다.

는 원인 가운데 밝혀진 것들도 있습니다. 그중 한 가지로 캡사이신이 통증을 유발하는 사례를 한번 보도록 하겠습니다. 캡사이신의 통증 유발은 이온 채널과 관련이 있습니다.

염증으로 인해 생기는 브래디키닌은 통증을 일으키는 물질입니다. 그러면 브래디키닌은 어떻게 우리를 아프게 하는 것일까요?

알고 보니 브래디키닌이 신경세포에 부딪히면 브래디키닌 수용체를 활성화시켜 아라키돈산을 만들고, 이 아라키돈산이 다시 HETEs라는 불포화지방산을 만들며, 이것이 세포막에 있는 캡사이신 채널을 열어준다는 것이 밝혀졌습니다. 그리고 이렇게 캡사이신 채널이 열리면 양이온이 세포 속으로 들어옵니다. 이렇게 되면 감각신경세포가 탈분극(depolarization)되어 세포를 전기적으로 흥분시킵니다. 즉 양이온이 들어오면 세포가 흥분하고, 이로 인해 아프게 되는 것입니다. 이 캡사이신 채널은 열에 의해서도 열리는데, 캡사이신을 발랐을 때 통증과 함께 화끈거리는 느낌이 드는 것은 이 때문입니다.

최근 우리 실험실에서는 아녹타민이라는 이온 채널을 찾았습니다. 이 이온 채널은 칼슘에 의해 열리며, 음전하를 띠는 염소(Cl^-)의 이동 채널입니다. 그러면 음이온이 어떻게 신경을 흥분시키는 것일까요? 이 채널이 열리면 음이온이 밖으로 나가는데 이것은 양이온이 들어오는 것과 같은 효과를 일으킵니다. 그래서 세포가 흥분하게 됩니다. 이 채널 역시 통증을 일으킵니다.

연구 결과, 아녹타민 채널은 열에 의해서 열린다는 것이 밝혀졌습니다. 아녹타민 채널은 뜨거우면 전류를 발생하는데, 이렇게 전류가 발생했다는 것은 채널이 열렸다는 것을 의미합니다. 생물체가 자극에 반응하는 데 필요한 자극의 세기를 역치라고 하는데, 아녹타민의 역치는

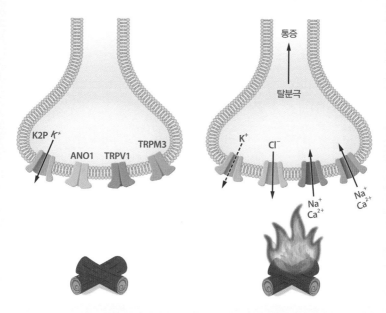

채널의 종류에 따라 이동하는 이온들이 다르다.

44℃입니다. 이 정도의 온도에서부터 우리는 통증을 느끼기 시작하는 것입니다. 목욕탕의 온수가 44~45℃ 정도 될 때가 많은데, 사실 44℃면 꽤 뜨거운 겁니다.

결론을 말하자면, 감각신경세포 말단에는 여러 이온 채널들이 있습니다. 우리 실험실이 주로 연구하는 것도 이온 채널입니다. 이온 채널들은 일종의 분자 센서입니다. 아녹타민은 열에 의해 열리는 채널로, 감각신경세포 말단에는 이 외에도 압력과 캡사이신에 의해 열리는 채널들이 있습니다. 이런 채널들이 열리게 되면 나트륨이나 칼륨 같은 양이온이 들어가거나 염소 이온이 나오게 되고, 그러면 우리는 통증을 느끼게 됩니다.

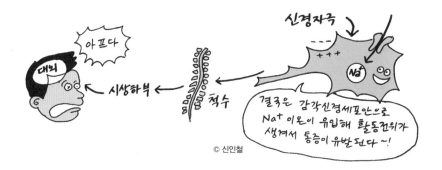

Q. 통증을 느끼지 못하는 파키스탄 어린이는 어떤 부분에 문제가 있었던 것인지 궁금합니다.

A. 아주 중요한 질문입니다. 나트륨 채널 중 하나에 이상이 있었습니다. 그 나트륨 채널에는 감각신경세포가 특히 많이 있는데, 채널 이상으로 감각신경세포에서 활동전위가 일어나지 않았던 것입니다. 그래서 통증이 전혀 느껴지지 않았던 것입니다.

Q. 유령 통증의 치료법이 있습니까?

A. 유령 통증의 치료법으로는 여러 가지가 있을 수 있습니다. 그중 하나가 잠시 언급한 것처럼 말단에 튀어나오는 뭉툭한 부분을 다시 잘라버리는 것입니다. 그러면 일시적으로 통증이 사라집니다. 문제는 나중에 또 통증이 생긴다는 점입니다. 성공적인 치료법으로 어떤 방법이 있는지는 잘 모르겠습니다.

Q. 머리가 아픈 것으로는 두통과 편두통이 있고, 또 편두통에도 여러 종류가 있다고 알고 있습니다. 약물 치료를 하기 전에 통증을 어떻게 진단하는지 알고 싶습니다. 또 편두통의 원인도 궁금합니다.

A. 통증 진단은 간단합니다. 한쪽만 아프면 편두통, 양쪽이 지끈지끈하다면 두통입니다. 그런데 편두통이 왜 일어나는지에 대해서는 명확하지 않습니다. 주로 뇌속에 있는 혈관들이 확장하거나 수축할 때, 특히 수축할 때 굉장히 아프다고 합니다. 혈관 내에도 신경이 많이 들어가 있습니다. 그래서 혈관이 많이 수축되면 신경이 자극받기 때문에 통증이 일어나는 것으로 보입니다. 다행스럽게도 뇌 속에는 통증신경세포가 없어서 뇌 수술을 할 때에는 건드려도 아픔을 전혀 느끼지 못합니다.

Q. 정신적 자극에 의한 통증에 대해서 알고 싶습니다.

A. 정신적인 충격에 의한 통증은 무엇을 말하는지 잘 모르겠습니다. 그러나 여

기서 알아야 할 것은 통증을 느끼는 것 자체가 굉장히 주관적이라는 사실입니다. 어떤 사람은 굉장히 세게 꼬집는데도 아무렇지 않다고 합니다. 중요한 건 정신 상태에 의해 통증을 얼마든지 조절할 수 있다는 겁니다. 굉장히 긴장하거나 절체절명의 위기에 노출되거나 하면 아무리 아파도 아픈지 모릅니다. 긴장이 풀린 다음에야 아픔을 인식합니다.

Q. 사람마다 잘 듣는 두통약이 다릅니다. 어떤 사람은 아스피린과 타이레놀이 전혀 효과가 없다고 얘기합니다. 약 성분 때문에 효과가 없는 것인지, 아니면 특이체질이어서 그런지 궁금합니다.

A. 두통의 원인은 아까도 말했듯이 잘 모르는 경우가 많습니다. 긴장을 많이 하면 두통이 많이 생기는 것 같습니다. 그런 두통에는 아스피린이 잘 안 듣는 게 사실입니다. 왜냐하면 아스피린은 염증성 통증에 잘 듣는 약이기 때문입니다. 그런 두통은 염증이 아니라 혈관이 확장한다거가 수축한다거나 하는 현상 때문에 생기는 것입니다. 그것에 맞는 약이 있기는 있습니다만, 그것도 모두에게 효과적인 것은 아닙니다.

살아 있는 뇌의 영상은 무엇을 말해주는가

정용 한국과학기술원 바이오및뇌공학과 교수

연세대학교 의과대학을 졸업하고, 동 대학원에서 의학 박사학위를 받았다. 세브란스병원 신경과 전공의 및 전문의, 삼성서울병원 신경과 임상강사, 미국 플로리다대학교 전임의 과정 등을 거쳤다. 현재 한국과학기술원 바이오및뇌공학과 의과학대학원 교수로 재직하면서, 성균관대학교 의과대학 삼성서울병원 신경과 외래교수를 맡고 있다. 네트워크적인 과점에서 뇌의 기능을 이해하고 뇌 질환을 치료하는 데 관심이 크다. 신경과학회, 뇌기능매핑학회, 임상신경생리학회 등에서 우수연구상을 받았다. 저서로는 『1.4킬로그램의 우주, 뇌』(공저) 등이 있다.

먼저 여러분께 한 장의 축구경기 사진을 보여드리겠습니다. 축구선수가 헤딩하는 장면입니다. 아마도 대부분 사람들은 축구경기 사진이라는 것을 바로 알아챌 것입니다. 그러나 축구라는 스포츠를 모르는 사람이 본다면 어떻게 생각할까요? 춤추는 것 같기도 하고, 점프하는 것 같기도 하고, 싸우는 것 같기도 할 것입니다.

현재의 많은 생물학적 연구들은 이런 상황과 유사합니다. 한순간의 사진을 놓고 여러 가지 상황을 유추해나가는 것입니다. 그런데 생물학적 시스템이라는 것은 한순간에 머물러 있는 것이 아니라 계속 변화하는 특성이 있어서, 제대로 상황을 파악하려면 한 장이 아니라 많은 수의 사진이 필요합니다.

우리에게 뇌는 여전히 신비로운 대상이지만, 이러한 측면에서 살아있는 뇌의 영상은 우리에게 많은 것들을 알려주고 있습니다. 이 자리에서는 최신 뇌 영상 기술이 뇌 질환의 문제를 푸는 데 어떻게 사용되고있는지를 소개해볼 예정입니다.

살아 있는 뇌를 찍을 때에는 사람의 경우 자기공명영상(MRI)이나 양전자방출단층촬영(PET) 등을 사용하지만 세포 수준까지 자세히 보는 데는 한계가 있습니다. 또한 필요에 따라 몸을 손상시키는 침습적인 조치가 필요하기 때문에 주로 생쥐 등의 실험 동물을 이용합니다. 윤리적인 문제로 사람의 뇌에 시행하기 어려워서 원숭이의 뇌를 찍기도 합니다. 그러면 쥐와 원숭이의 뇌를 연구하는 것이 사람의 뇌를 이해하는 데 도움이 될까요? 쥐, 원숭이, 사람의 신경세포는 구조적으로는 큰 차이가 없습니다. 모두 나트륨 이온 채널(sodium channel)과 칼륨 이온 채널(potassium channel)이 있고, 활동전위(action potential)가 발생하기 때문입니다.

그러나 구조적으로 큰 차이가 없더라도 하는 일은 전혀 다릅니다. 쉽게 말하자면, 같은 레고 블록이더라도 조립을 어떻게 하느냐에 따라 전혀 다르게 완성되는 것과 같습니다. 이것은 왜 그럴까요? 이 질문은 굉장히 중요하면서도 어려운 문제 중의 하나입니다.

뇌의 단면을 보면, 뇌는 우선 회백질과 백질로 크게 구분됩니다. 회백질에는 신경세포의 세포체와 수상돌기가 있는데, 자세히 보면 신경세포들이 복잡한 배열을 이룬 것을 볼 수 있습니다. 백질에는 신경세포의 축삭돌기가 있습니다. 또 한 신경세포와 다른 신경세포가 만드는 시냅스와 회로 등 뇌 영역에는 다양한 층위의 구조가 형성되어 있습니다. 주로 신경이나 뇌를 다룰 때 신경세포를 중심으로 언급하는데, 사실 뇌에는 신경세포 외에도 굉장히 다양한 세포들이 존재하며 세포 간 상호작용을 하면서 활동하고 있습니다.

브로카 실어증

뇌의 부위는 각기 다른 기능을 담당하고 있습니다. 그래서 어떤 부위가 손상되느냐에 따라 질환도 달라집니다. 뇌 질환 중 브로카 실어증(Broca's aphasia)을 예로 들어보겠습니다. 브로카 실어증은 브로카 영역이 손상되었을 때 생기는 것으로 '탄'이라는 환자에 의해 처음 학

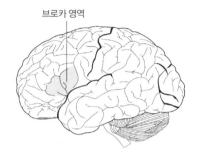

브로카 영역

브로카 실어증은 브로카 영역이 손상되었을 때 나타나는 질환이다.

계에 보고된 질환입니다. '탄'은 환자의 별명이었는데, 그 환자가 말할 수 있는 단어가 오직 '탄'이었기 때문입니다. 프랑스 외과의사 폴 브로카는 이 환자가 죽은 다음에 그의 뇌를 볼 수 있었습니다. 그랬더니 위 그림과 같이 좌반구 전두엽 아랫부분에 병변이 있는 것을 확인할 수 있었습니다. 이후 이 부위가 망가지면 '탄'이라는 환자와 비슷하게 말을 잘하지 못하는 브로카 실어증을 앓게 된다는 것을 알게 되었습니다. 브로카 실어증이 굉장히 중요한 이유는 이에 대한 연구로 인해 뇌 부위마다 시각, 청각, 언어, 기억, 학습 등 각기 다른 역할을 담당하고 있다는 것을 알게 되었기 때문입니다. 이것은 뇌과학이 발달하는 데 중요한 통찰을 제공해주었습니다.

이제 많은 이들이 뇌가 부위별로 각기 다른 역할을 한다는 것을 알고 있습니다. 다음으로 중요한 사실은 부위가 클수록 더 중요하다는 사실입니다. 손과 입을 담당하는 뇌 부위는 다른 곳에 비해 상대적으로 면적이 더 넓습니다. 이렇게 뇌 부위의 면적이 넓으면 좀 더 정교한 감각과 운동을 뇌가 처리할 수 있게 해줍니다.

　뇌 연구는 다양한 계층에서 연구할 수 있습니다. 연구자마다 유전자, 단백질, 신경세포와 교세포, 네트워크(회로), 사고 및 행동, 뇌 질환 등 관심을 두는 곳이 다릅니다. 그러나 이것들을 따로따로 생각할 수는 없습니다. 유전자가 어떤 특정 단백질을 만들어내고, 이런 특정 단백질들이 세포의 종류를 결정하며, 또 신경세포들이 모여 하나의 네트워크(회로)를 형성하고, 이런 네트워크가 인간의 사고나 행동을 결정짓기 때문입니다. 또 신경세포나 네트워크가 잘못될 경우 뇌 질환으로 연결됩니다. 모든 연구는 이런 연속적인 흐름을 파악하면서 진행할 수밖에 없습니다.

　또한, 뇌 자체에 집중하는 연구도 있지만 환경 요인이 뇌에 미치는 영향을 연구하기도 합니다. 대표적으로 유전자를 발현시키거나 발현되지 않도록 하는 요인에 관심이 큰 후성유전학이 있습니다. 그외에도 환경 요인들이 신경세포 네트워크를 변형시키거나, 신경세포의 표현형이 바뀌거나 하는 현상에 주목합니다.

　현재 많은 뇌 연구들은 유전자나 단백질, 신경세포 수준에서 뇌를 들여다보고 있습니다. 그러나 이렇게 유전자나 단백질, 신경세포나 네트워크를 연구하는 이유는 신경세포 자체보다는 인간의 마음과 생각, 행동을 알고 싶기 때문입니다. 심리학 분야가 다양한 실험을 통해 인간의 사고와 행동을 연구한 것처럼, 최근의 뇌과학은 유전자나 단백질, 신경세포나 네트워크를 직접 관찰해서 인간의 사고와 행동을 이해하고자 합니다. 사실 얼마 전까지만 해도 기술적으로 네트워크를 연구하는 데에는 한계가 많았습니다. 그래서 초기에는 비만 유전자, 천재 유전자와 같이 유전자와 행동을 연결하는 연구들이 진행되었다면, 이제는 신경

유전자, 단백질, 네트워크 등 뇌 연구는 다양한 계층에서 이루어지고 있다.

네트워크와 행동을 연결하는 연구들이 많이 시도되고 있습니다.

뇌는 매시간 굉장히 역동적으로 변합니다. 지금 이 순간조차도 몇 밀리초 간격으로 뇌가 계속 변화하고 있습니다. 다른 장기와 달리, 계층적 구조를 가진 뇌는 굉장히 복잡할 뿐만 아니라 네트워크도 이루고 있습니다. 이 네트워크는 개인마다 다른 패턴을 가지게 되는데, 이것이 인간의 다양성을 만들어냅니다. 사람마다 다르게 생각하고 느끼는 것은 이 때문입니다.

이 자리에서 소개하고자 하는 기술은 살아 있는(*in vivo*) 상태에서 뇌를 볼 수 있는 영상 기술입니다(참고로 시험관 안에서 세포나 분자를 보는 것은 *in vitro* 실험, 특정 장기를 떼어내서 보는 것은 *ex vivo* 실험, 데이터를 모델링해서 수학적으로 풀어내는 것은 *in silico* 실험이라고 합니다).

뇌 질환과 정신 질환

또 하나의 뇌 연구 키워드는 뇌 질환입니다. 뇌 질환으로는 뇌졸중, 뇌경색, 뇌전증(간질), 뇌출혈, 알츠하이머병, 파킨슨병, 루게릭병(ALS, Amyotrophic lateral sclerosis), 뇌종양 등이 있습니다. 그리고 위에 언급된 것과는 약간 차원이 다른, 우울증, 조울증, 조현병, ADHD와 같은 정신 질환이 있습니다. 앞에 언급한 정신 질환은 뇌의 어느 부위에 이상이 생겨서 나타나는지 아직 정확히 밝혀지지 않았습니다. 정신 질환은 실제로 병이라기보다는 사회 구성원으로서 잘 기능하지 못함에 따라 질환으로 규정된 개념이기도 합니다. 그래서 동일한 사건을 겪을지라도 어떤 사람은 정신 질환을 앓게 되고 또 어떤 사람은 아무렇지도 않습니다. 만약 어떤 경험으로 인해 정신적인 타격을 입고 사회 구성원으로서 제 역할을 해내지 못하게 될 경우에는 정신 질환 치료가 필요하다고 할 수 있습니다. 여기서는 다양한 뇌 질환 가운데 알츠하이머병을 중심으로 뇌 영상들이 어떤 식으로 사용되는지 소개하고자 합니다.

알츠하이머병은 드라마나 영화의 소재로 많이 다뤄져서 어떤 병인지 많이들 알고 계시리라 생각합니다. 이 병을 앓게 되면 처음에는 기억력이 많이 떨어집니다. 그러다 병이 더 진행되면 길을 헤매게 되고, 더 진행되면 말이 이상해지거나 어눌해집니다. 구체적인 고유명사나 단어가 생각나지 않아서 대명사를 많이 사용합니다. 나중에는 몸의 움직임에 장애가 생기고, 어떤 경우에는 성격도 변합니다. 판단력 장애도 심해집니다. 그러고는 마침내 누워 지내다가 죽게 되는 치명적인 병입니다.

알츠하이머병은 처음 독일의 알로이스 알츠하이머(Alois Alzheimer) 박사가 학계에 보고한 질병입니다. 알츠하이머 박사는 기억력 장애와 심각한 성격 변화를 겪다가 사망한 환자 오귀스트 D.(Auguste D.)의 뇌를 사후에 꺼내 관찰해보았으며, 그 환자의 뇌에서 다음과 같은 특징들을 발견했습니다. 우선

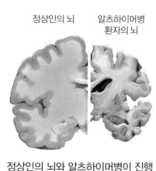

정상인의 뇌　　알츠하이머병 환자의 뇌

© Wikipedia

정상인의 뇌와 알츠하이머병이 진행된 뇌를 비교해보면, 알츠하이머병이 진행된 뇌에서 많은 세포들이 손실된 것을 확인할 수 있다.

신경세포들이 많이 죽어 있었고, 지저분한 아밀로이드 플라크(Amyloid plaques)라는 물질들이 쌓여 있었으며, 또 세포 안에 신경섬유 농축체(Neurofibrillary tangle)라는 물질이 축적되어 있었습니다.

알츠하이머병이 중요시되는 이유는 매우 많은 노인들이 이 질병에 걸리기 때문입니다. 65세 이상 인구의 10%, 85세 이상 인구의 45~50%가 발병하는 것으로 알려졌습니다. 평균수명이 길어지는 지금의 추세를 따르자면, 여러분이 80~90세가 되어 다시 만나면 절반은 치매에 걸려 있으리라는 것을 뜻합니다. 더욱이 치매는 혼자 아픈 질병이 아니라 가족을 힘들게 하는 질병입니다. 이 질병은 사회적 부담도 커서 '치매와의 전쟁'이라는 수식어가 있을 정도입니다. 많은 국가가 치매 환자들을 위한 사회적 시스템을 마련하려고 애쓰고 있기는 하지만, 이 문제를 해결하는 가장 좋은 방법은 병의 기전을 알아서 예방하는 방법일 것입니다.

양전자방출단층촬영(PET)

알츠하이머병을 진단하는 데 가장 자주 사용하는 뇌 촬영은 PET(양전자방출단층촬영, positron emission tomography)입니다.

PET 중에서는 FDG(Fluorodeoxyglucose) PET를 가장 많이 활용합니다. FDG PET는 플루오르(^{18}F)를 사용하는 PET입니다. 우선 포도당의 두 번째 탄소 자리에 있는 하이드록시기(−OH)를 방사성 동위원소인 ^{18}F*(fluorine eighteen)로 치환합니다. 세포 내로 들어간 FDG 물질은 한 번 인산화가 되면 세포 밖으로 빠져나가지 못합니다. 포도당은 대사 과정을 밟아 ATP를 만들기 때문에, 우리는 FDG PET를 통해 대사가

포도당

CH_2OH

O   OH

OH

OH

OH

FDG

CH_2OH

O   OH

OH

OH

$^{18}F^*$

불화포도당은 포도당의 두 번째 탄소 자리에 있는 하이드록시기가 방사성 동위원소인 $^{18}F^*$로
치환된 물질이다.

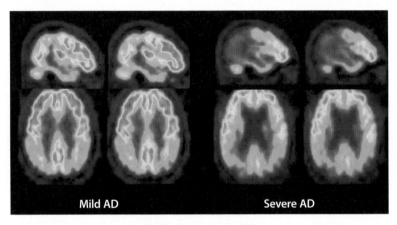

Mild AD

Severe AD

PET를 찍어 보면, 초기의 환자들(왼쪽)과 중증의 환자(오른쪽) 영상에서 보듯이 주로 측두엽,
두정엽의 대사가 저하되어 있는 것을 볼 수 있다.

많이 일어나는 곳, 즉 열심히 일하는 세포의 위치를 알 수 있습니다.

우리 몸에서 가장 열심히 일을 하는 곳은 뇌입니다. 평소 열심히 일하지 않는 곳이 열심히 일을 하는 경우가 있습니다. 그런데 전신 PET를 찍었을 때, 원래는 일을 열심히 하지 않는 곳인데 열심히 일할 때처럼 빨갛게 보이면, 그곳에 암세포가 있을 가능성이 높습니다.

알츠하이머병 환자들을 찍어 보면, 초기 알츠하이머병일 때에는 열심히 일하던 곳이 중증 알츠하이머병으로 악화되었을 때에는 확연히 줄어드는 것을 확인할 수 있습니다. 또 알츠하이머병 환자의 뇌는 전체적으로 일하지 않는 것이 아니라, 뒷부분 쪽이 거의 일하지 않는다는 것을 알 수 있습니다. 저희가 알츠하이머병 환자 120명의 PET 데이터를 모아서 재구성한 데이터를 보면, 대개 기억력을 담당하는 해마를 중심으로 한 영역들이 먼저 망가지기 시작하고, 길 찾기 능력과 관련된 두정엽의 영역들과 언어 능력과 관련된 측두엽 영역들이 망가지며, 급기야 상태가 더 나빠져 앞쪽의 뇌까지 손상되어 성격 변화와 이상 행동을 하게 된다고 유추할 수 있습니다.

PiB PET와 MRI

불과 몇 년 전까지만 해도 포도당에만 방사성 동위원소를 붙일 수 있었지만, 최근에는 확인하고 싶은 물질에 방사성 동위원소를 모두 붙일 수 있게 되었습니다. 미국 피츠버그대학교에서 아밀로이드 플라크에 결합하는 물질에 방사성 동위원소를 붙인 물질(PiB, Pittsburg compound B)을 개발하였는데, 알츠하이머병에 걸리면 아밀로이드 플라크가 많이 축적되기 때문에 이런 아밀로이드에 동위원소를 붙여본

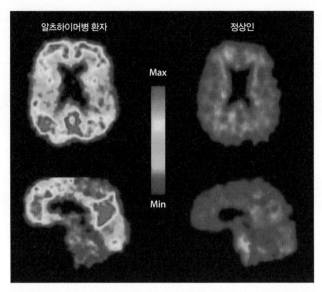

아밀로이드 플라크에 결합하는 방사성 동위원소를 이용해서 PiB PET 사진을 찍어 보면, 알츠하이머병에 걸린 환자인 경우에 아밀로이드가 많이 쌓여 있는 것을 볼 수 있다.

것입니다. PiB PET 사진을 보면, 정상인(Control)의 경우 아밀로이드가 없으니까 동위원소가 보이지 않고 파랗게만 보이지만, 알츠하이머병(AD)에 걸린 환자의 경우엔 아밀로이드가 적거나 많게 쌓여 있다는 것을 확인할 수가 있습니다. 이처럼 과거엔 알츠하이머병을 진단하려면 뇌 조직을 꺼내 현미경으로 아밀로이드 플라크나 신경섬유 농축체를 확인했어야 했지만, 현재는 PET를 통해 살아 있는 상태에서도 알 수가 있게 되었습니다.

MRI 경우는 뇌를 잘 들여다볼 수 있는 영상 장치입니다. 환자들의 뇌를 MRI로 보면, 안쪽의 뇌실들이 굉장히 커져 있고, 뇌 주름들의 사이가 넓혀져 있는 것을 볼 수 있습니다. 이는 뇌 세포들이 많이 죽으면서 뇌가 쪼그라들었기 때문입니다.

MRI 영상은 뇌 피질의 두께도 알려줍니다. MRI로 환자의 뇌를 찍어 보면, 알츠하이머 치매 환자는 주로 뒷부분의 뇌 피질, 혈관성 치매 환자는 주로 앞부분의 뇌 피질 두께가 얇다는 것을 확인할 수 있습니다.

뇌 네트워크

MRI는 뇌 신경 회로의 네트워크도 보여줍니다. 특히 DTI 기술을 통해 뇌 부위 사이에 연결이 되어 있는지 아닌지를 확인할 수 있습니다. 말하자면 뇌 부위와 뇌 부위 사이에 도로가 뚫려 있는지를 알게 해주는 것입니다. 그러면 도로에 차가 얼마나 다니는지도 알 수 있을까요?

fMRI는 특정 부위의 기능적 연결성(Functional Connectivity)을 보여주는 영상 장치입니다. 가끔 신문에 뇌 사진이 나오면 다양한 색깔로

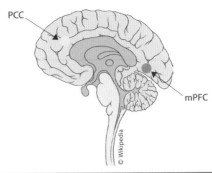

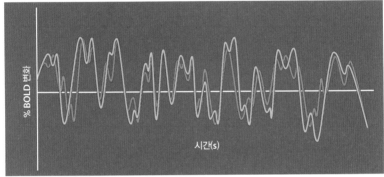

PCC와 mPFC는 멀리 떨어져 있는 부위이지만 비슷한 패턴의 BOLD 신호를 보여준다.

표시된 것을 볼 수 있는데, 이것은 사람들이 구별하기 쉽게 색을 입힌 것입니다.

네트워크를 알아보기 위해 가장 많이 쓰는 하나의 방법은 안정 상태 네트워크(resting state network)입니다. 신경세포의 활성을 반영하는 BOLD 신호를 사용합니다. 위의 그래프는 뇌의 두 부위(PCC와 mPFC)의 BOLD 신호를 측정한 것인데, 두 부위가 실제로 멀리 떨어져 있음에도 불구하고 굉장히 비슷한 패턴의 BOLD 신호를 보여주고 있습니다. 이것은 이 부위가 기능적으로 연결되어 있기 때문입니다.

디폴트 모드 네트워크(Default mode network)는 사람이 가만히 있을 때의 뇌 신경 회로망을 보여줍니다. 대부분의 fMRI 연구는 어떤 과제를 수행할 때 활성화되는 뇌 부위를 보여주지만, 디폴트 모드 네트워크는 가만히 있을 때 활성화되는 뇌 부위를 보여줍니다. 여기서 '디폴트'는 '기본값'을 뜻합니다. 쉽게 말하자면 컴퓨터를 샀을 때 접하게 되는 처음 상태를 뜻합니다. 디폴트 모드 네트워크를 통해 알게 된 사실은 가만히 있을 때 뒤쪽 대상 피질(Posterior cingulate cortex)과 배 쪽 내측 전전두엽 피질(Ventromedial prefrontal cortex)이 활성화된다는 점이었습니다. 이는 뇌가 가만히 있어도 노는 것이 아니라 계속 에너지를 쓰고 있다는 것을 말해줍니다.

디폴트 모드 네트워크를 알츠하이머병 환자의 아밀로이드 PET 영상과 비교해본 후 사람들은 이 둘이 굉장히 유사하다는 것을 찾아냈습니다. 예전에는 알츠하이머병을 설명할 때 해마와 같은 기억 구조를 중심으로 해서 병이 나타나는 지엽적인 개념으로 이해했지만 최근에는 네트워크 개념으로 접근하고 있습니다. 즉 알츠하이머병을 디폴트 모드 네트워크를 침범하는 병으로 이해하는 것입니다.

전측두엽 치매(frontotemporal dementia)는 알츠하이머병과는 다른 양상을 보입니다. 이 치매에 걸리면 사람의 성격이 이상해집니다. 자기 조절을 하지 못하고 안하무인이 됩니다. 이 전측두엽 치매는 전방 섬엽(anterior insula)과 전측 대상회(anterior cingulate)를 중심으로 한 네트워크 부위를 침범하는 병입니다. 이러한 질병들에서는 공통적으로 여러 가지 단백질들이 이상하게 뭉치고, 단백질 자체가 옆 세포로 퍼져 나가는 현상이 나타납니다. 대표적으로 광우병이 있습니다. 광우병은 프리온 단백질이 옆 세포로 번져 나가는 질병입니다. 알츠하이머의 경우는 아밀로이드 단백질이나 타우 단백질, 파킨슨병의 경우는 알파 시누클레인(Alpha-synuclein)과 같은 몇몇 단백질들이 생겨서 옆에 있는 멀쩡한 세포를 변형시키면서 네트워크를 따라서 퍼져 나갑니다.

일부 연구에서는 이런 네트워크를 선과 점으로 설명합니다. 점은 신경세포나 신경세포 덩어리이고, 선은 축삭 혹은 축삭 다발이라고 보면 됩니다. 이들은 점과 선으로 그린 네트워크 그래프를 바탕으로 뇌가 어떻게 작동하는지를 이해하고자 합니다. 또 뇌 질환에 걸리면 네트워크가 어떻게 변하는지도 자세히 관찰합니다.

지금까지 인간을 대상으로 할 수 있는 연구를 주로 소개했습니다만, 동물을 사용하는 뇌 연구도 많이 진행되고 있습니다. 동물을 이용한 연구는 유전자 조절을 할 수 있을 뿐 아니라, 실험이 끝난 후에 뇌 조직을 잘라 구체적으로 살펴볼 수 있다는 장점이 있습니다. 반면 인간을 대상으로 하는 연구는 인과관계가 아니라 상관관계 분석밖에 가능하지 않다는 단점이 있습니다. 더욱이 뇌의 특성 중 하나인 역동성(dynamicity)을 관찰할 때에는 살아 있는 상태에서의 뇌를 관찰해야 하므로 동물을 이용한 연구를 더 많이 하고 있습니다.

형광, 이광자, 다광자, 공초점

녹색형광단백질(Green Fluorescent Protein, GFP)은 살아 있는 뇌를 관찰하는 데 매우 유용한 단백질입니다. 이 녹색형광단백질을 발견한 일본인 과학자 시모무라 오사무(Shimomura Osamu)는 2008년 노벨 화학상을 받았습니다.

형광의 원리는 다음과 같습니다. 어떤 물질에 빛을 쏘면 전자가 들떴다가 다시 가라앉으면서 빛을 내놓습니다. 자외선처럼 짧은 파장을 가진 빛은 높은 에너지를 갖고 적외선처럼 긴 파장을 가진 빛은 낮은 에너지를 갖기 때문에, 짧은 파장의 파란색 빛을 쏘면 좀 더 긴 파장의 녹색 빛이 나옵니다.

이광자(Two-Photon)와 다광자(multiphoton)라는 개념을 알아둘 필요가 있습니다. 이광자는 어떤 물질의 전자를 들뜨게 할 때 두 번에 걸쳐 들뜨게 하는 것을 말합니다. 다광자는 두 번 이상입니다. 다광자는 확률적으로 굉장히 일어나기 어려운 현상입니다. 이후 이 개념에 기초해 현미경이 만들어졌는데, 긴 파장의 빛(근적외선)이 두 번 들뜨게 하여 짧은 파장(녹색)의 형광신호를 얻었습니다. 보통은 짧은 파장으로 긴 파장을 나오게 하지만, 이 현미경은 더 긴 파장으로 짧은 파장의 빛을 얻는다는 강점이 있습니다. 이것은 레이저 기술의 발달로 가능했습니다. 펨토초 레이저(femtosecond Laser)는 파장을 만드는 데 지속 시간이 10^{-15}초로, 광자 밀도가 높아지기 때문에 이광자 현상이 일어날 수 있습니다.

공초점 현미경은 파란빛을 쪼여 전자를 들뜨게 함으로써 초록색 빛을 얻는 현미경입니다. 보고자 하는 단면의 신호만 바늘 구멍 구조를 통과하게 할 수 있기 때문에 형광 현미경보다 해상도가 굉장히 좋습니다. 형광 현미경은 위아래 신호들이 뭉쳐져 상대적으로 뿌연 이미지를 얻게 되지만, 공초점 현미경은 보고자 하는 단면 외의 다른 층들의 신호는 걸러내기 때문에 또렷한 이미지를 얻게 됩니다. 그리고 단면들을 계속 모아서 합치면 3차원으로 재구성할 수도 있습니다.

이광자 현미경은 바늘 구멍 구조는 없지만, 레이저를 쏜 부위만 이광자 현상이 일어나기 때문에 원하는 부위에만 신호를 일어나게 할 수 있습니다. 즉 현미경을 통해 얻은 모든 신호는 원하는 부위에서만 발생한

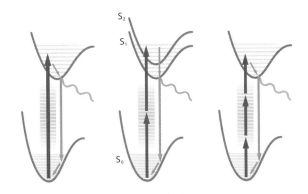

다광자는 빛을 한 번 쪼여서 두 번 이상 전자를 들뜨게 하는 것을 말한다.

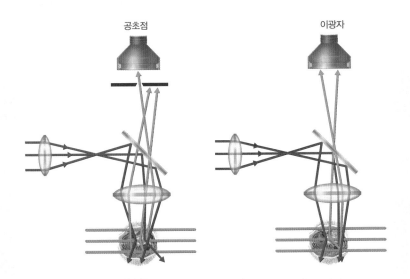

공초점 현미경은 파란빛을 쪼여 전자를 들뜨게 하여 초록색 빛을 얻는 현미경으로, 해상도가 굉장히 좋다.

신호인 것입니다. 공초점 현미경이 레이저가 지나가는 모든 경로와 부위를 흥분시킨다면, 이광자 현미경은 보고자 하는 한 지점만 흥분시키는 특성이 있습니다. 또 흥분되는 양이 많으면 형광 신호가 점점 없어지는 표백(bleaching) 현상이 생기는데, 이광자 현미경을 사용하면 이런 현상이 줄어듭니다.

이광자 현미경은 긴 파장의 빛을 쏘기 때문에 빛에 의해 세포가 손상되는 것을 최소화할 수 있습니다. 또한, 빛의 파장이 길수록 깊이 들어가기 때문에, 더 깊은 조직을 볼 수 있다는 장점이 있습니다. 짧은 빛은 금방 산란이 되어서 깊이 들어갈 수 없습니다. 그래서 공초점 현미경은 살아 있는 것을 보기가 쉽지 않지만, 이광자 현미경은 살아 있는 뇌나 다른 장기를 볼 수 있습니다.

두개골에 뇌 창문을 만든 후에 살아 있는 상태에서 뇌를 관찰하면 신경세포의 활성, 성상세포의 활성, 혈류량의 변화 등을 직접 관찰할 수 있습니다(참고로 빛은 뼈를 투과하는 데 한계가 있기 때문에 뇌를 볼 때 창문을 하나 만드는데, 뼈를 조금 떼어낸 다음 유리창을 달거나 뼈를 얇게 갈아 투명할 정도로 만듭니다). 그래서 알츠하이머병 같은 퇴행성 뇌 질환이나 뇌졸중 등의 질환에서 나타나는 현상들을 종합적으로 관찰할 수 있습니다.

쥐 가운데에서도 알츠하이머병에 걸린 쥐가 있습니다. 유전자 조작을 통해 알츠하이머병에 걸리게 한 쥐인데, 뇌 영상 기술로 관찰하면 알츠하이머병에 걸린 쥐에서도 아밀로이드 플라크가 생긴 것을 확인할 수가 있습니다. 자세히 보면 아밀로이드 플라크가 혈관 벽을 따라 덕지덕지 붙어서 자라는 것이 보입니다. 이는 알츠하이머병과 아밀로이드 플라크와의 상관관계를 강하게 시사합니다. 그래서 많은 연구자가 줄기세포 등을 이용해 아밀로이드 플라크를 없애는 방법을 연구하고 있습니다.

신경세포의 활성은 어떻게 알 수 있을까?

신경세포의 활성은 칼슘을 이용해 3차원 수준에서 볼 수 있습니다. 칼슘 신호들은 가만히 있을 때조차도 밤하늘의 별이 빛나듯이 반짝이기 때문에 신경세포의 활성을 칼슘 농도에 따른 형광의 변화로 관찰할 수 있는 것입니다.

신경세포는 일을 열심히 할 경우 에너지를 많이 사용합니다. 그래서 신경세포 쪽으로 더 많은 피가 흘러 들어갑니다. 이를 신경 혈관 커플링(Neurovascular Coupling, NVC)이라고 합니다. 신경세포가 활성화되면 혈류량이 더 증가합니다. 헤모글로빈 중에서 산소가 붙은 것과 산소가 붙지 않는 것의 비율이 변하게 되는데, 이는 이전에 말씀 드린 BOLD 신호로 나타납니다. fMRI는 이 BOLD 신호를 읽기 때문에 우리는 신경세포의 활성화를 볼 수 있습니다.

알츠하이머병 초기에는 특이한 현상이 하나 일어납니다. 알츠하이머병 위험인자인 APOE ε4라는 타입의 유전자를 가진 사람들은 똑같은 일을 수행하는 데 더 많은 뇌 부위를 사용합니다. 아주 쉬운 문제도 매우 많은 자원을 사용해서 생각하는 것입니다. 이 연구는 아직 알츠하이머병에 걸리지는 않았지만, 위험 요소가 있는 사람들에게 시사하는 바가 큽니다. 만약 이 특성을 이용하여 알츠하이머병을 조기에 탐지할 수 있다면 알츠하이머병을 예방하는 데에도 일정 부분 도움이 될 것으로 보입니다.

뇌의 활성을 측정하는 또 하나의 방법은 전위 민감성 염색법(Voltage-sensitive dye, VSD)입니다. 이 방법을 이용하면 어떤 신경 활동에서 막전위(membrane potential)가 변하는지 알 수 있습니다. 뇌에 창문을 하나 만들어놓고 관찰하면, 자극에 따라 반응하는 역동적인 뇌 전체의 모습을 볼 수가 있습니다. 여러 신경

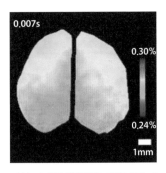

전위 민감성 염색법을 활용하면 자극에 따라 반응하는 역동적인 뇌 전체의 모습을 볼 수 있다.

세포가 활성화되고 이에 따라 성상세포의 활성이 변화하고 혈류가 증가하는 등 뇌에서 일어나는 역동적인 움직임을 관찰할 수 있습니다.

커넥톰 프로젝트

최근 들어 뇌 연구에서 주목을 받는 큰 프로젝트 중 하나는 커넥톰 프로젝트(연결체학프로젝트, Connectome Project)입니다. 이 프로젝트는 네트워크 사이의 상호작용이 어떻게 일어나는지, 뇌 질환을 앓게 되면 어떤 식의 네트워크 변형이 일어나는지 등을 세포들의 연결적인 면에서 알아보고자 하는 큰 흐름 속에서 등장했습니다.

커넥톰 프로젝트는 MRI를 기반으로 또는 광학적 방법으로 신경세포의 연결을 모두 찾아보는 프로젝트입니다. 앨런 브레인 연구소에서 추진하고 있는 프로젝트는 신경세포의 모든 연결을 찾아보면서, 특정 영역에서 어떤 단백질을 발현시키는지, 세포의 전기적 특성은 어떤지, 행동과의 상관관계가 있는지를 살펴보고 있습니다.

유럽의 블루 브레인 프로젝트(Blue Brain Project)는 뇌 네트워

크의 작동 기전을 이해한 다음에 그것을 컴퓨터 이미지로 묘사하겠다는 취지에서 진행되고 있습니다. 이런 프로젝트는 휴먼 브레인 프로젝트(Human Brain Project)로 발전하여, 최근 빅 브레인 아틀라스(Big Brain Atlas)라는 성과를 내놓았습니다. 또한, 2013년 4월 미국에서는 BRAIN(Brain Research through Advancing Innovative Neurotechnologies) INITIATIVE라는 사업이 진행 중입니다. 단순히 신경세포가 아니라, 신경세포의 연결과 그것의 역동성에 초점을 맞춰 뇌를 이해하고자 하는 큰 흐름에서 만들어진 것입니다. 현재 뇌 연구의 주류는 여전히 유전자, 단백질, 세포 수준에서의 연구들이지만, 얼마 지나지 않아 뇌 속의 네트워크와 전체적인 그림을 그릴 수 있는 시대로 옮겨갈 것으로 보입니다.

Q.　알츠하이머의 원인을 아밀로이드 플라크라고 보면 될까요? 다른 환경 요인이 있다면 무엇인가요?

A.　현재로서는 알츠하이머병의 원인을 아밀로이드 플라크라고 믿고 있습니다. 환경 요인으로는 여러 가지가 있는데, 특히 공부입니다. 실제로 8년 이상 교육을 받은 사람은 그렇지 않은 사람보다 알츠하이머병에 걸릴 위험이 반으로 줄어드는 것으로 알려져 있습니다. 그리고 각종 성인병의 위험인자인 흡연, 식이 습관(육식이 더 위험), 고지혈증, 은둔적인 생활 등이 환경 요인으로 알려져 있습니다.

Q.　알츠하이머병이 한 번 진행되면 절대 완치될 수 없는 것인가요?

A.　네, 아직까지는 완치가 불가능합니다. 알츠하이머병을 치료하기 위해서 현재 네 가지의 약이 나와 있습니다. 그런데 네 가지 모두 대증요법입니다. 대증요법이란 원인을 없애는 치료법이 아니라 증상을 나아지게 하는 치료법입니다. 마치 감기에 걸렸을 때 항바이러스제를 먹는 대신 콧물약, 기침약을 먹는 것과 같습니다. 현재로선 알츠하이머 약을 먹으면 인지력이 약간 높아지는 수준에 그치고 있습니다.

Q.　뇌가 신체 부위 중에서 가장 많은 에너지를 쓴다고 하셨는데, 치매로 뇌 활동이 줄어들면 뇌로 가는 에너지가 어디로 가는 건가요?

A.　일단은 치매에 걸리면 에너지 수요가 줄어드니까 식사량이 줄어드는 것들이 현상적으로 나타납니다. 당뇨가 아닌 한 포도당을 버리진 않기 때문에 어딘가에 축적될 것 같습니다. 그러나 그와 관련된 내용은 알려지지 않아 정확한 답변을 드리기는 어렵습니다. 그런데 실제로 보면 먹는 양이 줄어듭니다.

Q.　뇌 창문 방식으로 실험 쥐의 뇌를 관찰할 경우 뇌의 뼈를 깎기 때문에 감염이 일어날 수도 있을 것 같은데요, 더 구체적으로 알고 싶습니다.

A. 실제로 뇌를 한 번 열면 거기에 염증 세포들이 일제히 모입니다. 따라서 실험할 경우 안정화 기간을 거칩니다. 연구 주제가 뇌 염증 등에 관련된 것일 때는 한계가 될 수도 있습니다. 하지만 주요한 관찰 요소가 신경세포나 성상세포일 때는 상대적으로는 좀 영향이 적을 것으로 생각하고 있습니다.

어떤 신경세포가 기억을 저장하고 불러일으키는가

한진희 한국과학기술원 생명과학과 교수
서울대학교를 졸업하고, 서울대학교에
서 박사학위를 받았다. 서울대학교 박사
후 연구원, 캐나다 토론토대학교 박사후
연구원을 거쳐, 현재 한국과학기술원 생
명과학과 교수로 재직 중이다. 한국분
자·세포생물학회 우수포스터상(2001),
아시아-오세아니안 신경과학회 우수포
스터상(2002), 과학기술부 10인의 우수
과학자상(2007), The Hospital for Sick
Children research Institute 우수연
구자상(2007), Canadian Institutes of
Health Research Brain Star상(2008),
NARSAD 젊은과학자상(2008), 포스코
청암재단 청암우수신진교수상(2009) 등
을 수상했다.

기억이란 무엇일까요? 뇌는 굉장히 신비롭습니다. 기억이 뇌에서 어떻게 만들어지고, 어떻게 우리가 기억을 떠올리는지는 아직 베일에 싸여 있습니다. 지금 많은 연구가 진행되고 있는데도 모르는 것이 많습니다. 왜냐하면 뇌의 구조와 기능이 굉장히 복잡하기 때문입니다. 그래서 기억이 어디에 위치해 있는지, 기억이 어떻게 만들어지는지 알기 위해선 새로운 기술들이 필요합니다. 이 자리에서는 기억 연구와 관련해 최근 주목받고 있는 광유전학이라는 기술을 소개해보고자 합니다.

뇌, 기억의 저장소

인간의 뇌는 독특한 생김새를 갖고 있으며, 몸의 다른 부분과 비교해볼 때 굉장히 무겁습니다. 그리고 굉장히 많은 일을 해내는 부분이어서, 우리 몸의 많은 에너지를 소모하는 곳입니다. 저는 여기서 질문을 하나 던지고 싶습니다. 과연 우리의 복잡한 뇌에서 기억은 어디에 저장되어 있으며, 우리는 이 기억을 어떻게 떠올릴 수 있는 것일까요?

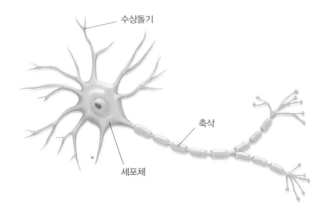

인간의 뇌 속에는 약 1000억 개의 신경세포가 있다.

뇌를 이해하려면 먼저 뇌가 어떻게 구성되어 있는지를 알아야 합니다. 아시다시피, 뇌의 기본 구성단위는 신경세포입니다. 이 신경세포를 뉴런이라고 부릅니다. 사람의 뇌 속에는 약 1000억 개 정도의 신경세포가 있다고 알려져 있습니다. 이런 신경세포들은 서로 기능적으로 연결되어 있는데, 신경세포와 신경세포 사이의 결합 부위를 시냅스라고 합니다. 하나의 신경세포가 만드는 시냅스가 1000개 정도라고 한다면, 우리 뇌 속에는 100조 개 정도의 기능적 연결 고리들이 있는 것입니다. 이 수만 봐도 우리의 뇌가 얼마나 복잡한지 알 수 있습니다. 그러면 시냅스에서는 무슨 일이 벌어질까요? 하나의 신경세포와 다른 하나의 신경세포가 연결된 시냅스에서는 신호 전달이 이루어집니다. 그리고 많은 신경세포들이 모여서 집합체를 만드는데, 이것이 어떤 하나의 기능을 담당하게 되는 것입니다. 이렇게 신경세포들이 연결된 집합체를 신경회로(Neural Circuit)라고 합니다. 그리고 이 신경회로들이 모여 뇌라는 전체적인 구조를 만들게 되는 것입니다.

그리고 이런 신경세포, 시냅스, 신경회로를 통한 뇌의 작동을 통해 '행동'이라는 결과물이 나오게 됩니다. 기억이라는 것도 마찬가지입니다. 신경세포, 시냅스, 신경회로라는 구성요소들의 전체적인 상호작용에 의해 기억이라는 과정이 발현되는 것입니다. 우선은 가장 기본이 되는 신경세포에 대해 먼저 알아보겠습니다.

복잡한 뇌를 구성하는 신경세포

신경세포의 모습은 굉장히 독특합니다. 수상돌기(Dendrites)와 축삭(Axon)이 있고 세포체(Cell body)가 있습니다. 신경세포는 신호를 받고 신호를 전달하는 세포라고 할 수 있는데, 다른 신경세포로부터 오는 신호가 수상돌기를 통해 들어오고, 축삭을 통해 다른 신경세포와 시냅스를 만들어 신호를 보냅니다. 말하자면 신경세포는 신호를 받는 부위와 신호를 보내는 부위로 나뉘어져 있습니다.

신경과학의 선구자 라몬 이 카할.

뇌 안에 이런 신경세포라는 세포를 발견한 사람은 누구일까요? 선두에서 신경세포의 구조를 밝히고 그림으로 이를 묘사했던 과학자는 신경과학의 선구자인 라몬 이 카할(Ramón y Cajal)입니다.

카할은 과학자 카밀로 골지(Camillo Golgi)가 개발한 골지 염색법을 이용해, 1900년 초에 염색한 신경세포를 현미경으로 관찰하고는 신경세포가 지닌 구조의 복잡성에 매료돼 그것을 그림으로 그렸습니다. 그는 그림에도 뛰어난 소질을 갖고 있어서, 많은 신경세포 그림을 남겼습니다. 그리고 그의 연구로 뇌를 구성하는 기본 단위가 신경세포라는 것이 세상에 알려졌습니다.

신경세포와 활동전위

신경세포는 어떻게 기능할까요? 한마디로, 신경세포는 전기를 이용해 신호를 전달합니다. 신경세포는 다른 세포와 다르게 전기적인 성질을 띱니다.

다음 그림에서, 보라색 부분이 지질 부위이고 녹색 부분이 이온 채

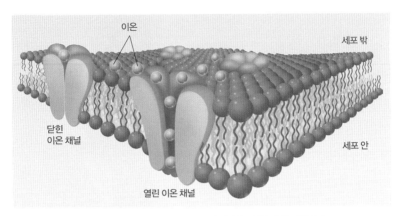

이온

세포 밖

닫힌
이온 채널

세포 안

열린 이온 채널

단백질로 된 이온 채널은 전하를 띤 이온들이 통과하는 통로다.

널이라고 부르는 부위입니다. 단백질로 된 이온 채널은 전하를 띤 이온들이 통과할 수 있는 곳입니다. 이온 채널은 특정한 조건에서 열리거나 닫힙니다. 이온 채널이 열리면 이온들이 세포 안으로 들어가거나 세포 밖으로 나갈 수 있는 반면, 이온 채널이 닫히면 세포 안팎으로 이온이 통과하지 못합니다. 신경세포는 대략 $-60mV$의 전하를 띠고 있습니다. 이렇게 전기를 띤 신경세포는 신호를 받으면 이온 채널이 열리거나 닫히고, 이때 이온들이 세포 안팎으로 왔다갔다하게 됩니다. 그래서 음전하를 띤 신경세포가 양전하 상태로 바뀌게 되면 탈분극이 이루어집니다. 이 과정에 의해 전위의 변화가 생기게 됩니다. 이런 전위의 변화를 활동전위(Action Potential)라고 합니다. 이렇게 활동전위가 발생하는 것은 신경세포가 활성화되었다는 것을 의미합니다. 즉 활동전위가 신경세포에서 발생할 때 신경세포가 기능하게 되는 것입니다. 활동전위는 모든 뇌 기능에 가장 기본이 되는 변화라고 할 수 있습니다. 뇌가 어떤 기능을 하기 위해서는 반드시 신경세포는 이런 활동전위들을 만들어야 합니다.

활동전위가 일어나는 과정을 간략히 설명해보도록 하겠습니다. 활동전위가 발생하는 데에는 두 가지 중요한 이온이 있습니다. 둘 다 양이온인데, 하나는 나트륨 이온(Na⁺)이고, 나머지 하나는 칼륨 이온(Potassium ion, K⁺)입니다. 신경세포가 활성화될 때, 나트륨 이온이 나트륨 채널 단백질을 통해 세포 안으로 들어가게 되면 신경세포에 탈분극이 일어나 신경세포가 양전하를 띠게 되고, 그러면 나트륨 채널 단백질이 바로 닫힙니다. 세포 안으로 들어간 나트륨 이온은 다시 움직이지 못하게 됩니다. 반면 칼륨 채널은 열리면서 칼륨 이온이 세포 밖으로 빠져나옵니다. 그리고 이런 과정에서 마치 심장 박동이 뛰듯이 전기를 통해 신경세포가 뛰게 됩니다. 신경세포가 기능하게 되는 것은 바로 이런 전위의 변화 때문입니다.

시냅스, 신경세포들 사이의 신호 전달 장소

기본적으로 하나의 신경세포와 다른 하나의 신경세포가 서로 만나게 되면 물리적으로 서로 맞닿는 부위가 생깁니다. 그리고 이렇게 맞닿는 부위에 신호를 전달하는 시냅스라는 구조가 형성됩니다.

시냅스를 확대해서 보여주는 이미지를 한번 볼까요? 신경 신호는 한 방향으로 흐릅니다. 수상돌기(Dendrite) 부위에서 신호를 받고 축삭돌기(Axon terminal)라고 하는 말단 부위에서 신호를 보냅니다. 대개 축삭돌기의 말단 부위를 전시냅스(presynapse)라고 하고, 수상돌기의 말단 부위를 후시냅스(postsynapse)라고 부릅니다. 뇌가 활성화될 때, 신호를 보내는 '전시냅스'에서 활동전위가 발생하게 되면 이로 인해 신경전달물질이 '후시냅스'에 분비됩니다. 신경전달물질이 분비되면 신호를 받

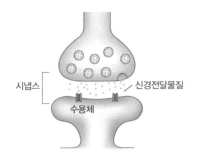

시냅스는 신경세포들 사이의 신호를 전달하는 장소다.

은 '후시냅스'에 어떤 전기적인 변화를 일으킵니다. 그리고 이런 전기적인 변화가 최종적으로 뇌의 특정 기능을 발현시키게 됩니다. 즉 신경세포의 활동전위의 형성, 시냅스를 통한 신경전달물질 분비, 다른 신경세포로 신호 전달 등의 과정을 통해 뇌에서 정보처리가 일어납니다.

그러면 어떻게 신경세포들의 집합체이자 저마다의 기능을 담당하고 있는 신경회로들을 연구할 수 있을까요? 신경회로는 신경세포나 시냅스를 연구하는 것보다 조금 더 어렵습니다. 왜냐하면 한두 개의 세포만을 보는 것이 아니라 굉장히 많은 세포 집단을 한꺼번에 봐야 하기 때문입니다. 최근에는 신경회로 수준에서 이루어지는 뇌 기능에 관심이 커서, 이와 관련된 유용한 기술들이 많이 개발되고 있습니다.

그러면 복잡한 신경회로에서 특정 신경세포나 시냅스가 하는 기능을 어떻게 알 수 있을까요? 그러니까 복잡한 신경회로 속에서, 몇 개의 특정 신경세포 혹은 시냅스가 어떤 행동을 하거나 기억하는 데 중요한 것인지 아닌지를 어떻게 알 수 있을까요?

한 가지 방법으로 우리가 원하는 신경세포만을 선택해서 그것의 기능을 조절해보면, 결국 복잡한 신경회로 속에서 그 특정 신경세포 혹은 시냅스가 어떤 기능을 하는지 밝힐 수 있을 겁니다.

최근에 개발된 광유전학(Optogenetics)은 빛을 이용해 신경세포의 활성을 켜거나(ON) 끔으로써(OFF) 신경세포의 기능을 밝히는 연구 분야입니다. 스위치를 이용해 전등을 켜고 끌 수 있듯이, 신경세포의 활성을 인위적으로 원하는 순간에 켜거나 끌 수 있습니다.

이 기술의 장점은 무엇일까요? 첫째 빛을 이용하기 때문에 굉장히 빨리 조작할 수 있습니다. 실제로 밀리초 수준에서 신경세포의 활성을 빠르게 켰다 끌 수 있습니다. 둘째 유전학을 이용할 수 있습니다. 즉 유전적으로 구분이 되는 원하는 종류의 신경세포만 조절할 수 있습니다. 그래서 어떤 기억이 발현되는 순간이라든가 아니면 기억이 만들어지고 있는 순간에 특정 신경세포들의 활성을 켰다가 꺼서, 과연 어떤 일이 벌어지는지 볼 수 있습니다. 셋째 ON/OFF 시스템이기 때문에 원상태로 돌릴 수 있습니다. 이 기술은 2005년에 처음 학술지에 발표되었는데, 기술 개발의 주역은 미국 스탠포드 대학교의 칼 다이서로스(Karl Deisseroth) 박사팀이었습니다. 이 기술은 현재 복잡한 신경회로를 연구하는 데 많이 활용되고 있습니다.

광유전학이 등장하기 전에는 전기 자극(electrical stimulation)이라는 방법을 주로 많이 사용했습니다. 전기 자극은 전극을 뇌 속에 삽입하고 인위적으로 자극하는 방법입니다. 신경세포는 전기 활성을 띠기 때문에 전기로 특정 뇌 부위를 인위적으로 자극할 수 있습니다. 문제는 이 방법은 특정 신경세포만을 자극할 수는 없고 전극이 위치하고 있는 부위를 중심으로 넓게 무작위로 자극한다는 것입니다. 그래서 특정 신경세포의 기능을 보는 것에는 한계가 많았습니다. 반면 광유전학을 이용하면, 원하는 신경세포들만 빛으로 조절할 수 있습니다.

광유전학에서는 두 개의 단백질이 주요하게 작용합니다. 하나는 채널로돕신-2 단백질이고, 다른 하나는 할로로돕신 단백질입니다.

채널로돕신-2 단백질은 녹조류 클라미도모나스(*Chlamydomonas*)라는 단순한 원생생물에서 처음 발견되었습니다. 이 녹조류는 빛에 반응합니다. 사람의 눈으로 보았을 때 파란빛을 띠는 약 470nm의 빛을 쬐어주면 이 단백질의 이온 채널이 열립니다. 이렇게 이온 채널이 열리면 양전하인 Na^+이 세포 안으로 들어갑니다. 즉 채널로돕신-2 단백질을 발현하는 신경세포에 빛을 쬐어주면 Na^+이 세포 안으로 들어가게 되고, Na^+에 의해 신경세포의 활동전위가 발생합니다. 그래서 채널로돕신-2 단백질을 인위적으로 발현시킴으로써 파란색 빛을 사용해 신경세포의 활성을 조작하는 것이 가능해집니다.

옆의 그림은 광유전학을 활용하여 신경세포를 활성화시킨 실험을 보여줍니다. 이 실험은 다음과 같은 과정을 통해 진행되었습니다. 우선 하나의 신경세포에 채널로돕신-2 단백질을 발현시킵니다. 이 세포는 형광현미경 아래에서 초록색으로 보이기 때문에 시각적으로 확인할 수 있습니다. 그 다음에 전극을 이 신경세포에 꽂아 전기 활성을 측정합니다. 파란색 빛을 쬐어준 다음 그때 신경세포가 활성화되는지 측정하는 것입니다. 그래프를 보면 아무런 변화 없는 상태에서 파란색 빛을 쬐어줄 때마다 하나의 활동전위가 발생하는 것을 볼 수 있습니다. 그래프에서 뾰족하게 올라가는 것이 하나의 활동전위입니다. 이처럼 이 실험은 채널로돕신-2라는 단백질을 이용해 빛을 쬐어주면 인위적으로 신경세포의 활동전위를 만들 수 있고, 이를 통해 신경세포를 활성화시킬 수 있다는 것을 보여줍니다. 그리고 앞에서 언급했듯이 빛으로 자극함으로써 굉장히 빠르게 켰다 껐다를 실행할 수 있기 때문에 원하는 순간에

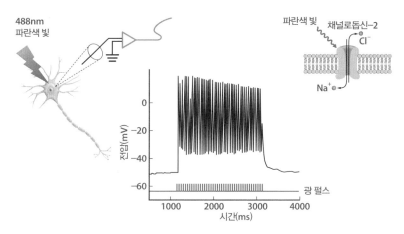

채널로돕신−2 단백질을 이용해 인위적으로 신경세포의 활동전위를 만들 수 있다.

신경세포를 조절할 수 있다는 사실을 보여줍니다.

채널로돕신−2 단백질이 ON 스위치라면, 할로로돕신 단백질은 OFF 스위치입니다. 이 단백질도 마찬가지로 나트로노모나스(*Natronomonas*)라는 원생생물에서 빛에 반응하는 단백질로 처음으로 발견되었습니다. 채널로돕신−2 단백질과 달리 할로로돕신은 노란색 파장의 빛에 반응합니다. 그리고 채널로돕신이 채널 단백질이었다면, 할로로돕신은 Cl⁻ 펌프입니다. 할로로돕신 단백질은 노란색 파장의 빛을 받으면 활성화되어 Cl⁻을 세포 바깥쪽에서 세포 안쪽으로 뿜어줍니다. 그런데 Cl⁻은 음전하를 띠고 있기 때문에 신경세포 안쪽으로 들어가게 되면 신경세포의 활성이 줄어듭니다. 즉 할로로돕신은 노란색 빛에 의해 활성화되어서 신경세포의 활성을 꺼버리는 것(OFF)입니다.

할로로돕신은 채널로돕신−2와 마찬가지로, 전기생리학적인 방법을 통해 실제 신경세포에서 제대로 작동하는지 확인할 수 있습니다. 방법은 다음과 같습니다. 할로로돕신 단백질이 발현된 신경세포에 전극을

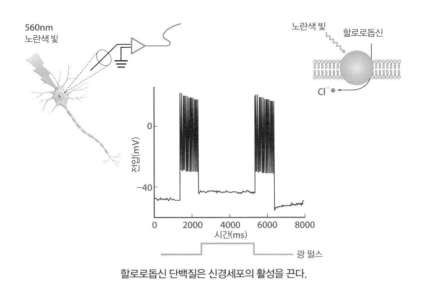

560nm
노란색 빛

노란색 빛   할로로돕신

Cl⁻

전압(mV)

0

−40

0   2000   4000   6000   8000
시간(ms)

광 펄스

할로로돕신 단백질은 신경세포의 활성을 끈다.

꽂고 노란빛을 쬐어준 후, 그 순간에 전기생리학적인 변화가 일어나는
지를 측정하면 됩니다.

위의 그래프와 노란색 빛의 강도를 보면, 빛이 없는 순간에 활동전위
가 발생하고 있다가 빛을 쬐어주면 그 순간에 갑자기 활동전위가 꺼지
면서 조용해지는 것을 볼 수 있습니다. 다시 노란색 빛을 끄면 활동전
위의 활성화 상태는 되돌아갑니다.

간단히 말해 채널로돕신-2 단백질은 켜고(ON) 할로로돕신은 끕니
다(OFF). ON/OFF 스위치가 되는 것입니다. 이 스위치를 활용하면,
신경세포의 활성을 원하는 순간에 자유자재로 조작할 수 있게 됩니다.

다음 그림은 신경회로를 보여주는 그림입니다. 세 개의 신경세포가
있습니다. 녹색 신경세포는 1번 신경세포와 2번 신경세포에게 신호를
전달하고 있습니다. 그러면 두 개의 신경세포 가운데 하나의 신경 경로
만 활성화시킬 수 있는 방법은 무엇일까요? 한 가지 방법은 시냅스 말

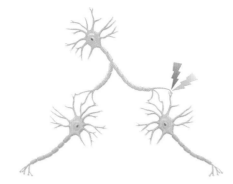

빛을 이용해 복잡한 신경회로 속에서 특정 경로로 가는 신호의 기능을 살펴볼 수 있다.

단을 자극하는 방법입니다. 여기에 채널로돕신-2 단백질과 할로로돕신 단백질을 이용할 수 있습니다. 우선 채널로돕신-2 단백질을 활용하면, 녹색 신경세포의 축삭에 파란색 빛을 쬐어줌으로써 하나의 신경 경로만 활성화시킬 수 있습니다. 그러니까 신호가 2번 신경세포에게로만 전달됩니다. 그리고 이 방법을 통해 복잡한 신경회로 속에서 특정 경로로 가는 신호의 기능을 살펴볼 수 있습니다. 즉 시냅스 각각에 따로 따로 빛 자극을 주게 되면 원하는 신경회로 경로만을 조절할 수 있게 되고, 그러면 그 신경회로 경로가 가진 기능이 무엇인지 분석할 수 있는 것입니다.

자, 그러면 어떻게 채널로돕신-2 단백질을 발현시킬 수 있을까요? 인간의 뇌는 직접 실험하는 데 제한이 크기 때문에, 실험 대상을 쥐로 해보겠습니다. 단백질을 발현시키는 방법으로는 크게 두 가지 방법이 있습니다.

우선 형질전환 쥐(transgenic mouse, 혹은 유전자 조작 쥐)를 만드는 것입니다. 뇌에는 다양한 종류의 신경세포가 있는데, 신경세포마다 특정 프로모터를 이용하면 신경세포에 단백질을 발현시킬 수가 있습니다.

여기서의 프로모터는 DNA 시퀀스입니다. 예를 들어 CaMKⅡ라는 유전자는 흥분성 신경세포에서만 발현되는 것으로 이 유전자의 프로모터를 이용하면 채널로돕신-2 또는 할로로돕신을 흥분성 신경세포에만 발현시킬 수 있습니다. 이 원리를 이용하여 형질전환 쥐를 만들 수 있습니다.

또 하나의 방법은 바이러스를 이용하는 것입니다. 바이러스를 이용한다고 하면 조금 이상할 수도 있는데, 실험할 때는 복제 능력을 제거해서 해가 되지 않는 형태로 바이러스를 만들기 때문에 문제될 것이 없습니다. 단, 세포를 감염시키는 바이러스의 성질은 이용합니다. 간단히 말해 이 바이러스 벡터 플라스미드에 채널로돕신-2 유전자나 할로로돕신 유전자를 넣어주고, 이렇게 재조합된 바이러스를 쥐의 뇌에 넣어주면, 바이러스가 뇌세포를 감염시켜서 감염된 세포에 채널로돕신-2 또는 할로로돕신의 발현을 유도합니다.

지금까지 살펴본 두 방법의 장점은 원하는 뇌 부위에 채널로돕신-2와 할로로돕신을 발현시켜 특정 신경세포를 활성화시킬 수 있다는 점입니다. 특정 뇌 영역에 이 단백질들의 유전자를 전달하기 위해서는 일종의 뇌 지도좌표인 브레인 아틀라스(Brain Atlas)를 이용합니다. 브레인 아틀라스에는 수치가 적혀 있습니다. 이 수치는 일종의 3차원적인 좌표여서, 뇌 부위에 채널로돕신-2나 할로로돕신을 발현시킬 수 있습니다.

옆의 왼쪽 사진은 쥐의 뇌에서 채널로돕신-2가 실제 발현된 모습을 찍은 것입니다. 초록색으로 보이는 것들이 채널로돕신-2가 발현된 곳입니다. 오른쪽 사진은 개별 신경세포 하나하나, 즉 신경세포 하나하나를 보여주는 사진입니다. 역시 초록색으로 보이는 것이 채널로돕신-2 단백질이 발현된 곳입니다.

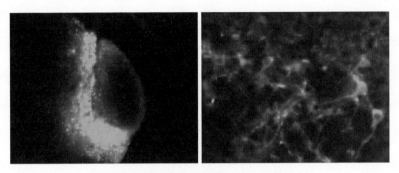

초록색으로 보이는 곳이 채널로돕신−2가 발현된 곳이다.

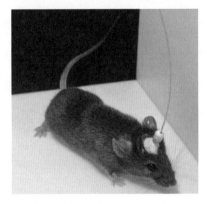

쥐의 뇌에 캐뉼러 관을 박고 광섬유를 원하는 뇌 부위에 집어 넣은 다음 빛을 끄거나 빛을 주면
신경세포를 조절할 수 있다.

이렇게 형질전환 쥐를 만들거나 바이러스를 이용하는 방법을 통해 채널로돕신-2나 할로로돕신 단백질이 발현되게끔 한 다음에는, 빛을 전달하기 위해 광섬유를 살아 있는 쥐의 뇌에 심습니다. 구체적으로, 쥐의 뇌에 캐뉼러(Cannular)라는 관을 박고, 그 관을 통해 광섬유(optic fiber)를 원하는 뇌 부위에 집어넣습니다. 여기서의 광섬유는 빛을 전달하는 역할을 합니다. 이렇게 뇌에 광섬유를 집어넣은 다음 빛을 끄거나 빛을 주면 어떻게 될까요? 채널로돕신-2나 할로로돕신 단백질이 빛에 반응하기 때문에, 우리는 빛을 켜거나 끔으로써 신경세포를 조절할 수 있습니다.

지금까지 광유전학적인 사례들을 쭉 살펴보았습니다. 이런 광유전학의 성과들은 유튜브를 통해서 더 실감나게 볼 수 있습니다. 추천할 만한 것들로는 〈네이처〉에서 만든 동영상(추천 동영상 : http://www.youtube.com/watch?v=I64X7vHSHOE)입니다. 주소를 적어놓을 테니 꼭 찾아서 보았으면 좋겠습니다.

광유전학 QR 코드

뇌 연결 지도 작성

뇌의 구조는 굉장히 복잡합니다. 뇌의 구조를 이해해야만 뇌의 기능에 대해 더 많은 것들을 알아갈 수 있을 것입니다. 최근에는 이런 복잡한 뇌의 전체적인 구조를 지도화하는 방법이 개발되었습니다. 그 방법

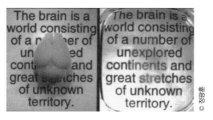

투명하게 만들어서 없는 것처럼 보이는 투명 뇌.

은 뇌를 투명하게 만들어서 속을 들여다보는 방법입니다.

위의 사진에서 왼쪽에는 생쥐의 뇌가 보이는 반면, 오른쪽에는 보이지 않습니다. 오른쪽에는 실제 뇌가 있는데도 투명하게 만들어서 없는 것처럼 보이는 것입니다. 이렇게 투명 뇌를 만들어서 내부를 시각화해 보는 것을 'CLARITY' 기술이라고 부릅니다.

이 방법도 2013년 앞에서 언급한 스탠포드 대학교의 칼 다이서로스 연구팀이 보고한 것입니다. 이와 관련된 동영상(http://www.youtube.com/watch?v=c-NMfp13Uug)은 유튜브에 공개되어 있습니다. 동영상을 보면 알겠지만, 각 신경세포에 서로 다른 형광물질을 이용해 시각화했습니다. 3차원적으로 쥐의 전체 뇌를 들여다봅니다. 피질과 신경세포뿐 아니라 신경세포가 어떻게 연결되어 있는지도 굉장히 자세히 들여다볼 수 있습니다. 또 보는 위치를 달리해서 구조를 하나씩 다 볼 수도 있습니다.

투명 뇌 동영상 QR 코드

그런데 어떻게 투명하게 만들었을까요? 이것은 한국인 과학자 정광훈 박사가 개발한 방법으로, 하이드로젤(hydrogel)이라는 체를 만들어 위에 덮은 다음 세포 내에 있는 지질을 뽑아내는 방법입니다. 이렇게 지질을 뽑아내면 투명하게 볼 수 있습니다. 그리고 이렇게 투명하기 때문에 현미경을 이용해 그 안을 찍을 수 있습니다. 이 기술을 생쥐뿐 아니라 인간의 뇌에도 적용할 수 있습니다. 굉장히 정교해서, 먼 거리를 이동하는 신경세포 다발을 쭉 보면서 추적할 수도 있습니다. 또 질병을 앓고 있는 뇌를 들여다보며 어떻게 구조가 바뀌었는지도 비교해서 연구할 수도 있습니다. 물론 뇌뿐 아니라 다른 데에도 적용할 수 있습니다.

연관 기억

이제, 뇌 구조에 대한 이해를 어떤 방식으로 기억 연구에 적용할 수 있는지, 우리 실험실에서 연구한 사례를 들어 설명해보도록 하겠습니다.

기억에는 다양한 형태가 있습니다. 우리 실험실이 관심을 갖고 있는 기억의 형태는 연관 기억(Associative memory)입니다. 연관 기억으로 가장 대표적인 것이 바로 '파블로프의 개' 실험으로 널리 알려진 '고전적 조건화(classical conditioning)'입니다. 아시다시피, 소리를 들려주고 실험동물에게 먹이를 주는 행동을 반복하면, 실험 동물은 소리와 먹이를 연관지어서 기억하고, 나중에는 소리만 들어도 먹이에 대한 반응을 보입니다. 먹이를 보았을 때처럼 침을 흘린다거나 하는 반응을 보이는 것입니다. 이런 학습 과정을 학계에서는 '조건화'라고 부릅니다.

공포도 '조건화'가 될 수 있습니다. 학계에서는 이것을 공포 조건화(fear conditioning)라고 부릅니다. 그러면 실험실에서는 공포 조건화를

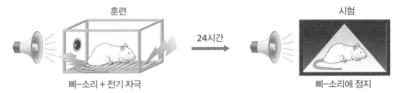

훈련   24시간   시험

삐—소리 + 전기 자극   삐—소리에 정지

쥐를 대상으로 '삐—' 하는 특정 소리와 함께 발바닥에 전기 자극을 줌으로써 공포 조건화를 학습시킬 수 있다.

어떤 방식으로 학습시킬까요? 우선 실험 동물을 실험용 상자에 집어넣고 '삐—' 하는 특정 소리와 함께 발바닥에 전기 자극을 줍니다. 이 전기 자극은 굉장히 고통스러운 자극이기 때문에, 실험 동물은 얼마 지나지 않아 소리와 전기 자극을 연관시킵니다. 그래서 나중에 소리만 들려줘도 쥐가 두려워하는 반응을 보입니다. 대표적인 반응으로는 정지(freezing)라고 부르는 반응입니다. 원래 쥐는 잘 돌아다닙니다. 그런데 공포 조건화가 학습된 이후에는 '삐—' 소리만 들으면 갑자기 얼어버립니다.

뇌에서 이런 공포 기억을 담당하는 부위는 편도체(amygdala)입니다. 편도체는 감정 기억에 굉장히 중요하다고 알려진 뇌 부위입니다.

공포 조건화가 일어날 때의 신경회로를 간략히 살펴보겠습니다. 일단 소리에 대한 정보는 청각 시상(thalamus)을 통해서 들어오기도 하고, 청각 피질을 통해서 들어오기도 합니다. 공포 조건화는 이 소리를 전달해주는 신경세포와 편도체에 있는 신경세포 간의 시냅스 강도가 높아질 때 나타납니다.

소리에 대한 정보가 두 가지 경로로

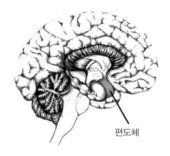

편도체

편도체는 공포 기억을 담당하는 뇌 부위다.

편도체로 전달되는데 이들 두 곳을 자극함으로써 공포 조건화를 인공적으로 만들 수 있을까요? 과연 시냅스 자극만으로도 공포 기억을 만들어낼 수 있을지 채널로돕신-2 단백질을 이용해 실험을 해보았습니다. 청각 정보를 전달해주는 뇌의 두 가지 부위, 즉 청각 시상과 청각 피질에 채널로돕신-2 단백질이 발현되도록 하였습니다. 채널로돕신-2 단백질 발현에는 바이러스를 활용하는 방법을 사용했습니다. 그리고 쥐를 학습시킬 때 시냅스 부위에 인위적인 자극을 주면서 발바닥에도 전기 자극을 주었습니다.

실제로 청각 시상, 청각 피질, 편도체에 채널로돕신-2 단백질이 잘 발현된 것을 관찰할 수 있었습니다. 그리고 이 실험을 통해 결국 기억을 만들어낼 수 있다는 것을 확인할 수 있었습니다. 이렇게 학습을 거치면 나중에 인위적으로 빛을 켜주면 쥐의 공포 기억이 발현되었습니다. 즉 이 실험은 복잡한 뇌 신경회로 속에서 특정 시냅스만을 자극하는 과정을 통해 인위적으로 편도체에 기억을 만들어내고, 기억을 나중에 끄집어낼 수 있다는 것을 밝힌 실험이었습니다. 쥐는 인위적인 파란색 빛에 갑자기 얼어붙었습니다. 빛으로 기억을 만들고, 기억을 조절할 수 있었던 것입니다.

우리 인간이 뇌신경을 연구하는 이유가 뭘까요? 신경 과학을 하는 궁극적인 목표 중 하나는 바로 인간의 마음을 이해하는 것입니다. 인간의 생각, 꿈, 상상, 기억, 감정 등 이런 모든 것들이 과연 뇌에서 어떻게 처리가 되고, 어떻게 발생되며, 어떻게 다시 발현이 되는지 등을 알고 싶은 것입니다. 뇌는 복잡하기 이를 데가 없고, 인간의 뇌에 대해 완벽하게 이해하기까지는 아직 갈 길이 멉니다. 그러나 여러분은 실시간으로 뇌를 속속들이 알아가는 첫 세대가 될 것이라고 확신합니다.

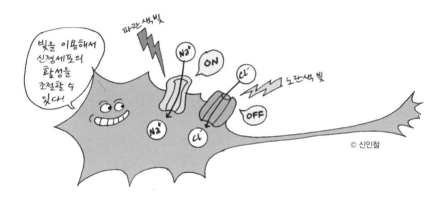

© 신인철

Q. 뇌 세포에 빛을 쬐어주면 뇌 세포가 손상되지 않는지 궁금합니다.

A. 중요한 질문입니다. 빛을 세게 쬐어주면 뇌 세포가 죽을 수도 있습니다. 그래서 실험 과정에서 얼마나 세게 빛을 쪼일 것인가, 얼마나 오랫동안 빛을 쪼일 것인가 등의 여러 변수(parameter)들을 결정합니다.

Q. 바이러스 벡터를 이용해 GFP(녹색형광단백질)를 발현시킨다면, 바이러스 벡터가 주입되는 영역의 세포들에 무작위하게 영향을 미칠 것이라 예상됩니다. 연구자가 원하는 신경회로를 찾아내 연구하기에는 더 발달된 기술이 필요한 것은 아닌지 궁금합니다.

A. 프로모터라는 시퀀스를 이용해 원하는 형태의 신경세포에만 GFP를 발현시키는 기술도 있습니다. 또 신경세포의 활성화에 따라 GFP를 발현시켜주는 프로모터들도 있습니다. 즉 무언가를 기억하거나 학습할 때 어떤 신경세포들이 활성화되면, 그 활성화된 신경세포에서만 GFP를 발현시키는 기술도 있는 것입니다. 예를 들어 해마의 어떤 신경세포들은 학습할 때 활성화되는데, 그 신경세포들에만 GFP를 발현시켜서 일종의 꼬리표를 붙일 수 있습니다. 이렇게 표시한 다음에 나중에 다시 되돌아가서 조절할 수도 있습니다. 그런데 아주 정확하게 원하는 숫자의 신경세포만을 조절하는 데에는 더 많은 기술이 필요합니다.

Q. 저는 빛을 이용해 자극을 준 결과 공포 조건화가 일어나는 실험에 대해 질문을 드리고 싶습니다. 이 자극도 다른 자극과 마찬가지로, 이 자극에 해가 따르지 않는다는 것을 쥐가 학습하면 습관화가 이루어지는지 궁금합니다. 그러니까 전기 자극 없이 빛을 계속 쬐어주는 것을 일정 기간 반복하면 습관화가 이루어지지 않을까요?

A. 이런 반응은 어떤 신호가 딱 주어질 때만 일어나는 반응입니다. 그러니까 습

관화와 다를 수 있습니다. 이 경우는 평상시에는 아무런 반응을 하지 않다가 특정한 소리와 연관되었을 때 그 소리가 일종의 신호로 작용해서 공포 조건화가 된 것입니다. 뇌 안쪽에 들어가서 자극을 시킨 조건화이기 때문에, 인위적으로 뇌를 자극하지 않는 이상 이 기억은 절대로 나오지 않는 기억입니다. 그러니까 인위적으로 끄집어내지 않는 이상 결코 뇌에서 발현되지 않는 그런 종류의 기억이라고 할 수 있습니다. 자세히 설명하자면, 신경세포만을 골라서 자극한 것이 아니라, 소리 정보가 오는 뇌 영역에 인위적으로 채널로돕신-2 단백질을 발현시켜놓고 그 특정 시냅스만 자극한 것입니다. 이것은 이 세상에 있는 소리에 반응하는 유전자들을 자극한 것이 아니라 시냅스 자체를 자극한 것이기 때문에, 아마도 이 세상에 있는 어떤 소리에 의해 반응이 나오지는 않을 겁니다. 다만 시냅스를 반복적으로 자극한다면 기억 자체에는 영향을 줄 수 있다고 생각합니다.

Q. 광유전학적 방법이 약물 흡수보다 더 빠른 방법이라고 언급하셨는데요, 왜 그런지 궁금합니다.

A. 예를 들어 파킨슨병이나 우울증은 약물로 효과를 봅니다. 그런데 약물로 효과를 보기까지는 한 달이 걸릴 수도 있고, 몇 달이 걸릴 수도 있습니다. 반면 광유전학을 이용해 회로를 직접 조절함으로써 파킨슨병이나 우울증 환자들의 뇌 기능을 향상시킬 수 있다는 것들이 보고되었습니다. 이 경우 빛을 이용해 그 순간에 바로 효과를 본 것이기 때문에 약물보다는 훨씬 빠릅니다. 광유전학이 뇌 연구뿐 아니라 뇌 질환 치료에도 주목받고 있는 것은 이 때문입니다.

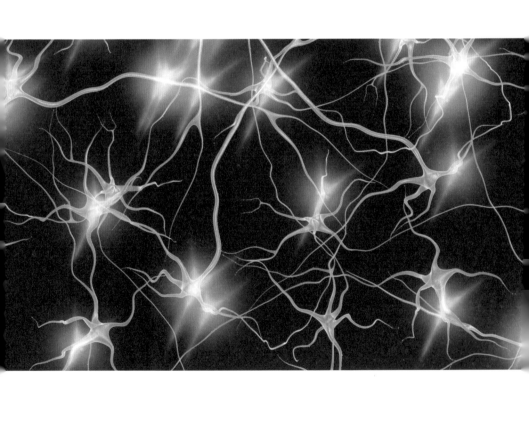

2부

줄기세포와 암

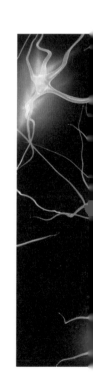

시간을 거꾸로 돌릴 수 있을까? 나이 든 사람을 어린 사람으로 돌릴 수는 없지만, 나이 든 세포를 아기 세포로 돌릴 수는 있다. 다 자란 양의 체세포를 떼어내 복제양 돌리를 만들 때만 해도 세포를 초기 상태로 바꾸는 유전자가 무엇인지 몰랐지만, 뒤 이은 후속 연구로 4개의 유전자가 결정적인 역할을 한다는 것이 밝혀졌다. 초기화되어 모든 세포로 분화할 수 있는 이 줄기세포는 역분화줄기세포라고 불리는 줄기세포다. 세포를 초기화시킬 수 있다니! 최근에 발견된 또 다른 형태의 암세포는 줄기세포 성격을 지녔기 때문에 암줄기세포라고 불린다고 한다. 이 암줄기세포는 줄기세포처럼 무한히 분열 증식하고, 암세포를 끊임없이 만들어내는 능력을 갖고 있는 세포다. 그러면 이 암줄기세포를 제거할 수 있다면, 인류는 암을 정복할 수 있게 되는 것일까? 현재 수많은 과학자들이 통제되지 않은 채 세포 분열을 거듭하는 암세포를 연구하고 있지만, 암과의 전쟁에서 이기는 것은 녹록하지 않은 게 사실이다. 그럼에도 암 연구가 세포의 성장과 분열, 사멸에 이르는 생명 현상의 비밀을 밝히는 데 중요한 역할을 할 것임은 분명해 보인다.

세포는 어떻게 시간 여행을 하는가

고기남 건국대학교 의학전문대학원 교수
서울대학교를 졸업하고, 미국 위스콘신주
립대학교에서 박사학위를 받았다. 미국 국
립암연구소 박사후 연구원, 독일 막스플랑
크 생의학연구소 선임 연구원을 거쳐, 현
재 건국대학교 의학전문대학원 교수로 재
직 중이다. 국제독성학회 칼스-스미스 연
구상(2003), 독일 NRW 줄기세포학회 연
구상(2007), 국제줄기세포학회 젊은 과학
자상(2008), 국제줄기세포학회 포스터상
(2009) 등을 수상했다.

지금, 저는 여러분과 시간 여행을 떠나보려고 합니다. 여행이라고 하니까 기대가 되나요?

시간 여행의 이론적 가능성을 이야기한 사람은 물리학자 아인슈타인입니다. 그는 빛보다 빠르게 날아간다면 시간 여행을 할 수 있다고 설명했습니다. 여기서 이야기하는 시간 여행은 과거의 어느 곳으로 간다든지, 미래의 어느 곳으로 간다든지 하는 공간적인 여행입니다.

오늘 이 자리에서 이야기하는 세포의 시간 여행은 공간적인 시간 여행이 아니라, 세포 자체가 과거의 세포로 돌아갈 수 있느냐 없느냐와 관련된 시간 여행입니다.

한 인간이 생물체로서 기능하기 위해서는, 즉 눈으로 사물을 보고 다리로 땅을 딛고 서고 손으로 만지는 등의 기능을 하기 위해서는 약 300종의 세포가 작동해야 합니다. 그러면 300종의 세포는 어디에서 기원했을까요?

인간의 일생은 엄마의 뱃속에서 난자와 정자가 수정되어 수정체가 되고 배아 발달 단계를 거쳐 태아가 세상에 태어나는 것으로 시작해서, 꾸준히 성장하여 성체가 된 후 나이 들어 죽는 것으로 끝납니다. 시간을 중심으로 보면, 한쪽 방향으로만 흐릅니다. 즉 하나의 세포가 분열과 분화를 통해 발달하고, 그것이 아기가 되고 다시 성체가 됩니다. 실질적으로 현실 세계에서는 한쪽 방향으로만 시계가 돌고 있습니다. 자연적으로는 거꾸로 가지 않습니다.

시간이 거꾸로 흐르는 일은 영화에서나 가능한 것으로 보입니다. 영화 〈벤자민 버튼의 시간은 거꾸로 간다(The Curious Case of Benjamin Button)〉를 보면, 아기가 80세의 몸과 세포를 가지고 태어납니다. 그리고 시간이 점점 흐르면서 몸이 젊어져 80세에서 70세, 60세, 50세, 40

세, 30세, 20세, 10세로, 급기야 마지막에는 아기가 됩니다.

그런데 실험실에서 이런 기묘한 일이 세포 수준에서 일어나고 있습니다. 많은 연구자들은 지금 실험실에서 세포의 시간을 거꾸로 돌리고 있는 중인 겁니다.

세포는 다음과 같은 발달 과정을 거칩니다. 난자와 정자의 수정으로 수정체가 만들어지고, 그것은 배반포(blastocyst)가 됩니다. 배반포에 있는 배아체(inner cell mass)는 나중에 몸을 구성하는 눈, 뇌, 간, 피부로 발달합니다. 그리고 이런 배반포가 분열과 분화를 거듭해서 발달하면 아기가 되고, 그 아기가 자라면 성체가 됩니다. 그러면 이미 분열과 분화를 거친 성체의 세포가 다시 거꾸로 배아체가 될 수 있을까요? 대답은 '그렇다'입니다. 현재 진행하고 있는 줄기세포 연구들은 계속 놀라운 이야기들을 전하고 있습니다.

줄기세포란?

줄기세포는 영어로 'stem cell'입니다. 'stem'은 줄기라는 뜻을 지닌 단어인데, 이 단어가 사용된 것은 인간의 300종이나 되는 세포와 조직을 구성하는 데 근간이 되는 세포가 줄기세포이기 때문입니다. 인체의 모든 기관과 몸체를 구성하는 것들은 모두 줄기세포에서 나왔습니다. 줄기세포가 없다면 생명체들은 태어나지도 못합니다. 음식에 비유하자면, 원재료에 해당하는 세포라고 할 수 있습니다.

줄기세포의 첫 번째 특징은 '자가 재생능(Self-renewal)'이 있다는 겁니다. 줄기세포는 자신의 성질(property)을 유지하면서도 계속 증식(proliferation)할 수 있는 능력을 갖고 있습니다.

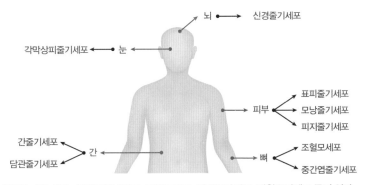

신경줄기세포

뇌

각막상피줄기세포 ← 눈

표피줄기세포
피부 → 모낭줄기세포
피지줄기세포

간줄기세포
간
담관줄기세포

조혈모세포
뼈 → 중간엽줄기세포

성체줄기세포로는 중간엽줄기세포, 조혈모세포, 신경줄기세포, 정원줄기세포 등이 있다.

두 번째 특징은 '분화능'을 갖고 있다는 겁니다. 분화능이란 하나의 줄기세포가 신경세포, 간세포, 심장세포, 근육세포 등 몸의 각 기관을 구성하는 세포로 분화할 수 있는 능력을 말합니다. 분화능은 단분화능 (unipotent), 다분화능(multipotent), 전분화능(pluripotent)으로, 즉 세 가지의 줄기세포로 구분할 수 있습니다.

단분화능 줄기세포는 한 가지의 세포로만 분화가 가능한 세포를, 다 분화능 줄기세포는 여러 특정한 세포들로 분화가 가능한 세포를, 전분 화능 줄기세포는 모든 세포로 분화가 가능한 세포를 말합니다.

단분화능 줄기세포로는 정자를 만드는 정원줄기세포가 있고, 다분 화능 줄기세포로는 중간엽줄기세포(Mesenchymal stem cell), 조혈모세 포(Hematopoietic stem cell), 신경줄기세포(Neural Stem cell) 등이 있습 니다. 그리고 전분화능 줄기세포로는 대표적으로 배아줄기세포가 있습 니다.

단분화능 줄기세포로는 남자의 정소에 있는 생식줄기세포 혹은 정원 줄기세포가 있는데 정자로만 분화가 가능합니다. 정원줄기세포는 정소 (testis) 내에 있는 정소막(testicular membrane)에 적은 양으로 존재하는

데, 필요에 따라 정자를 만들어낼 수 있습니다.

다분화능 줄기세포로는 뼈와 지방세포와 연골로 분화할 수 있는 중간엽줄기세포, 골수에 존재하면서 혈액세포를 만드는 조혈모세포, 신경세포를 만드는 신경줄기세포가 대표적입니다. 이자 혹은 피부에 존재하는 줄기세포도 있습니다. 보통 성체에는 단분화능 줄기세포와 다분화능 줄기세포가 있습니다.

조혈모세포는 뼛속에 있는 혈액세포와 영양세포, 면역세포를 만들어 냅니다. 말 그대로 조혈모세포는 피를 만드는 어머니 세포입니다. 특히 조혈모세포는 백혈병을 치료하는 데에도 이용할 수가 있는데, 이 조혈모세포가 분화별 단계를 통해 혈액세포나 면역세포로 분화될 수 있기 때문입니다.

이 조혈모세포는 특이한 유전인자를 갖고 있는데, CD34라는 표면 단백질이 마커 유전자로 알려져 있습니다. 조혈모세포는 화학적 조건을 갖추고 성장인자와 함께 체외에서도 배양할 수 있습니다.

제대혈줄기세포라는 것도 있습니다. 인간은 탯줄을 달고 태어나는데, 이 탯줄 안에 제대혈줄기세포가 있습니다. 많은 이들이 제대혈 은행에 제대혈줄기세포를 보관하기도 하는데, 이는 조혈모세포에 문제가 있는 경우 제대혈줄기세포를 이용해 자기세포를 다시 주입하는 방법으로 치료할 수 있기 때문입니다.

간 속에도 줄기세포가 있습니다. 그래서 가족이나 면역거부 반응이 없는 사람에게 기증할 수가 있습니다. 간을 다른 사람에게 이식해도 되는 것은 간줄기세포에 재생 능력이 있기 때문입니다.

신경줄기세포는 뇌 속에 있는 것으로, 신경세포와 교세포 등 뇌를 형성하는 다양한 뇌세포를 만들어내는 줄기세포입니다.

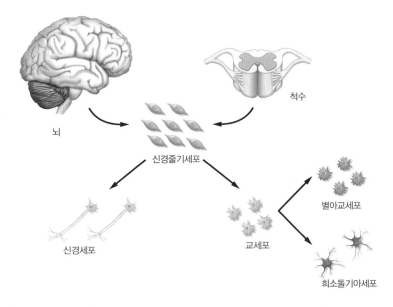

신경줄기세포는 신경세포, 별아교세포, 희소돌기아세포로 분화할 수 있는 능력을 가지고 있다.

다시 한 번 설명하자면, 단분화능 줄기세포는 하나의 세포로만 분화할 수 있는 줄기세포이며, 다분화능 줄기세포는 몇 가지의 세포로 분화할 수 있는 줄기세포입니다. 이에 반해 전분화능 줄기세포는 300종의 모든 세포로 분화할 수 있는 능력을 지녔습니다. 많은 연구자들이 전분화능 줄기세포에 유독 관심이 큰 이유는, 전분화능 줄기세포를 얻게 되면 때마다 필요한 세포로 분화시킨 후 이식할 수 있는 길을 모색할 수 있기 때문입니다. 어떻게 전분화능 세포를 얻을 수 있는지에 대해서는 뒤에서 다시 언급하도록 하겠습니다.

전분화능 줄기세포인 배아줄기세포

전분화능 줄기세포로 대표적인 것은 배아 단계에서 추출한 배아줄기세포입니다. 배반포에 있는 배아체는 이후 우리 몸을 이루는 모든 기관과 조직의 세포로 분화되는 부분인데, 이 부분을 세포주로 해서 체외 배양해 만든 것이 배아줄기세포(Embryonic stem cell)입니다.

쥐의 배아줄기세포를 처음 만든 과학자는 마틴 존 에반스(Martin John Evans)입니다. 그는 이 업적으로 2007년에 노벨상을 수상했습니다. 그리고 인간의 배아줄기세포를 처음으로 만든 과학자는 미국 위스콘신주립대학교의 제임스 톰슨(James Thomson) 교수입니다.

그러면 구체적으로 어떻게 배아줄기세포를 만드는 것일까요? 배아체를 기계적으로 분리하는 방법이 있습니다. 그런데 이 방법은 배아를 파괴시킵니다. 배아를 파괴시키지 않고 배아에 있는 배포 하나만을 뽑아서 배아줄기세포를 만들 수도 있습니다. 또 다르게, 면역 반응을 통해 배아체를 둘러싸고 있는 투명대와 영양막을 없애버리는 방법으로 만들어낼 수도 있습니다.

쥐의 배아줄기세포와 인간의 배아줄기세포의 배양법은 배양액 조성에서 약간의 차이를 보입니다. 그러나 두 방법 모두 기본적으로 영양세포를 밑에 카펫처럼 깔고 그 위에 배아줄기세포를 놓는 방식으로 이루어지며, 그러면 배아줄기세포 군체가 형성됩니다.

생쥐의 경우 우혈청(FBS, Fetal bovine serum)을 넣고, 백혈병 억제인자(LIF, Leukemia inhibitory factor)를 넣게 됩니다. 인간의 경우에는 '염기성 섬유 아세포 성장인자(bFGF, Basic fibroblast growth factor)'를 넣습니다.

그런데 배양된 배아줄기세포가 전분화능을 갖고 있는지 아닌지 어떻게 알 수가 있을까요?

첫째, 표시 유전자(특이 유전자)가 발현되는지 아닌지를 테스트해봐야 합니다. 둘째, 체외 분화능이 있는지를 알아봐야 합니다. 셋째 기형종이 자라는지 알아봐야 합니다. 면역이 결핍된 유전자변형 쥐에 배아줄기세포를 집어넣으면, 배아줄기세포가 분화되어 기형종이 형성됩니다. 기형종 안에는 다양한 세포가 포함되어 있습니다. 넷째, 배아체에 배아줄기세포를 다시 주입하여 키메라(Chimera)가 형성되는지 테스트해야 합니다. 다섯째, 그 키메라가 생식이 가능한지, 즉 짝짓기를 통해 다음 세대로 키메라의 유전인자를 전달하는지를 확인해야 합니다. 여섯째, 배아줄기세포 그 자체로 하나의 개체가 형성되는지를 테스트해야 합니다.

그러면 표시 유전자가 발현되는지는 어떻게 확인할 수 있을까요? 표시 유전자의 발현을 확인하는 방법으로는 알칼라인 포스파테이즈(Alkaline phosphatase) 활동이 있는지, DNA 선상에 특이 유전인자의 프로모터 이전에 특이적 메틸화가 되어 있는지 등을 살펴보는 방법이 있는데, 이를 통해 배아줄기세포의 특이성을 확인할 수 있습니다. 배아줄기세포에서 특이적 유전인자의 mRNA와 단백질의 발현을 검사함으로써 배아줄기세포임을 확인하게 됩니다.

체외 분화능이 있는지 없는지를 알아보는 방법은 배아줄기세포에서 세포배를 만들어 다양한 세포로 분화될 수 있는 능력이 있는지 확인해 보는 것입니다. 세포배를 만드는 과정은, 일정한 수의 배아줄기세포를 배양용기를 거꾸로 한 채 배양(hanging drop)해서 세포배를 형성하게 합니다. 이렇게 만들어진 세포배가 내배엽, 중배엽, 외배엽 등 다양한 세포로 분화되어 있는지 확인함으로써 줄기세포의 전분화능을 검사하게 됩니다.

기형종은 다음과 같은 방식으로 만들 수 있습니다. 면역이 결핍된 유전자변형 쥐에 배아줄기세포를 배양해서 주입하면, 약 한 달 뒤에 세포가 분화되면서 큰 기형종이 형성됩니다. 배아줄기세포의 전분화능을 알려면, 그 기형종을 다시 뽑아내서 고정시킨 후 얇게 잘라 다양한 세포로 분화되었는지를 현미경을 통해서 확인하면 됩니다.

키메라는 배반포에 다른 배아줄기세포를 집어넣으면 서로 엉기게 됨에 따라 만들어집니다. 이러한 키메라 배반포를 임신한 쥐에 집어넣게 되면 다양한 색으로 변한 쥐를 발견할 수 있습니다.

키메라의 생식 능력을 알려면, 키메라가 다른 암(수)컷과 짝짓기를 하게 만들어, 그 다음 세대로 키메라의 유전인자가 전달되는지를 확인해보면 알 수 있습니다.

이처럼 다양한 테스트를 통해 배양된 배아줄기세포가 실제로 전분화능줄기세포인지 아닌지를 알 수 있는 것입니다.

그러면 왜 줄기세포가 중요할까요? 줄기세포가 중요하게 다뤄지는 이유는 여러 세포로 분화할 수 있는 줄기세포를 이용해 다양한 질병을 치료할 가능성이 있기 때문입니다. 특히 모든 세포로 분화할 수 있는 전분화능 줄기세포에 대한 연구에 관심이 집중되고 있습니다.

지금까지 배아줄기세포의 특성을 설명해보았습니다. 그러면 배아줄기세포의 문제점, 특히 세포치료제를 만들 때 나타날 수 있는 배아줄기세포의 문제점은 무엇일까요? 무엇보다 윤리적인 문제가 가장 큰 걸림돌입니다. 일단 생명체로 자랄 수 있는 배아를 파괴하기 때문에 종교계의 비판을 받고 있습니다. 그 다음으로 아직은 분화 기술이 미숙한 수준입니다. 즉 전분화능 줄기세포를 얻었다고 하더라도 신경세포, 간세포, 뼈세포 등 원하는 세포로 분화시킬 수 있는 기술이 발달되어 있지 않습니다. 배아줄기세포가 분화되면, 보통 배양용기에 백화점처럼 다양한 세포들이 존재하게 됩니다. 그 속에서 원하는 세포를 어떻게 구별하는지는 아직 풀지 못했습니다. 또 원하는 세포를 구별했다고 하더라도 미분화된 세포가 남아 있다면 이것은 기형종을 형성하게 만드는 원인이 됩니다. 이것은 암세포 덩어리입니다.

세포를 초기화시키는 역분화

이제 드디어, 세포의 시간 여행이 어떻게 이루어지는지를 살펴볼 때가 되었습니다.

역분화라는 것은 마치 시간을 거꾸로 돌리는 것처럼, 성체에 있던 세포를 다시 배아 단계의 세포로 바꾸는 기술을 말합니다. 자연적인 상태에서 세포의 분화는 한쪽 방향으로만 흐르는데, 과학적인 개입으로 분화되기 이전의 배아 단계로 세포를 초기화시킬 수 있는 것입니다.

이런 역분화 기술로, 여성의 난자 하나로 처녀 생식을 통해 전분화능 줄기세포를 만들 수도 있고, 정자만을 만들 수 있는 단분화능 줄기세포를 특정 배아에 배양시켜 전분화능 줄기세포로 바꿀 수도 있습니다. 또한 난자를 이용하여 체세포를 역분화시킴으로써 자가 복제를 할 수 있는데, 체세포에서 핵을 빼내어 핵을 제거한 난자에 집어넣으면 자가 복제된 복제 배아를 만들 수 있습니다. 이 기술을 이용해서 만든 복제 동물이 복제양 돌리입니다. 복제하고 싶은 양의 체세포에서 핵을 빼내 핵을 제거한 난자에 주입시키고, 그것을 대리모 양의 자궁에 착상시켜 복제양 돌리를 탄생시킨 것입니다. 그러나 이렇게 난자를 이용하여 체세포를 역분화시켜 복제배아로부터 배아줄기세포를 만들 수 있지만, 이는 난자를 이용하고 복제 배아를 파괴하기 때문에 윤리적인 문제가 발생할 수 있습니다.

또한 인간의 난자를 이용한 복제 기술을 임상적으로 적용하는 데에는 다양한 문제점이 있습니다. 첫째 복제 수정란이 비정상적인 양상을 띠는 경우가 있는데 이를 조절하는 데 아직까지 어려움이 많습니다. 둘째 인간의 난자를 이용해 복제·수정된 인간 배아를 사용하기 때문에 윤리적인 문제를 안을 수밖에 없습니다. 셋째 기술적으로 시간이 굉장히 많이 걸리는 한편 효율도 낮고 고가의 장비가 필요하다는 문제점이 있습니다.

유도만능줄기세포

2012년 노벨 생리의학상은 존 거든(John Gurdon) 케임브리지대학

© Wikipedia

돌리는 체세포 복제를 이용해서 만든 최초의 포유류이다.

© www.nobelprize.org

존 거든 케임브리지대학교 교수(왼쪽)와 야마나카 신야 교토대학 교수(오른쪽)는 지난 2012년 노벨 생리의학상을 수상했다.

교 교수와 일본의 야마나카 신야(山中 伸弥) 교토대학 교수가 수상했습니다.

야마나카 신야 교수는 역분화 기술을 만든 과학자입니다. 그는 성체의 체세포에 네 가지 전사인자(Oct3/4, Sox2, c-Myc, Klf4)를 과발현시키면 체세포가 배아줄기세포와 유사한 전분화능 줄기세포, 즉 유도만능줄기세포(Induced pluripotent stem cells, iPS cells)가 된다는 것을 최초로 밝혔습니다.

체세포가 배아줄기세포로 되돌아갈 수 있다는 것은 이미 1950년대 초에 알려진 사실이었습니다. 존 거든 교수는 개구리의 난자에 들어 있는 핵을 제거하고, 체세포의 핵을 다시 주입시킨 후 복제 개구리를 만들어 세상을 깜짝 놀라게 했습니다. 존 거든 교수의 업적은 체세포가 이미 분화된 세포이긴 하지만 리프로그래밍을 통해 배아체를 형성할 수 있고 그 배아체가 다시 성체로 발달할 수 있다는 것을 보여준 것이었습니다. 즉 성체의 핵을 리프로그래밍할 수 있다는 것을 실험적으로 밝혀낸 것입니다.

그러나 그 후 50년이 넘도록 수많은 유전자 가운데에서 체세포를 초기화시키는 몇 개의 유전자를 찾기란 쉽지 않은 상태였습니다. 몇 개의 유전자가 필요한지조차 정확하지 않은 상황이었습니다. 이 문제를 푼 과학자가 바로 야마나카 신야 교수입니다.

앞서 언급한 것처럼, 야마나카 신야 교수는 네 가지 전사인자를 바이러스를 이용해 세포 내로 주입했습니다. 그러나 아쉽게도 이 방법은 바이러스 유전자가 기존의 유전체와 통합되어 돌연변이를 일으킬 수도 있는 방법이었습니다. 즉 이 방법으로 만든 iPS세포를 세포 치료에 이용하게 되면 돌연변이를 일으킬 위험이 있습니다.

그러면 어떻게 외부의 유전인자가 세포의 DNA에 들어가지 않게 하면서 iPS세포를 만들 수 있을까요? 현재 단백질을 이용한 방법, RNA를 이용한 방법, 화학물질을 이용한 방법 등 다각도로 많은 과학자들이 iPS세포를 만드는 방법을 모색하고 있는 중입니다. 이들 과학자들의 목표는 안전한 iPS세포를 만드는 것입니다.

지난 2013년에 눈에 띄는 논문이 한 편 발표되었는데, 그 논문은 화학물질만으로도 iPS세포를 만들 수 있다고 주장했습니다. 이 논문이 시사하는 의미는 굉장히 큽니다. 안정성 문제를 해결할 수 있는 iPS세포를 만들 수 있다는 것을 의미하기 때문입니다. 생쥐 모델을 대상으로 한 연구였지만, 인간을 대상으로 했을 때에도 화학물질만으로 iPS세포를 만들어낼 가능성이 높다고 보입니다.

그러면 안전한 iPS세포가 만들어진다면, 어떤 임상적인 연구가 가능할까요? 간단히 이야기하자면, iPS세포는 전분화능 줄기세포이기 때문에, 필요한 세포나 조직을 만들어 세포 치료제로 충분히 이용할 수 있을 겁니다. 또 하나, 신약을 개발할 수도 있습니다. 예를 들어 심장이 불규칙하게 박동하는 환자가 있다고 한다면, 이 환자의 체세포를 떼어내 iPS세포를 만든 다음 체외 분화를 시킴으로써 심장세포를 만들 수 있습니다. 이 심장세포는 환자의 것이기 때문에 불규칙하게 박동하는 문제점을 안고 있을 겁니다. 그러면 이 불규칙하게 뛰는 심장세포를 대상으로 임상 시험을 해볼 수 있습니다. 이처럼 iPS세포 기술이 발달하게 된다면 두말할 나위 없이 환자 맞춤형 신약을 개발하는 데 큰 도움이 될 것입니다.

세포의 시간은 거꾸로 돌릴 수 있습니다. 지금까지 저는 줄곧 세포의 시간 여행이 어떻게 가능한지를 여러분에게 소개해보고자 했습니다. 그러나 여기에 하나 덧붙이고 싶은 말은, 어른 세포는 아기 세포로 되돌아갈 수는 있지만 어른이 다시 어린 나이로 되돌아갈 수는 없다는 점입니다. 여러분에게 말하고 싶은 것은 지금 이 순간이 가장 중요한 시간이라는 사실입니다. 지금 이 순간들을 충실히 보내기를 바라며 강의를 마치도록 하겠습니다.

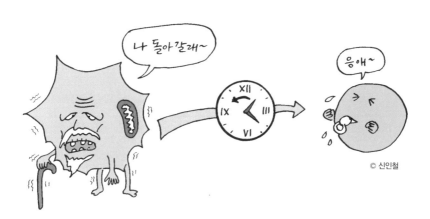

© 신인철

Q. 핵이 없는 난자에 체세포의 핵을 넣는다는 설명을 들었는데요, 난자에 체세포 핵을 넣는다는 것의 의미가 무엇인가요?

A. 체세포 핵에서 보통 세포의 성질을 결정하는 것은 핵에 존재하는 DNA 정보입니다. 체세포는 '나는 체세포다'라고 기억을 하고 있습니다. 그런데 배아줄기세포로 만들기 위해 난자 안에 집어넣으면 난자 안의 전사인자들의 작용에 의해 '나는 체세포다'라는 기억이 사라지고, 초기화되는 것입니다. 즉 리프로그래밍되는 것입니다.

Q. 최근 일본에서 iPS세포를 이용해 생쥐의 간을 만들었고 그것을 이식하는 데 성공했다는 기사를 읽었습니다. 어떻게 유도만능줄기세포인 iPS세포가 간과 같이 특정한 기관으로 분화되는지 궁금합니다.

A. 원하는 세포로 분화할 수 있는 기술을 개발하는 데에는 발달생물학의 역할이 아주 중요합니다. 발달생물학은 배아에서 자연적으로 발달되는 과정을 연구하는 분야인데, 줄기세포 연구자들은 전분화능 줄기세포를 원하는 세포로 분화시키는 기술을 개발할 때 발달생물학 분야의 연구에서 많은 아이디어를 찾을 수 있었습니다. 발달생물학 분야에서 이미 배아체에서 내배엽, 중배엽, 외배엽으로 갈 때의 중요한 유전인자가 무엇인지, 어떤 유전자가 발현이 되어서 A라는 길로 가는지 등의 선행 연구가 있었던 것입니다. 가령 간세포는 내배엽에서 발달하는 세포인데, 발달생물학자들은 내배엽 단계 세포에서 어떻게 간세포로 분화되는지 등을 연구해놓았던 것입니다. 그런 발달생물학의 선행 연구와 역분화줄기세포 연구가 접목되어, 시험관 안에서 iPS세포를 간세포로 분화시킬 수 있는 방법을 개발한 것입니다. 비단 간세포뿐 아니라 신경세포, 근육세포, 피부세포 등도 유전인자의 조성을 달리해서 분화시킬 수 있을 겁니다.

Q. 유도만능줄기세포를 설명하실 때 네 가지 전사인자를 언급하셨습니다.

이 네 전사인자가 각각 어떤 역할을 하길래 체세포가 유도만능줄기세포가 되는지 궁금합니다.

A. 그것은 저도 궁금합니다. 야마나카 신야 교수가 어떻게 네 가지 전사인자를 찾아냈는지에 대해서는 추가로 설명할 필요가 있겠네요. 그는 전분화 능력이 없는 쪽에서 발현되는 유전자 리스트와 전분화 능력이 있는 줄기세포에서 발현되는 유전자 리스트를 서로 비교해, 배아줄기세포에서 특이하게 발현될 가능성이 있는 24개의 유전자를 찾아냈습니다. 그리고 그 24개의 유전자를 체세포에 집어넣어 과발현시킨 다음, 그때 역분화가 일어나는지를 관찰해보았습니다. 흥미롭게도 야마나카 신야 교수 팀은 하나씩 유전자를 넣어서 관찰한 것이 아니라 24개에서 하나씩 빼는 방식으로 진행했습니다. 중요한 인자가 빠지면 역분화가 일어나지 않기 때문에, 4개의 중요한 인자를 추려낼 수 있었습니다. 그러나 각각의 유전자가 어떤 역할을 해서 역분화가 일어났는지, 즉 역분화 기전은 아직 밝혀지지 않았습니다. 네 개의 전사인자를 과발현시켰을 때 그것이 각각 어떠한 역할을 하는지에 대한 연구는 진행 중입니다.

내 몸 안의
줄기세포는
무슨 역할을
하는가

김재호 부산대학교 의학전문대학원 교수
서울대학교를 졸업하고, 포항공과대학교
에서 박사학위를 받았다. 포항공과대학
교 박사후 연구원과 미국 존스홉킨스 의
과대학 박사후 연구원을 거쳐, 현대 부산
대학교 의학전문대학원 교수로 재직 중이
다. 한국분자 · 세포생물학회 Blue ribbon
Lecture Award(2009), 기초의학회 젊은
기초의학자상(2011), 한국생화학분자생물
학회 동천신진과학자상(2011), 대한생리학
회 유당학술상(2011) 등을 받았다.

사고로 몸을 심하게 다쳤다고 하더라도 원래대로 조직을 재생할 수 있으면 얼마나 좋을까요? 자연계에서는 조직을 재생시키는 생물들이 있습니다. 불가사리는 다리(완)가 잘려도 다시 원래대로 몸이 회복되고, 도롱뇽은 꼬리가 잘려도 다시 꼬리가 생깁니다. 플라나리아는 둘로 잘리면 두 개의 플라나리아가 됩니다. 그러면 인간도 불가사리, 도롱뇽, 플라나리아와 같은 생물을 흉내 낸다면 조직 재생을 할 수 있지 않을까요?

우리 몸은 신경세포, 면역세포, 근육세포, 심근세포 등 여러 다양한 세포들로 구성됩니다. 이러한 다양한 세포 중에서도 증식과 분화가 가능한 세포를 줄기세포라고 합니다. 이런 세포들은 모두 배아줄기세포로부터 만들어졌습니다. 사람의 몸에는 이런 배아줄기세포뿐 아니라 세포를 계속 만들어내는 성체줄기세포들도 있습니다.

우선 우리 몸 안에 존재하는 줄기세포들로는 어떤 것들이 있으며, 각각 어떤 역할을 수행하는지 살펴보도록 하겠습니다.

줄기세포란?

줄기세포란 자기 스스로를 만들어낼 수 있으면서도 다른 세포로 분화할 수 있는 세포를 말합니다. 즉 자기 복제와 분화가 가능한 세포를 일컫습니다. 줄기세포는 크게 배아줄기세포와 성체줄기세포, 이 두 가지로 나눌 수가 있습니다.

배아줄기세포는 수정란에서 만들어진 배반포 안의 배아체로부터 만들어집니다. 배반포 안에 들어 있는 배아체를 분리해서 배양하면 배아줄기세포를 얻을 수 있습니다. 이렇게 얻은 배아줄기세포는 신경세포, 근육세포, 간세포 등 인체를 구성하는 거의 모든 세포로 분화를 시킬 수 있습니다.

예를 들어 배아줄기세포에 특
정한 성장촉진인자나 사이토카인
(cytokine)을 넣으면 신경세포 혹은
근육세포를 만들 수가 있습니다.

그러나 이러한 배아줄기세포를 이
용한 치료에는 윤리적인 문제뿐 아

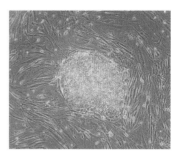

배아줄기세포는 수정란에서 만들어진
배반포 안의 배아체로부터 만들어진다.

니라 면역거부 반응과 같은 안전성 문제까지 지니고 있습니다. 최근 배
아줄기세포처럼 만능의 분화 능력을 갖고 있는 역분화줄기세포(iPS세
포 혹은 유도만능줄기세포)가 체세포로부터 만들어지자 과학계의 관심을
한몸에 받았습니다.

역분화줄기세포를 만든 과학자는 일본 교토대학의 야마나카 신야 교
수입니다. 그는 2012년 역분화 기술을 개발한 공로로 노벨 생리의학상
을 수상하기도 했습니다.

그는 어떤 방법으로 역분화줄기세포를 만들었을까요? 야마나카 신
야 교수는 쥐와 인간의 피부에서 섬유아세포(fibroblast)를 채취해, 그것
에 네 개의 유전자를 넣어 과발현을 시키는 방법을 통해 역분화줄기세
포를 만드는 데 성공했습니다. 그리고 이 역분화줄기세포가 배아줄기
세포처럼 여러 다양한 세포로 분화될 수 있다는 사실을 학계에 발표했
습니다.

이런 역분화줄기세포는 다른 사람의 배아를 파괴해서 얻을 필요가
없고 자신의 체세포를 이용하는 것이기 때문에 윤리적인 문제를 피할
수 있었습니다. 또 자신의 세포를 이용하기 때문에 면역거부 반응이라
는 어려운 난제도 극복할 수 있으므로 기존 배아줄기세포가 가진 한계

점을 해결할 수 있을 것으로 기대하고 있습니다.

성체줄기세포 중 가장 많이 알려져 있는 것으로는 골수에 있는 혈액을 만드는 조혈모세포가 있습니다. 이들 조혈모세포는 인체 각 조직에 산소를 공급하는 적혈구 세포로 분화되어 혈관을 통해 이동하게 됩니다. 조혈모세포는 적혈구뿐 아니라 외부 병원체가 들어왔을 때 방어하는 식세포(Macrophage), 과립구(Granulocyte), T세포, B세포 등 다양한 면역세포들을 만들어내기도 합니다. 인체가 병원체에 감염되었다거나 조직이 손상되었을 때 세포성장촉진인자로 불리는 단백질들이 생산되는데 이들 단백질들이 혈류를 통해 골수 조직으로 들어오면, 조혈모세포를 자극하여 호중구나 과립구로 분화를 촉진합니다.

이런 장점 때문에 역분화줄기세포 또는 성체줄기세포 연구는 배아줄기세포 연구가 지닌 단점을 극복할 수 있는 연구로 관심의 대상이 되었습니다.

성체줄기세포의 종류

성체줄기세포에는 다양한 종류가 있습니다. 골수에는 조혈모세포 외에 중간엽줄기세포가 존재하며 뇌에는 신경줄기세포, 심장에는 심장줄기세포, 지방에는 중간엽줄기세포, 피부에는 피부줄기세포, 근육에는 근육줄기세포, 간에는 간줄기세포, 혈액에는 혈관내피전구세포 등 몸 안의 거의 모든 조직에 줄기세포가 존재하고 있는 것으로 알려져 있습니다.

성체줄기세포를 이용한 세포 치료란 위와 같은 줄기세포를 얻어 대량으로 배양한 후 질병을 치료하는 데 사용하는 것이라고 볼 수 있습니다. 그런데 문제는 생명과 직결되는 장기의 특정 줄기세포는 얻기가 매우 어렵다는 점입니다. 가령 뇌신경줄기세포를 얻겠다고 뇌에서 뇌세포를 떼어내거나 심장줄기세포를 얻겠다고 심장 조직을 떼어내기란 거의 불가능합니다. 이에 반해 조혈모세포는 골수로부터 분리할 수 있으며 혈액에 있는 혈관내피전구세포는 제대혈에서 많이 분리할 수 있습니다. 최근에는 근육줄기세포, 피부줄기세포 등 성체줄기세포를 채취하기가 쉬워졌습니다.

피부줄기세포는 피부, 머리카락, 털을 만드는 세포입니다. 보통 화상 환자의 경우 자기 피부를 떼어내 이식하는데, 전신화상을 입을 경우에는 이식할 자기 피부가 없기 때문에 다른 사람이나 동물에서 얻은 피부 조직을 이식하거나 조직공학 기술을 이용해 얻은 인공 피부를 이식하게 됩니다. 그러나 가장 이상적인 피부 이식 방법은 자신의 피부와 같은 조직을 만들어 이식하는 것입니다. 그래서 피부줄기세포를 얻어 채취하는 기술의 발달은 피부 조직을 만든다거나 머리카락을 재생한다거나 하는 치료에 기대감을 높입니다.

신경줄기세포는 신경세포뿐 아니라 성상아교세포(Astrocytes), 희소돌기아교세포(Oligodendrocytes)와 같은 신경조직 내의 모든 세포를 만들 수 있습니다. 그러나 뇌에서 신경줄기세포를 채취하기가 어렵기 때문에, 실질적으로 신경줄기세포를 활용한 치료는 거의 이루어지지 않고 있습니다. 다만 중국에서 죽은 태아의 뇌에서 신경줄기세포를 얻어 환자에게 이식한다거나 하는 임상 연구가 일부 진행되는 것으로 알려져 있습니다.

파킨슨병, 루게릭병, 헌팅턴병, 알츠하이머병 같은 여러 가지 뇌 질환들을 치료하는 데 누군가의 신경줄기세포를 이용해서 치료하기란 쉽지 않을 것이기 때문에, 현재는 배아줄기세포에서 신경줄기세포를 만들거나 아니면 자신의 체세포에서 역분화줄기세포로 신경줄기세포를 만든다거나 하는 연구들이 진행되고 있습니다.

줄기세포의 응용

누구나 골수 이식에 대해 한 번쯤 들어보았을 겁니다. 골수 이식은 건강한 골수를 제공할 수 있는 사람들로부터 골수를 얻어 백혈병같이 혈액 종양에 걸린 환자들에게 이식하는 '세포 치료' 기술입니다. 즉 환자들의 골수를 정상적인 사람의 조혈모세포로 치환시키는 이식 수술입니다. 성체줄기세포 연구 중 가장 활발하게 활용되고 있는 것이 바로 조혈모세포를 이용한 골수 이식 분야입니다.

현재 일반적으로 알려진 세포 치료는 줄기세포나 줄기세포로부터 분화된 조직 세포를 이용해 치료하는 것을 말합니다. 우리 실험실에서는 주로 골수 조직, 지방, 탯줄, 제대혈 등에서 얻은 중간엽줄기세포나 혈관내피전구세포 등을 이용한 세포 치료 연구를 진행하고 있습니다.

골수나 지방에 존재하는 중간엽줄기세포는 지방세포, 연골세포, 근육세포 등으로 분화할 수 있습니다. 중간엽줄기세포를 치료에 활용하는 경우는 대개 다음과 같은 경우들입니다. 화상을 입었던 피부 조직을 재건하기 위해 분화된 지방세포를 이용할 때, 부러진 뼈를 고치기 위해 조골세포를 만들어 이식할 때, 관절염이나 류머티스 관절염을 고치기 위해 연골세포를 이식할 때 등입니다.

중간엽줄기세포를 활용한 치료법에는 지방세포, 연골세포, 근육세포 등 분화된 세포를 직접 이식하는 방법이 아니라 중간엽줄기세포가

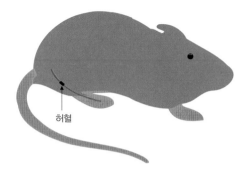

허혈

쥐 다리의 동맥을 묶어 피가 통하지 않게 한 다음, 중간엽줄기세포에서 분비되는 단백질을 주입하면 원래대로 혈관이 형성되어 다리가 썩지 않는 것으로 나타났다.

분비하는 특정 단백질을 활용한 치료법도 있습니다. 중간엽줄기세포가 분비하는 여러 혈관생성촉진 단백질들이 주변 조직들의 세포막에 있는 수용체와 결합해 세포 신호를 촉진시키고, 이런 과정을 통해 혈관이 생성되거나 조직의 세포들이 성장하는 쪽으로 작용한다는 연구 결과들이 많이 있습니다.

간단한 예로, 중간엽줄기세포에서 분비하는 단백질을 치료에 어떻게 활용할 수 있는지를 보여주는 실험을 소개해보도록 하겠습니다. 우선 쥐 다리의 동맥을 묶어 피가 안 통하도록 합니다. 이렇게 되면 피가 통하지 않은 다리는 썩게 됩니다. 이 동물 모델에게 중간엽줄기세포에서 분비되는 단백질을 주입하면 원래대로 혈관이 형성되어 조직 내에 피가 흐르게 되며 다리도 썩지 않는 것으로 나타났습니다.

혈관을 만드는 데는 성체줄기세포 중의 하나인 혈관내피전구세포를 활용하는 방법도 있습니다. 이 혈관내피전구세포는 골수, 제대혈, 말초혈액에서 얻을 수 있는 세포로, 혈관의 안쪽에 내피를 만드는 기능을 지니고 있습니다. 이 혈관내피세포는 골수와 혈액에서 쉽게 분리할 수가 있으며, 이를 체외 배양을 통해 증식시킬 수도 있습니다. 그리고 이렇게 분리된 혈관내피세포가 혈관을 재생시키는 능력이 있다는 사실도 확인되었습니다.

앞 실험에 언급한 동맥을 묶은 동물 모델에 이 혈관내피전구세포를 주입하면 어떤 일이 생길까요? 실험 결과 혈관내피전구세포를 주입하면 신생 혈관 형성이 촉진되어 다리가 썩는 것을 방지할 수 있다는 사실을 알 수 있었습니다. 이 실험 결과는 당뇨병 환자들에게는 매우 반가운 소식일 겁니다. 당뇨병 환자들의 경우는 대개 당뇨병 때문이 아니라 발가락이 썩는 것과 같은 합병증 때문에 고통을 겪기 때문입니다. 또 담배를 많이 피우는 사람에게 나타나곤 하는 버거스병의 치료에도 그 효과를 기대할 수 있습니다. 발가락과 손가락의 말초 혈관들이 막혀 손발이 썩는 당뇨병 환자나 버거스병 환자에게 혈관내피전구세포를 주입한다면 혈관을 능률적으로 생성할 가능성이 있을 것입니다.

조직공학 기술의 활용

많은 과학자들이 줄기세포를 이용한 조직 재생 치료에서 가장 고민하는 부분은 어떤 줄기세포를 어떻게 이식하여 더 효과적으로 치료하는가 하는 것들입니다. 그래서 줄기세포를 효과적으로 얻는 방법뿐 아니라 줄기세포를 잘 분화시키는 방법, 조직공학 기술을 활용하여 효율적으로 이식하는 방법 등을 찾고 있는 중입니다.

예를 들어 줄기세포를 주입할 때 보통은 주사기를 이용해 바로 조직에 넣습니다. 그런데 이렇게 줄기세포를 조직에 집어넣을 경우 줄기세포들은 산소와 영양분을 거의 공급받지 못하기 때문에 대부분 죽게 됩

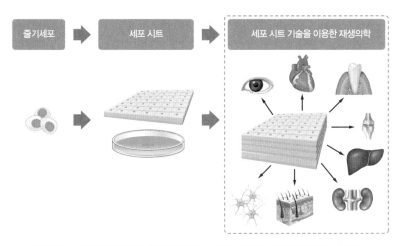

세포 시트 기술을 이용하면 피부와 유사한 모양의 다층 구조로 세포를 만들 수 있다.

니다. 그래서 주입한 줄기세포들이 조직 내에서 정상적인 세포들과 함께 조직을 잘 만들 수 있는 방법을 찾는 것이 중요합니다. 세포 시트(Cell Sheets)는 이런 배경에서 만들어졌습니다. 세포 시트는 다음과 같은 과정을 통해 만들어집니다. 일단 세포를 코팅된 배양접시 면에 붙여서 키웁니다. 이것을 여러 장으로 겹치면, 마치 하나의 조직처럼 3차원 구조를 갖춘 조직을 만들 수 있습니다. 이런 기술은 어떻게 활용될 수 있을까요? 가령 피부의 경우, 피부 조직은 바깥층이 상피 조직이고, 그 아래쪽에 섬유아세포들이 있고, 더 아래쪽에는 근육이나 지방 조직이 다층으로 구성되어 있습니다. 그래서 세포 시트 기술을 이용하면 유사한 모양의 다층 구조로 된 조직을 만들 수가 있습니다.

이 외에 세포들을 심장, 혈관, 연골, 뼈 등 조직과 같은 모양으로 만들어야 할 때, 조직공학 기술이 유용하게 활용할 수 있습니다.

인체의 장기와 같은 모양의 틀을 만들어놓고 거기에 줄기세포를 놓아야 한다면, 굉장히 많은 줄기세포가 필요할 겁니다. 그러나 우리의

176 생물학 명강 3

신체 조직은 세포로만 이루어진 것이 아닙니다. 세포와 세포 사이에 콜라겐과 피브로넥틴 등 여러 단백질들이 많이 포함되어 있고 그런 단백질과 함께 원하는 모양의 구조를 만들어낼 수가 있습니다.

심장의 경우, 모양을 똑같이 만들어내려면 상당히 어렵습니다. 그러면 어떻게 하면 될까요? 우선 심장세포는 모양을 만들기 어렵기 때문에, 심장에 있는 모든 세포를 전부 효소 처리를 해서 제거해버립니다. 그러면 안에 있는 세포들이 모두 제거되어 세포의 구조를 잡아주는 골격만 남아 있게 됩니다. 거기에 줄기세포로부터 만든 심근세포나 혈관세포를 주입해서 심장을 만들 수가 있습니다. 이 경우에는 면역거부 반응이 일어나지 않습니다.

전 세계적으로 줄기세포를 이용한 질병 치료 연구는 미국에서 가장 활발히 이루어지고 있습니다. 2013년 미국은 약 2000건, 이는 우리나라와 중국의 10배가량의 연구가 미국에서 진행되고 있는 것입니다. 일본과 유럽도 그에 못지 않게 많은 연구가 이루어지고 있습니다.

현재 가장 많이 사용되고 있는 줄기세포는 조혈모세포이며, 뒤 이어 중간엽줄기세포도 임상 연구에 많이 사용되고 있습니다. 반면 상대적으로 배아줄기세포는 적은 수의 연구가 진행되고 있으며, 아직 환자 치료에 적용한 경우가 없습니다. 배아줄기세포의 경우, 배아줄기세포가 암세포를 만들 수도 있다는 문제 등을 극복해야 하기 때문에, 상대적으로 활발하게 진행되지 않고 있습니다.

줄기세포 연구의 미래는 어떻게 펼쳐질까요? 앞서 언급했듯이, 줄기세포는 배아줄기세포와 성체줄기세포, 그리고 역분화줄기세포로 분류할 수 있습니다.

배아줄기세포는 성체줄기세포보다 분화능이 높다는 장점이 있지만 윤리적인 문제와 안전성 문제(암 발생 등), 면역거부 반응 문제 등을 극복해야 합니다. 어떻게 하면 그것들을 극복할 수 있는지가 중요한 과제입니다.

성체줄기세포 연구에도 단점이 있습니다. 예를 들어 중간엽줄기세포를 만들어낼 수 있는 것으로는 뼈, 연골 등이 있습니다. 그러나 뇌에 중요한 신경세포라든가 인슐린을 만들어낼 수 있는 베타세포(β cell)로는 분화될 수가 없습니다. 즉 성체줄기세포를 이용해서 치료할 수 있는 질환은 한정되어 있습니다. 예를 들어 루게릭병을 치료하기 위해 중간엽줄기세포를 얻었다고 할지라도 그것을 이용해 신경 질환을 치료하기란 어려운 것입니다.

역분화줄기세포는 자신의 체세포를 이용해 배아줄기세포와 같은 분화 능력을 갖춘 줄기세포인데, 이 역분화줄기세포 기술이 발달하게 된다면 아마도 각종 불치병 및 난치병 치료, 조직 재생, 신경 질환 치료 등이 가능하게 될 것입니다. 그러나 장밋빛 희망을 얘기하기에는 넘어야 할 산이 아주 높습니다. 역분화줄기세포의 경우에는 역분화 과정을 유발하기 위해 외부의 유전자를 인위적으로 세포에 집어넣어 과발현시켜야 한다는 단점이 있습니다. 이렇게 과발현시키는 과정에서 세포에 돌연변이가 일어날 수도 있는 등 안전성 부분에 해결해야 할 것들이 많습니다. 이런 문제를 어떻게 극복할 수 있는지는 지금 이 분야에 뛰어든 연구자들뿐 아니라 미래의 연구자들의 노력에 달려 있습니다.

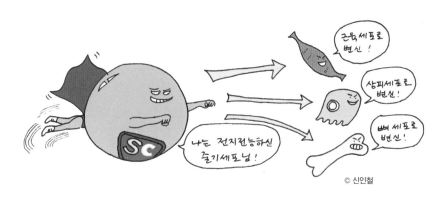

© 신인철

Q. 줄기세포는 우리 몸에 처음엔 극소량이 존재하며, 성체줄기세포의 종류는 다양하다고 들었습니다. 혹시 특정 줄기세포를 다른 종류의 줄기세포로 바꿀 수 있나요?

A. 흥미로운 질문입니다. 그에 관한 연구들은 현재 활발하게 연구되고 있지는 않습니다. 예를 들어, 중간엽줄기세포를 골수줄기세포, 조혈모줄기세포로 바꿀 수 있느냐 하는 것을 연구하는 팀들이 있는데, 현재 직접적으로 바꿀 수 있는 기술이 개발되고 있습니다. 피부세포를 신경세포로 바꾸는 것처럼, 어떤 세포에 인위적으로 어떤 유전자 혹은 물질을 넣어 다른 세포로 바꾸는 기술도 개발 중입니다. 그래서 특정 줄기세포를 다른 종류의 줄기세포로 바꾸는 것도 가능하다고 생각하고 있습니다. 물론 자발적으로 바뀌진 않고, 인위적으로 조건과 환경을 만들어줘야 바뀔 것입니다.

Q. 어떤 과학 잡지에서 읽어보았는데, 줄기세포의 분화를 억제시키기 위한 연구도 진행하고 있는 것으로 알고 있습니다. 어떤 이유로 분화를 억제시키는지 궁금합니다.

A. 좋은 질문입니다. 분화가 잘못되는 경우를 들 수 있습니다. 예를 들어 암은 분화와 성장 조절이 잘못되었을 때 발생하는 질환이라고 볼 수 있습니다. 암 말고도 분화가 너무 잘 되거나 또는 잘 되지 않아서 생기는 여러 가지 질환들이 있습니다. 어떻게 분화를 조절할 수 있는지를 연구한다면 질병을 치료하는 데 그 결과를 활용할 수 있을 것입니다.

Q. 성체줄기세포는 세포가 분화될 때 사용되는 텔로미어의 닳는 속도가 느려 계속 분화할 수 있는 것으로 알고 있습니다. 텔로미어의 닳는 속도가 어떻게 느려지는지 궁금합니다.

A. 보통 일반적인 세포는 텔로미어의 길이와 개수가 정해져 있어서 분열 횟수

가 한정되어 있다고 알려져 있습니다. 그러니까 세포가 분열하면 할수록 텔로미어의 길이가 짧아져 더 이상 분열하지 못하는 것입니다. 반면 성체줄기세포는 계속 분열하는 세포가 아니라 몸 조직 내에서 분열하지 않은 채로 남아 있는 세포입니다. 그래서 인위적으로 줄기세포를 분리해서 키워보면 많이 배양할 수 있는 것입니다. 그러나 이 줄기세포도 몇 번의 배양을 거치면 더 이상 자라지 않는다는 것을 관찰할 수 있습니다. 따라서 성체줄기세포는 무한정 증식할 수 있는 세포가 아니라 분화할 수 있는 횟수가 한정된 세포라고 보고 있습니다. 성체줄기세포의 텔로미어는 좀 긴 편인데, 그것은 아마도 그 이전의 발달 단계에서 분열 횟수가 적기 때문에 그런 것이 아닌가 생각하고 있습니다.

Q. 성체줄기세포를 이식받은 환자에게 암이 발생했다는 사례를 접한 적이 있는데요, 줄기세포의 안전성을 확보하기 위한 방법이 있다면 무엇인지 알고 싶습니다.

A. 줄기세포 치료에 암 발생과 같은 안전성 문제는 꼭 해결해야 할 부분입니다. 줄기세포를 다량으로 배양하다 보면 배양하는 환경 내에서 세포에 돌연변이가 발생할 수 있습니다. 오랫동안 배양하다 보면 그런 돌연변이가 축적될 확률이 높기 때문에 줄기세포가 암세포로 변형될 수 있는 개연성이 생깁니다. 현재는 어느 정도 안전성이 확보될 수 있는 횟수까지만 세포를 배양한다든지 하는 연구들이 진행되고 있습니다. 즉 한 세포에서 몇 번 정도까지만 안전하다는 등의 연구가 축적되어야 할 것입니다.

암줄기세포란
무엇인가

김형기 고려대학교 생명공학부 교수

영남대학교에서 동물생명공학을 전공했다. 서울대학교에서 동물세포공학 전공으로 석사 학위를, 미국 미네소타대학교에서 분자세포생물학 전공으로 박사학위를 받았다. 하버드 의학대학원 다나-파버 암연구소 박사후 연구원으로 종양생물학을 연구하였으며, 현재 고려대학교 생명공학부 교수로 재직 중이다. 2011년부터 대한신경종양학회 다학제 Translational Research 위원장을 맡고 있다. 고려대학교 생명환경과학 대상(2008)을 수상했다. 주로 암줄기세포 생성 유전자들의 작용 기전과 종양 혈관에 의해 암줄기세포가 역분화되어 발생하는 기전에 대해 관심을 갖고 연구를 진행 중이다.

암(癌)이라는 한자를 뜯어볼까요? 암이라는 한자의 위를 덮고 있는 한자는 병 녁(疒)입니다. 그 안에는 3개의 입 구(口)와 뫼 산(山)이 있습니다. 산 위에 입이 3개가 있는 한자는 바위 암(嵒)입니다. 즉 바위와 같은 병입니다. 이것은 무엇을 의미할까요? 이는 암이 바위같이 단단한 병이라는 것을 의미합니다. 실제로 대부분의 암은 만져보면 꽹장히 딱딱합니다.

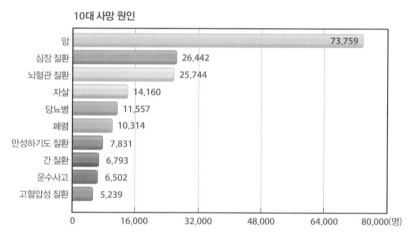

10대 사망 원인

암	73,759
심장 질환	26,442
뇌혈관 질환	25,744
자살	14,160
당뇨병	11,557
폐렴	10,314
만성하기도 질환	7,831
간 질환	6,793
운수사고	6,502
고혈압성 질환	5,239

0   16,000   32,000   48,000   64,000   80,000(명)

2012년 통계청 자료에 따르면, 우리나라 10대 사망 원인은 암, 심장 질환, 뇌혈관 질환, 자살, 당뇨병, 폐렴, 만성하기도 질환, 간 질환, 운수사고, 고혈압성 질환이었다.

2012년도의 통계청 자료를 보면 암은 질병 중 사망률이 가장 높은 질병입니다. 우리나라의 인구인 5000만 명을 기준으로 할 때 1년에 약 7만 명 정도가 암으로 사망합니다. 암은 성별에 따라 좀 차이가 있는데, 남성들은 위암, 폐암, 대장암 순으로, 여성들은 유방암, 갑상선암, 위암 순으로 많이 생깁니다.

암세포는 몸에 있는 정상적인 세포가 비정상적인 세포로 바뀐 세포입니다. 많은 과학자들이 연구하고는 있지만, 왜 정상세포가 암세포로 바뀌는지에 대한 확실한 답은 찾지 못했습니다.

암은 왜 생길까요? 암을 일으키는 원인으로 지목된 것들은 흡연, 과도한 음주, 자외선, 비만, 스트레스, 박테리아, 바이러스 등입니다.

흡연, 과음, 자외선 등은 수긍이 되는데, 비만은 왜 문제가 되는 것일까요? 사실 비만 자체가 암을 일으키는 원인이라는 직접적인 증거는 없습니다. 하지만 많은 연구들이 비만일 경우 암의 진행 속도가 비만이 아닌 사람에 비해 현저히 빠르다고 보고하고 있습니다. 비만세포는 대부분 지방세포인데, 이 지방세포는 암세포들이 좋아하는 영양 성분을 많이 전해줍니다. 암세포에 성장인자들을 건네주기 때문에 암세포들은 더 무럭무럭 자랍니다. 그래서 지금은 비만을 암의 원인으로 언급하고 있습니다. 암을 일으킨다고 증명된 박테리아 종은 단 1종입니다. 이에 대해서는 뒤에 다시 설명하도록 하겠습니다.

그러면 도대체 흡연, 과음, 자외선, 바이러스와 같은 다양한 원인들이 어떻게 정상세포를 암세포로 바꾸는 것일까요?

자세히 보면 암을 일으키는 것들에는 공통점이 있습니다. 그 공통점이란 바로 돌연변이를 일으킨다는 것입니다. 그러면 돌연변이라는 것은 도대체 무엇일까요?

돌연변이는 유전자에 이상이 생긴 것을 말합니다. 그 결과 정상과는 다른 표현형을 나타내는 것을 돌연변이체라고 합니다. 여기서 유전자는 또 무엇일까요?

생명을 관장하는 여러 물질 중 가장 핵심적인 물질은 DNA입니다.

이 DNA에서 단백질 합성 정보를 가진 부위를 유전자라고 합니다. 돌연변이체는 단백질을 만들 수 있는 유전자에 돌연변이가 생겨 정상과는 다른 단백질을 만들어내거나 단백질이 만들어지지 않아 생긴 것입니다. 어떤 경우에는 이런 돌연변이가 암을 일으킬 수 있습니다.

인간의 DNA 염기 서열을 분석한 결과, 인간에게는 약 2만 5000여 개의 유전자가 있는 것으로 밝혀졌습니다. 암이 모든 유전자와 관련된 것은 아닙니다. 인간이 가지고 있는 2만 5000여 개의 유전자 가운데 일부 유전자에 돌연변이가 생겼을 때만 암을 일으킵니다.

현재까지 밝혀진 암 관련 유전자는 약 200개입니다. 이 200개 유전자에 돌연변이가 생기거나 이상이 생겼을 때 암이 생길 수 있습니다. 200여 개의 유전자들은 크게 두 그룹으로 나뉠 수 있습니다. 하나는 돌연변이가 유전자의 기능을 활성화시킬 때 문제가 되는 '암유발유전자'이고, 다른 하나는 돌연변이가 유전자의 기능을 없앨 때 문제가 되는 '암억제유전자'입니다.

인간의 몸 속 세포에는 암유발유전자와 암억제유전자가 모두 들어 있습니다. 그런데 정상적일 때에는 균형을 이루다가 어느 한쪽의 균형이 깨지기 시작하면 암이 생길 수 있습니다. 예를 들어, 암억제유전자에 돌연변이가 생겨서 기능이 없어지면 암유발유전자를 억제하지 못해 균형이 깨지는 것입니다.

이런 암유발유전자와 암억제유전자의 발견은 과학사적으로 굉장히 중요한 발견이어서, 최초로 암유발유전자와 암억제유전자를 발견한 과학자들은 노벨상을 탔습니다. 암유발유전자를 발견해 노벨상을 받은 과학자들로는 SRC 유전자를 발견한 J. 마이클 비숍(J. Michael Bishop)과 해럴드 바머스(Harold Varmus) 박사가 있으며, 비록 노벨상을 받지는 못했지만 RAS 암유발유전자를 발견한 로버트 와인버그(Robert Weinberg), 암억제유전자인 RB 유전자와 BRCA1 유전자를 발견한 데이비드 리빙스턴(David Livingston), p53 유전자를 발견한 아놀드 레빈(Arnold Levine) 박사가 있습니다.

데이비드 리빙스턴이 발견한 BRCA1 유전자는 영화배우인 안젤리나 졸리의 유방암 절제 수술로 더 유명해진 유전자인데, 이 유전자에 돌연변이가 있는 경우 유방암과 난소암에 걸릴 확률이 매우 높습니다. 실제로 안젤리나 졸리의 어머니는 50대 중반에 유방암에 걸려 세상을 떠났습니다.

여기서 제가 강조하고 싶은 것은 균형입니다. 암을 일으키는 유전자와 암을 억제하는 유전자가 일정 수준의 정상 상태를 계속 유지하는 것이 아주 중요합니다. 동양적인 화법으로 말하자면 음과 양의 조화가 중요합니다.

오른쪽의 그림처럼 음양이론은 음과 양이 서로 대립하는 것이 아니라 서로 맞물려 있는 음과 양의 조화를 강조합니다.

암억제유전자는 암을 막을 수 있으므로 좋다고 생각할 수 있는데, 이것이 많아지면 균형이 깨져서 노화가 촉진됩니다. 왜냐하면 암억제유전자의 역할 대부분이 세포가 분열하는 것을 막는 것이기 때문입니다. 그러면 암유발유전자는 암을 유발시키는 유전자이므로 없어도 좋을까요? 그러면 세포 성장이 이루어지지 않습니다. 그러니까 암유발유전자와 암억제유전자가 균형을 이룰 때, 즉 암유발유전자가 세포 증식을 촉진하고, 암억제유전자가 문제를 차단하는 역할을 할 때 정상적인 상태를 유지할 수 있는 것입니다.

음양이론은 음과 양의 조화를 강조한다.

이제 유전자의 돌연변이가 어떻게 일어나는지 한 번 들여다보겠습니다.

탄 음식이나 매연, 담배 연기에는 암을 일으킬 수 있는 물질이 포함돼 있습니다. 이것을 발암물질이라고 합니다. 대표적인 발암물질로는 벤조피렌이 있습니다. 이 벤조피렌은 DNA와 결합해 구조적인 변화를 일으킵니다. 대부분의 발암물질은 유전자에 돌연변이를 일으키거나 유전자에 직접 결합할 수 있는 물질들입니다.

처음으로 바이러스가 암을 생기게 한다고 주장한 과학자는 페이턴 라우스(Peyton Rous)입니다. 1910년 당시 20대 중반이었던 라우스는 닭의 육종암을 연구하다가 '바이러스로 인한 암 발생설'을 제시했습니다. 그때 대부분의 과학자들은 라우스의 말을 믿지 않았다고 합니다.

라우스는 어느 농부가 가져온 죽은 닭과 주위 농가의 닭을 조사하다가, 이 닭들이 하나같이 육종암에 걸렸다는 것을 발견했습니다. 그래서 그 원인을 찾기 위해, 암 조직을 갈아서 여과지에 통과시켜보았습니다. 이 여과지는 세포가 빠져나가지 못할 정도로 아주 작은 구멍만 뚫린 여과지였습니다. 라우스는 여과지를 통과한 즙을 닭에 주입해보았습니다. 그랬더니 암이 또 생겼습니다. 이는 세포보다 더 작은 물질이 암을 일으킬 수 있다는 것을 의미했습니다. 라우스는 연구를 거듭해 바이러스가 암을 일으킨다는 내용의 논문을 발표했습니다. 이런 라우스의 업적은 당대엔 거의 인정받지 못하다가 뒤늦게 인정되어, 1966년에 라우스는 노벨상을 받았습니다.

바이러스에 의해 발생하는 암은 전체 암의 2~3%에 불과합니다. 실험해보면, 동물에게 암을 일으키는 바이러스라도 인간에게는 암을 일으키지 않는 경우가 많았습니다. 현재 암을 일으킨다고 밝혀진 바이러스는 3종류인데, 하나는 자궁경부암을 일으키는 인유두종 바이러스(human papilloma virus, HPV), 림프 종양을 일으키는 엡스타인-바 바이러스(Epstein-Barr virus, EBV), 그리고 간암의 원인이 되는 B형 간염 바이러스(Hepatitis B virus, HBV)가 있습니다. 이 외에는 아직까지 과학적으로 확실하게 증명되지는 않았습니다.

암을 일으키는 것으로 확인된 유일한 세균은 헬리코박터 파일로리입니다. 헬리코박터를 발견한 과학자는 베리 마샬(Berry Marshall)과 로빈 와렌(Robin Warren)입니다.

1980년대에 베리 마샬은 위에서 헬리코박터 파일로리를 처음으로 분류해내고는 이를 학술지에 발표했습니다. 그런데 위처럼 산성도가 pH 3~4 정도 되는 혹독한 환경에 어떻게 미생물이 살아갈 수 있느냐며 학계는 마샬의 주장을 인정하지 않는 분위기였습니다. 실험하다가 세균에 오염된 것이 아니냐는 의심도 받았습니다. 마샬은 거기에서 한 단계 더 나가, 헬리코박터가 위에 있을 뿐 아니라 이 세균이 많을 경우에는 위염이 생기고 더 심해지면 위궤양이 생긴다고 주장했습니다. 그런데 여전히 과학자들이 믿지 않자, 마샬은 약 2리터의 헬리코박터 배양액을 직접 마셔서 이를 증명했습니다. 허무맹랑한 이야기처럼 들리겠지만, 이 일화는 암 생물학 교재에도 나와 있는 이야기입니다. 결국 마샬이 위 내시경을 통해 위에 사는 박테리아와 염증을 보여주고 난 이후에야 마샬의 주장은 인정받기 시작했습니다. 마샬이 이렇게 무모한 실험을 할 수 있었던 것은 헬리코박터에 대처하는 약을 개발해놓았기 때문입니다.

위에서 사는 헬리코박터 파일로리는 위벽 세포에 붙어 위장의 상피

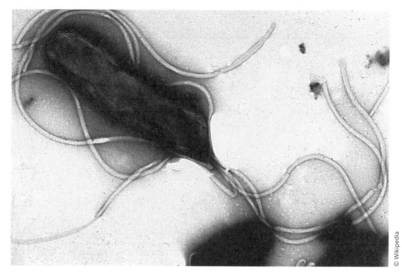

헬리코박터 파일로리는 암을 일으키는 것으로 확인된 유일한 세균이다.

세포 안으로 독성물질을 분비합니다. 이렇게 헬리코박터가 염증을 일으키려면 위 상피세포에 붙어야 하는데, 특이하게도 O형 혈액형을 가진 사람들의 위 상피세포에 더 잘 붙는다는 보고가 있습니다. 이에 대해서는 좀더 조사해볼 필요가 있을 것입니다.

암과 관련된 특성들

암과 가장 밀접한 상관관계를 보이는 것 중의 하나는 '나이'입니다. 나이에 따른 암 발생 빈도를 보면, 40대에서부터 60~70대로 갈수록 암 발생 빈도가 현저히 높아지는 것을 볼 수 있습니다. 백혈병과 소뇌암과 같은 일부 암은 10세 미만의 아이들에게 잘 걸리지만, 그 외 대부분의 암은 나이와 상당히 밀접한 관계를 보입니다. 즉 나이 들수록 암

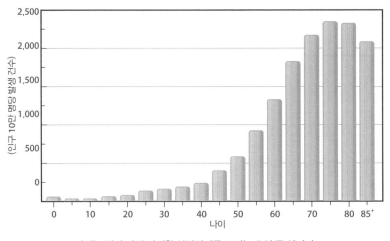

나이는 암과 가장 밀접한 상관관계를 보이는 요인 중 하나다.

에 걸릴 확률이 점점 높아지는 것입니다.

　정상세포는 제한된 수명을 갖고 있습니다. 일정 수의 세포 분열을 하고 나면 더 이상 분열할 수 없는 노화세포가 됩니다. 그러면 왜 노화세포가 생기는 것일까요? 하나의 세포가 두 개로 나눠질 때마다 그 세포가 가지고 있는 모든 물질들은 2배가 됩니다. 세포막도 2배, DNA도 2배, 염색체도 2배가 됩니다. 그런데 이렇게 한 번씩 분열될 때마다 '텔로미어'라는 염색체의 끝 부분이 짧아집니다. 그리고 이렇게 텔로미어가 짧아지면 세포 분열이 더 이상 일어나지 않는 노화세포가 됩니다.

　그런데 특이하게도 암세포는 텔로미어를 유지시키는 효소 텔로머라아제가 활성화되어 텔로미어를 복구하는 특징을 갖고 있습니다. 그러니까 염색체 말단이 짧아지지 않아서 계속 세포 분열을 할 수 있는 것입니다. 이것은 상당히 중요한 현상입니다. 암세포는 세포 분열을 계속하더라도 노화세포로 변하지 않는 것입니다. 이 현상을 밝힌 엘리자베

© www.nobelprize.org

암세포가 계속 분열하는 현상을 규명한 엘리자베스 블랙번과 캐럴 그라이더.

스 블랙번(Elizabeth Blackburn)과 캐럴 그라이더(Carol Greider)는 2009
년에 노벨 생리의학상을 받았습니다. 이 두 명의 과학자는 사제지간입
니다. 모두들 휴가를 떠난 크리스마스 이브 때 캐럴 그라이더는 텔로
머라아제 효소를 발견하고는 엘리자베스 블랙번과 토론을 했다고 합니
다. 그날이 평생 가장 행복했던 크리스마스 이브였다고 하는데, 아마도
그때의 발견은 가장 기억에 남을 만한 크리스마스 선물이었을 겁니다.

혈관과 전이

암세포가 지속적으로 자라려면 반드시 혈관이 필요합니다. 새로운
혈관들이 암 덩어리 안으로 형성되어야만 합니다. 그렇지 않으면 암 덩
어리가 지름 2mm 이상 자라지 않습니다. 사람의 몸에 지름 2mm도 안
되는 작은 덩어리의 암이 있다고 해서 몸에 큰 이상이 생기는 것은 아
닙니다.

그런데 아주 작은 암 덩어리 안에 혈관이 형성되면 혈액 공급이 이루
어져서 암이 무럭무럭 자라기 시작합니다. 이를 과학적으로 밝힌 과학

자는 하버드 의학대학원의 주다 포크만(Judah Folkman) 박사였습니다.

암은 암 덩어리 안에 혈관이 형성되면 무럭무럭 자랄 뿐 아니라, 혈관을 타고 내려가서 온몸으로 퍼져 나갑니다. 이를 '전이'라고 합니다. 이 분야에서 가장 대표적인 연구자는 조안 마사게(Joan Massague)입니다. 주로 유방암을 연구하는 과학자입니다.

유방암의 경우 암세포가 전이될 때는 주로 겨드랑이 밑에 있는 림프선(혹은 임파선)이라고 하는 부위로 들어갑니다. 림프선에는 혈관이 많기 때문입니다. 그리고 혈관으로 들어가서는 온몸으로 돌아다닙니다. 흥미로운 것은 유방암의 암세포는 특정 부위에만 전이된다는 사실입니다. 뇌, 뼈, 폐로 전이가 잘 이루어집니다.

그러면 이런 의문이 들 것입니다. 혈관이 다 연결되어 있어 엉덩이나 발가락으로 갈 수도 있는데, 왜 선택적으로 뇌, 뼈, 폐에만 전이가 잘 되는 것일까요? 우리 식대로 표현하자면, 유방암 암세포와 '궁합'이 잘 맞는 장기가 있습니다. 영어권에서는 이를 '토양과 종자설(Seed and Soil Theory)'이라고 합니다. 즉 유방암이라는 씨앗만 중요한 것이 아니라 전이된 곳의 토양도 중요하다는 것입니다. 요즘에는 그 관계에 대한 연구가 많이 이루어지고 있습니다. 그 원리를 밝혀낸다면 특정 암세포가 특정 장기로 전이되는 것을 조절할 수 있을 것입니다.

암 정복을 위한 노력

암을 연구할 때 주로 사용하는 모델 동물들은 생쥐입니다. 생쥐는 유전공학 기법을 이용해 연구자가 원하는 유전자를 없애거나 더 많이 만들어지게 할 수 있기 때문입니다. 이런 유전공학 기법을 개발한 과학자는 노벨상을 수상한 이탈리아 출신의 미국 분자유전학자 마리오 카페키(Mario Capecchi)입니다.

이 기법이 훌륭한 것은 특정 유전자를 DNA에서부터 없앨 수 있기 때문입니다. 그래서 특정 유전자가 없어졌을 때 암이 발생하는지 그렇지 않은지를 규명할 수도 있습니다. 현재 암 모델 동물이 많이 개발되는 중입니다.

불행히도 암은 아직 정복되지 못했습니다. 우리가 알고 있는 것은 어느 정도일까요? 빙산의 일각일까요? 암을 표적으로 삼아 정상세포가 아닌 암세포만 공략하는 마법의 탄환(Magic Bullet)은 언제 만들 수 있을까요? 우리가 놓치고 있는 것은 무엇일까요?

지금까지 설명한 것은 대부분 하나의 암세포 수준이었습니다. 그런데 암이라는 것은 하나의 세포가 아니라 암 덩어리입니다. 암이라는 것도 자연 생태계와 마찬가지로 암 생태계를 만들 것입니다. 그리고 생태계라면 먹이사슬 피라미드와 같은 것이 형성될 것입니다. 이것은 피할수가 없습니다. 그러면 암 덩어리 내에서는 어떤 먹이사슬이 만들어질까요?

우선 위계 질서(hierarchy)를 생각해볼 수 있습니다. 대장 노릇을 하는 암들이 있고, 부하 노릇을 하는 암들이 있을 것입니다.

이런 식의 접근을 지지하는 현상 중의 하나는, 암 조직을 보면 동일한 암세포들이 모여 있는 것이 아니라 다양한 세포들이 섞여 있다는 것입니다. 그리고 이렇게 접근 방법을 달리하자 또 다른 형태의 암세포가 발견되었습니다.

새롭게 발견된 또 다른 형태의 암세포는 기존에 알고 있던 암세포가 아니라 줄기세포 성격을 지닌 암줄기세포였습니다. 암줄기세포라는 이

1997	백혈암줄기세포
2003	유방암줄기세포
2004	뇌종양줄기세포
2005	폐암줄기세포
2007	대장암줄기세포
2008	피부암줄기세포
2009	간암줄기세포
2011	두경부종양줄기세포

1997년 백혈암줄기세포가 발견된 이후 특정 암을 일으키는 암줄기세포들이 발견되고 있다.

름으로 불리는 이들 세포들은 주어진 환경에 암 조직의 대부분을 차지하는 세포들로 분화되는 세포입니다. 이들 암줄기세포는 줄기세포처럼 무한히 분열 증식하고, 다양한 표현형을 가진 암세포를 끊임없이 만들어내는 독보적인 능력을 가지고 있습니다.

암줄기세포는 카멜레온처럼 환경에 따라 역동적으로 변화합니다. 과연 암줄기세포가 있는 것인지, 그 실체를 의심하는 의사들도 있습니다. 그만큼 암줄기세포는 보는 각도와 시각에 따라 다릅니다. 어떤 상황과 환경에 놓여 있느냐에 따라 변화가 아주 심합니다. 이렇게 변화가 심한 개체일수록 진화론적으로 생존할 가능성이 많습니다.

줄기세포로부터 우리 몸의 모든 세포를 만들 수 있는 것처럼, 암줄기세포도 다양한 종류의 암세포로 분화될 수 있습니다. 즉 암 조직에도 암줄기세포가 존재해서 일반 장기처럼 조직을 유지하는 구실을 하는 것입니다. 이들 암줄기세포는 항암 치료로 줄어든 암세포를 재생하는데 관여하며, 암의 재발이나 전이에 큰 영향을 미치는 것으로 보고되고 있습니다.

비유하자면, 암줄기세포는 여왕벌 혹은 여왕개미입니다. 여왕벌이

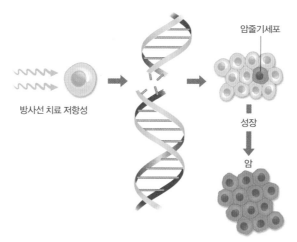

암줄기세포는 기존의 항암 치료에 저항성을 보인다.

알을 낳고 새끼를 낳으면 다른 형태와 다른 기능을 하는 벌들이 만들어집니다. 암줄기세포도 다른 기능을 하는 암세포들을 만들어내는 것입니다.

무엇보다 암줄기세포가 문제가 되는 것은, 기존의 항암치료제에 저항성을 보인다는 점입니다. 그러니까 암줄기세포는 항암 치료 과정 때 죽지 않는 경우가 많은 것입니다. 그러면 왜 암줄기세포는 다른 일반 암세포에 비해 저항성을 갖고 있는 것일까요?

약물로 항암 치료를 할 때 암줄기세포는 자기 세포 안으로 항암물질이 들어오면 펌프처럼 세포 바깥쪽으로 토해버립니다. 약이 듣지 않는 겁니다. 이렇게 펌프처럼 항암물질을 밖으로 토해버리는 역할을 하는 것을 '다약제 저항성 단백질(MDR: multidrug resistance)'이라고 합니다. 이 단백질들은 세포막에서 채널을 만들고, 이 채널을 통해 약물을 바깥쪽으로 내보냅니다.

그러면 방사선 치료에 암줄기세포는 어떻게 반응할까요? 방사선 치료를 하게 되면 세포가 손상됩니다. 대표적으로 DNA가 잘립니다. 그런데 암줄기세포는 이것을 피해 나갑니다. 암줄기세포는 방사선에 의해 DNA가 잘리더라도 마치 손상을 받지 않은 것처럼 빨리 복구해버립니다. 마치 영화 〈X맨〉에 등장하는 울버린처럼 상처를 빠른 시간 내에 복구해서 정상으로 되돌아갑니다. 이처럼 암줄기세포는 약물 치료와 방사선 치료라는 두 가지 기존의 항암 치료 방법에 모두 저항성을 갖고 있습니다.

그러면 어떻게 해야 될까요? 표적을 바꿔야 되지 않을까요? 현재까지는 대부분이 일반 암세포를 표적으로 해서 치료를 진행해왔습니다. 그러나 이 방법은 실패할 가능성이 높습니다. 암줄기세포가 살아남아, 이 세포로부터 다시 암이 재발될 수 있기 때문입니다.

그러면 암줄기세포를 표적으로 제거시키면 암의 진행과 재발을 막을 수 있지 않을까요? 현재 암세포 과학의 연구 방향은 암 덩어리를 암 생태계(Cancer Ecosystem)로 이해하는 방향으로 흘러가고 있습니다. 이 흐름을 바탕으로 또 다른 표적 치료제를 개발할 수 있을 것입니다. 암줄기세포를 특이적으로 치료할 수 있는 표적 치료제가 개발된다면 기존의 항암제가 치료할 수 없었던 환자를 효과적으로 치료할 수 있고, 암의 완치도 기대할 수 있을 것입니다.

© 신인철

Q. 고기 탄 것을 먹으면 암을 유발할 수 있다고 하는데, 어떤 원리로 암을 유발하는 것인지 궁금합니다.

A. 고기 탄 것을 먹으면, 벤조피렌이라는 발암물질이 암유발유전자인 SRC 유전자나 RAS 유전자에 붙어 이들 유전자를 계속 활성화시키는 형태로 만듭니다. 그것이 암을 유발시키는 것으로 알려져 있습니다. 그러나 고기 탄 것을 먹은 모든 사람이 암에 걸리는 것은 아닙니다. 왜 똑같은 것을 먹었는데도 어떤 사람은 암에 걸리고, 어떤 사람은 암에 걸리지 않는 것일까요? 이는 또 다른 연구 주제일 것입니다.

Q. 바이러스가 암을 유발할 수도 있고, 바이러스를 이용해서 암을 치료할 수도 있다고 알고 있습니다. 바이러스를 이용해 암을 치료하는 기술에 대해 소개해주시면 감사하겠습니다.

A. 몇 가지 바이러스가 암을 일으킬 수 있습니다. 이들 바이러스들이 암을 일으킬 수 있었던 것은 모두 암유발유전자를 가지고 있기 때문이었습니다. 암유발유전자인 SRC 유전자나 RAS 유전자를 이들 바이러스들이 갖고 있었던 것입니다. 이와 반대로 암유발유전자를 가지지 않는 바이러스들은 암을 치료하는 도구로 사용할 수 있습니다. 바이러스는 선택적으로 특정 장기에 잘 가는데, 이런 특성을 이용해서 바이러스를 운반체(전달 매개체)로 사용하는 것입니다. 암을 치료할 수 있는 물질을 바이러스를 이용해 원하는 곳으로 운반시키는 것입니다. 또 바이러스가 특정 암세포로 가서 폭탄처럼 터져 세포를 죽게 하는 바이러스 항암치료제도 개발 중입니다.

Q. 일반 암세포와는 다른, 암줄기세포만이 지닌 특징이 있는지 궁금합니다.

A. 상당히 중요한 질문입니다. 암줄기세포가 표적이라면, 이 표적에 대한 이해가 필요합니다. 암줄기세포가 지닌 대표적인 특징은 줄기세포 성격을 가지고 있다는 것입니다. 이 말은 줄기세포 성질을 유지하는 신호 체계가 있다는 것을 의미합니다.

그런 신호 체계를 표적으로 해서 이를 없애거나 교란시키면 줄기세포 성격을 가지지 않는 암세포가 될 것입니다. 그러면 기존의 항암제를 그대로 사용해도 암세포를 죽일 수 있게 될 것입니다.

Q. 정상세포는 수명이 다 되면 염색체 말단이 손상되어서 스스로 분열을 멈춘다고 하셨는데, 만약 염색체 말단이 손실되었는데도 분열을 멈추지 않으면 어떻게 되나요?

A. 염색체 말단이 손실되었는데도 분열을 멈추지 않으면 암세포라도 죽습니다. 그래서 암세포는 텔로머라아제라는 효소를 만들어 텔로미어의 길이를 유지합니다. 암세포에서 텔로머라아제 효소를 없애버리면 암세포들이 죽습니다. 그래서 현재 염색체 말단을 유지시키는 효소 텔로머라아제가 새로운 항암치료제의 표적이 되고 있습니다. 상당히 많은 제약회사들이 텔로머라아제 효소를 표적으로 하는 항암제를 개발하는 중입니다.

암과의 전쟁에서 이기는 방법은

서영준 서울대학교 약학과 명예교수

서울대학교를 졸업하고, 미국 위스콘신대
학교에서 박사학위를 받았다. 미국 MIT 박
사후 연구원, 예일대학교 의과대학 조교
수를 거쳐, 서울대학교 약학과 교수로 재
직했다. 서울대학교 약학과 명예교수이자,
덕성여자대학교 약학대학 초빙교수이다.
이선구 약학상(1998), 생명약학연구회 우
수논문상(2004), 한국생화학분자생물학
회 최다인용상(2004), 과학기술부 이달의
과학기술자상(2006), Worldnutra Merit
Award(2006), 한국과학기자협회 올해
의 과학인상(2008), 미국 럿거스대학교
Elizabeth C Miller & James A, Miller 우
수학자 강연상(2011), 제14회 한국과학상
(2011) 등을 수상했다.

에드윈 스미스 파피루스(B. C. 1600년경). 항아리, 새, 뼛조각과 같은 상형문자는 여성의 유방암 수술을 표현한 것이라고 한다.

암은 꽤 오래전부터 인류를 괴롭힌 질병입니다. 고대 이집트 미라에서도 암이 전이된 흔적이 발견되었고, 기원전 2000여 년 전에 제작된 것으로 추정되는 이집트의 파피루스에도 종양제거 수술을 상징하는 상형문자가 기록되어 있습니다. 미라들의 내부를 CT 영상으로 촬영해보았더니 전립선암에 걸린 흔적이 발견되기도 했습니다. 1932년 케냐에서 발견된 화석에서는 세포가 비정상적으로 성장한 흔적을 볼 수 있습니다.

기원전 1600년경의 게오르그 에베르스 파피루스에는 "제우스 신의 덩어리이니 암과 싸우려 하지 마라."라는 표현이 있다고 합니다. 이들 사례는 암이 오래전에 인류 역사에 등장했다는 것을 보여줍니다.

암을 영어로 하면 'Cancer'인데, 이 단어의 어원은 '게'를 의미하는 희랍어 'Karkinos'입니다. 히포크라테스는 암을 자연적 병리현상으로 인식한 최초의 의학자로, 암 덩어리에 '칼시노마(carcinoma)'라는 이름을 붙였습니다. 이 이름은 게가 집게발로 먹이를 잡으면 결코 놓지 않는 것처럼, 암세포도 한 번 조직에 자리 잡으면 단단히 뿌리 박아 주변의 세포를 잠식해 나가기 때문에 붙여진 것으로 보입니다. 암세포는 살아남기 위해 혈관을 만들어가면서 주변의 영양소와 산소를 모두 끌어들이려고 합니다. 전 세계 암 관련 학회의 로고가 대부분 게 모양인 것은 이런 어원과 관련이 깊습니다.

암과의 전쟁

1969년 〈워싱턴 포스트〉 지에 캠페인 광고가 하나 실렸습니다. 국민이 닉슨 대통령에게, 대통령이 나서서 암이라는 질병을 없애달라는 광고였습니다. 그 광고에는, 신이 가장 많이 듣는 기도는 "신이시여, 제발 암에 걸리지 말게 해주십시오."일 것이라는 문구가 적혀 있었습니다.

1971년 크리스마스 이브를 하루 앞두고, 닉슨 대통령은 '암과의 전쟁'을 선포했습니다. 5년 안에 암을 정복하겠다는 정책 의지를 내놓은 것이었습니다. '국가 암 퇴치법'이 제정·발효되었고, 국립 암연구소를 설립하는 등 정부가 적극적으로 나섰습니다. 250억 달러라는 막대한 연구비도 지원되었습니다. 당시 닉슨은 미국 독립 200주년이 되는 1976년까지 암을 퇴치하겠다고 천명했습니다. 그러나 그 결과는 참담했습니다. 암은 정복되기는커녕 발병률이나 사망률이 줄어들지 않았습니다.

우리나라도 1996년 뒤늦게 암 정복 10개년 계획을 세워 발표한 바 있습니다. 그러나 2015년에 암이 정복될 전망은 그리 밝지만은 않습니다. 1996년과 비교했을 때 생존율과 사망률에 큰 변화가 없습니다. 오히려 발생건수가 늘어났습니다. 이는 조기 진단 등 여러 요소를 고려해 보아야만 할 것입니다. 그러나 암 발생률이 줄어들지 않고 있다는 점은 비관적인 사실입니다.

결과적으로, 인류는 암과의 전쟁에서 승리하지 못했습니다. 왜 이런 결과가 나타났을까요? 암과의 전쟁에서 승리하지 못한 데에는 여러 이유가 있겠지만, 그중 하나로 항암 요법이나 방사선 치료 등 기존의 암 치료법에 지나치게 의존했다는 점을 들 수 있습니다. 마치 감기약을 먹고 증상이 호전되듯, 암도 약을 먹고 완벽히 낫도록 하는 치료에만 신경 썼던 것입니다. 그런데 암은 감기와는 다른, 훨씬 강하고 복잡한 질병입니다.

그러면 그동안 인류는 암을 어떤 식으로 치료하려고 했을까요?

암은 외부에서 병원균이 들어와서 생기는 것이 아니라, 몸의 일부였던 정상세포가 암세포로 변한 것입니다. 정상세포의 DNA에 돌연변이가 일어나 굉장히 빠르게 증식하는 세포가 되어버린 것입니다. 맨 처음에는 보이지 않습니다. 그러다가 빠르게 증식하면서, 암세포는 깨알 정도의 크기에서 포도알 크기로, 골프공 크기로 계속 자라는 것입니다. 그리고 이렇게 골프공 크기 이상으로 커지게 되면 옆의 조직을 짓누르기 때문에 통증이 느껴지기 시작합니다. 이처럼 커진 후에야 암을 발견해서는 수술을 하거나 항암 치료를 하기 시작합니다. 간단하게만 살펴봐도 기존의 암 치료는 상당히 진행된 다음에 암 덩어리를 없애거나 크기를 줄이는 시도였다고 할 수 있습니다.

정상세포는 필요한 만큼 세포 분열을 하고, 혹시라도 돌연변이가 생겼거나 손상을 입으면 '아폽토시스(apoptosis)'라는 세포 자살(혹은 세포 사멸) 과정을 통해 제거됩니다. 그런데 교묘히 세포 사멸을 피한 암세포는 돌연변이가 된 상태로 없어지지 않고 계속 분열합니다. 거기에 또 다른 돌연변이가 누적되어 비정상적으로 빠르게 자라납니다.

기존의 치료 전략은 이렇게 암세포가 비정상적으로 커졌을 때 수술로 잘라 없애거나 항암제로 줄이거나 방사선을 쪼여 없애는 전략입니다. 이미 커진 상태에서! 그런데 그렇게 하면 정상세포도 항암 치료의 피해를 받을 수밖에 없습니다.

아이러니하게도, 최초의 항암제는 제1차 세계대전 때 독일군이 사용했던 화학무기인 겨자 독가스(Sulfur mustard)에 그 뿌리를 두고 있습니다. 이 겨자 독가스는 제2차 세계대전 때에는 훨씬 더 독성이 강한 니트로겐 머스타드(Nitrogen mustard)로 발전했습니다. 그러면 이 독가스와 항암제는 어떻게 연관이 되었을까요?

당시 미국 국방성의 용역으로 니트로겐 머스타드의 정체를 연구하던 예일대학교의 루이스 굿맨(Louis Goodman)과 알프레드 길먼(Alfred Gilman)은 이 독가스가 림프 조직을 손상시킨다는 것을 알아냈습니다. 그리고 이들은 발상을 전환해 림프구가 빠르게 증식하는 림프종(lymphoma) 환자에게 치료제로 사용할 수 있으리라 생각했습니다. 그래서 만든 것이 첫 항암제입니다. 정상세포도 피해를 입지만 빨리 증식하는 암세포가 훨씬 더 큰 피해를 입을 것이라 여긴 겁니다.

니트로겐 머스타드의 화학구조를 보면 염소(Cl) 원자 2개가 있습니다. 니트로겐 머스타드는 음전하를 띤 염소가 떨어져 나가면 전자가 부족한 상태가 됩니다. 그래서 이 분자는 부족한 전자를 찾아다니는데, 사람의 DNA 염기는 전자를 채워주기에 딱 좋습니다. 그러니까 니트로겐 머스타드 항암제의 양쪽에 붙어 있던 염소가 떨어져 나가면, 이 항암제는 DNA의 염기에 가서 달라붙습니다. 암세포가 세포 분열을 하려면 DNA 복제가 이루어져야 하는데 항암제가 붙어 있으면 그 과정이 진행되지 않습니다. DNA가 복제되어야 mRNA도 만들어지고 단백질도 만들어지는데, 그것이 이루어지지 않게 되니까 암세포는 더 이상 성장하지 못하고 죽는 것입니다. 이후에 만들어지는 항암제들도 대부분 비슷한 원리로 만들어졌습니다. 즉 암세포가 성장하는 과정에 필

니트로겐 머스타드 항암제는 염소 원자가 떨어져 나가면서 DNA 염기에 가서 달라붙는다.

수적인 DNA 합성이나 복제를 방해하여, 암세포가 성장하지 못하게 하는 것입니다.

앞에서도 잠시 언급했지만, 문제는 이러한 항암제가 암세포뿐 아니라 정상세포도 손상시킨다는 점입니다. 정상세포도 DNA가 복제되어 mRNA를 만들어야 하는데, 항암제에 의해 그 과정이 방해를 받기 때문에 구토도 심하게 하고 머리카락도 빠지게 됩니다. 암세포처럼 상대적으로 빠르게 증식하는 위점막이나 모낭을 구성하는 세포들은 함께 손상된다고 보면 됩니다.

하지만 대체할 만한 항암제가 없었기 때문에, 암 환자들은 정상세포를 손상시키더라도 기존의 항암제를 선택할 수밖에 없는 상황이었습니다. 그래서 나이 든 사람은 치료 과정에서 암 때문이 아니라 면역력이 떨어져 폐렴에 걸리거나 수술 중에 사망하는 경우가 많습니다. 다시 말해 기존의 항암 치료는 전쟁터에서 아군과 적군을 구분하지 않고 아무 곳이나 총을 마구잡이로 쏘는 것과 유사합니다.

표적 항암 치료제의 등장

최근 암 치료에 일대 변혁을 일으킨 것은 암세포만을 표적으로 하는 항암제입니다. 정상세포는 덜 손상시키면서 암세포만을 표적으로 하는 일명 표적 항암 치료제가 개발된 것입니다.

폐암을 치료하는 이레사(IRESSA), 혈관 성장을 막는 아바스틴(AVASTIN), 유방암의 특정 유형에 사용되는 허셉틴(HERCEPTIN), 백혈병을 치료하는 글리벡(Gleevec) 등이 그것입니다.

이들 표적 항암 치료제는 기존의 항암제보다는 부작용이 적고, 암세포만을 죽이는 일종의 미사일과도 같은 치료제입니다.

표적 항암 치료제의 효시는 글리벡입니다. 만성골수성백혈병(chronic myeloid leukemia, CML) 환자들의 염색체는 이상하게도 9번 염색체의 일부가 잘려서 22번 염색체로 이동하고, 22번 염색체의 일부가 잘려서 9번 염색체로 교차 이동해 있습니다. 이런 상호 전좌(reciprocal translocation)의 결과로 만들어진 변형된 형태의 22번 염색체를 필라델피아 염색체(Philadelphia Chromosome)라고 합니다. 문제는 이렇게 이동한 유전자가 새로운 짝을 만나 세포 증식에 필요한 신호를 과도하게 증폭시킨다는 점에 있습니다. 정확히 얘기하자면 암유발유전자(oncogene)입니다.

몸 안에서는 신호에 의해 세포의 성장에 중요한 역할을 하는 단백질이 만들어지는데, 이런 신호를 만드는 유전자가 존재합니다. 이와 함께 신호 전달을 억제하는 유전자가 존재합니다. 정상세포에서는 필요한 경우에만 적당한 양의 신호가 보내져서 단백질이 만들어집니다. 그런데 암세포에서는 종종 세포 증식에 필요한 단백질을 만들라는 신호가 과도하게 증폭되는 경우가 있습니다. 9번 염색체의 일부가 22번 염

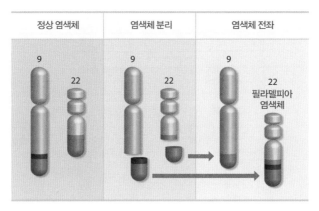

| 정상 염색체 | 염색체 분리 | 염색체 전좌 |

9
22

9
22

9

22
필라델피아
염색체

필라델피아 염색체는 9번 염색체의 일부와 22번 염색체의 일부가 교차 이동하는 염색체 전좌를 보여준다.

색체의 일부와 맞교환되어 자리를 잡게 되면 1+1=2라는 신호가 아니라 1+1=100 혹은 그 이상의 신호를 증폭해서 내보냅니다.

22번 염색체의 BCR 유전자 옆에 새로 자리 잡은 ABL 유전자(9번 염색체에서 옮겨온 유전자)가 만들어내는 단백질은 인산화 효소입니다. 인산화 효소는 표적 단백질을 인산화시키는 효소입니다. 이런 인산화 작용에는 보통 ATP가 필요합니다. ATP가 BCR-ABL 복합 단백질에 붙으면 이 단백질은 ATP의 인산기를 표적 단백질에 줌으로써 신호를 보냅니다. 이렇게 표적 단백질에 인산기가 결합되면 훨씬 더 많은 신호를 증폭하는데, 글리벡이라는 표적 항암 치료제는 ATP가 붙어야 할 자리에 먼저 붙어버립니다. ATP가 붙지 못하게 작용하는 것입니다. 그렇게 되면 22번 염색체의 BCR 단백질과 9번 염색체의 ABL 단백질이 결합된 단백질은 표적 단백질에 인산기를 주지 못하게 되므로, 인산화 효소로서의 역할을 해내지 못합니다. 이처럼 글리벡은 필라델피아 염색체를 가진 만성골수성백혈병 환자들에게 효과가 있는 표적 항암 치료제

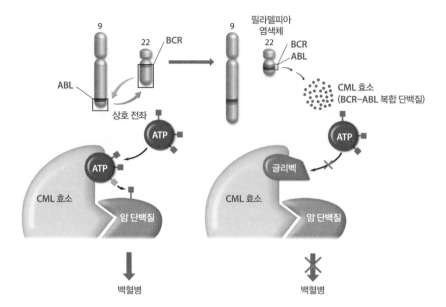

글리벡은 필라델피아 염색체를 가진 만성골수성백혈병 환자들에게 효과가 있는 표적 항암 치료제이다.

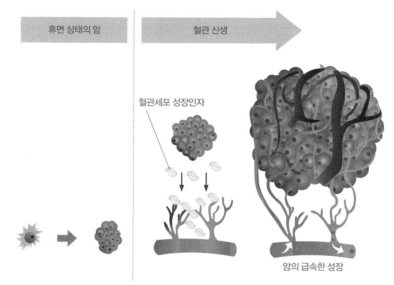

혈관세포 성장인자

암의 급속한 성장

암세포는 혈관세포 성장인자를 스스로 만들어서 무럭무럭 성장한다.

입니다.

암세포가 자라기 위해서는 산소와 영양분이 필요합니다. 그래서 암세포가 무럭무럭 성장하려면 반드시 새로운 혈관이 만들어져야 합니다. 혈관은 일종의 보급로입니다. 놀랍게도, 암세포는 혈관을 만드는 데 관여하는 혈관세포 성장인자를 스스로 만들어냅니다.

그러면 혈관을 만들지 못하게 하면 어떻게 될까요? 암세포는 굶어서 죽게 될 것입니다. 이 원리를 기초로 개발된 항암제가 있습니다.

하버드 의학대학원의 주다 포크먼(Judah Folkman) 박사는 암세포의 혈관 생성을 막을 수 있는 원리를 제시했고, 이 원리에 기초해 항암제가 개발되었습니다.

암세포가 자라기 위해서는 혈관을 만드는 내피세포의 증식을 촉진하는 VEGF라는 성장인자가 반드시 필요합니다. 항생제 아바스틴은

VEGF가 붙는 수용체에 먼저 달라붙음으로써 혈관이 만들어지는 것을 막는 약입니다. 이 아바스틴은 화학물질이 아니라 하나의 단백질인 단일클론 항체입니다. 즉 단백질 항암제입니다.

그런데 이런 표적 항암 치료제들은 무척 비쌉니다. 아바스틴이나 글리벡 등을 만든 제약회사들은 신약 개발에 많은 금액을 투자했기 때문에, 그 개발 비용을 환자에게서 돌려받으려고 약값을 매우 높게 책정해놓았습니다. 환자들에게는 큰 부담이 될 수밖에 없습니다. 더욱이 이들약으로 완쾌된다면 모를까, 실제로는 수명을 1~2년 늘리는 것에 불과할 때도 많습니다.

유전적인 요인과 환경적인 요인

그러면 왜 기존의 암 치료는 실패했을까요? 기존의 항암 치료는 암덩어리를 없애거나 줄이는 데 주력한 치료법입니다. 그런데 암을 제대로 치료하려면 뿌리를 없애야 합니다.

최근에는 암줄기세포가 발견되어, 암의 뿌리를 찾아 제거하는 쪽으로 많은 연구가 진행되고 있는 중입니다. 그러나 아직까지는 현실적으로 암을 완벽하게 없애는 환상의 치료제(wonder drug)는 나타나지 않았습니다.

지금 선택할 수 있는 최선의 방법은 암을 예방하는 것입니다. 다른 질병과 마찬가지로 암도 충분히 예방할 수 있는 질병입니다.

암의 원인은 크게 환경적인 요인과 유전적인 요인으로 나눌 수 있습니다. 이 두 가지 요인 가운데 훨씬 큰 비중을 차지하는 것은 환경적인 요인입니다.

유전적 요인으로 생기는 대표적인 암으로는 소아암 중 망막모세포종(Retinoblastoma)이 있습니다. 암세포가 안구에 생기는 암입니다. 주로 어린 아이들에게 생기는데, 이 환자들의 DNA를 보면 염색체 13번에 특정 유전자가 없거나 제대로 기능하지 못한다는 것을 확인할 수 있습니다.

암 유전자에는 암유발유전자와 암억제유전자가 있는데, 망막모세포종의 경우는 Rb(retinoblastoma의 약어)라는 암억제유전자가 없거나 있더라도 제대로 기능하지 않기 때문에 생기는 암입니다.

예컨대 자동차에 가속페달만 있고 브레이크가 없으면, 시속 60km를 달려야 하는 도로에서 시속 120km를 달려도 제어할 수가 없습니다. 브레이크가 고장 난 상황에서 가속페달을 더 힘껏 밟으면 사고가 날 수밖에 없습니다. 망막모세포종은 브레이크 역할을 하는 Rb 유전자가 없기 때문에 생긴 것입니다. Rb 유전자는 최초로 발견된 암억제유전자입니다.

가족성용종증은 대장암에 대한 위험도를 높이는 질병으로, 주로 선천적으로 APC 유전자가 잘못된 채 태어난 사람들에게 나타납니다. 이 APC 유전자도 브레이크 역할을 하는 암억제유전자입니다. 보통 40~50대의 성인에게는 용종이 1~2개씩 생깁니다. 요즘에는 혹시 놔두면 암이 될까봐 발견되는 대로 잘라버리는데, 용종이 암이 될 확률은 그리 높지는 않습니다.

그런데 APC 유전자가 없거나 잘못된 사람들은 스무 살도 안 되어 대장에 수백 개에서 많게는 수천 개의 용종이 생깁니다. 수많은 용종이 있기 때문에 그중 일부가 암세포가 될 확률도 높은 것입니다.

유방암을 억제하는 유전자도 발견되었습니다. BRCA1 유전자입니다. 이 유전자가 없거나 돌연변이라면, 유방암에 걸릴 확률이 높은 것으로 나타났습니다. 최근에는 검사를 통해 BRCA1 유전자에 문제가 있다고 확인되면, 암이 생기기 전에 유방을 절제하는 수술을 하는 사례가 점점 늘어나고 있습니다. 영화배우 안젤리나 졸리도 BRCA1 유전자의 돌연변이 때문에 유방 절제 수술을 받은 여성입니다. 그대로 놔두면 유방암에 걸릴 확률이 80%가 넘기 때문입니다. 이 유전자에 문제가 있는 여성은 유방암 외에 난소암에 걸릴 확률도 보통 사람보다 높습니다. 안젤리나 졸리는 이를 걱정하여 이후 난소 제거 수술도 받았습니다.

요즘에는 BRCA1 유전자가 잘못되었는지를 확인할 수 있는 진단 키트도 나와 있습니다. 만약 가족 중에 유방암이나 난소암에 걸린 사람이 있다면, 사전 진단으로 암을 충분히 예방할 수 있습니다.

유방암 환자 가운데 유전적 유인에 의해 유방암에 걸리는 사례는 드문 편입니다. 일반적으로 유방암 환자들은 식생활이나 환경과 같이 비유전적인 요인에 의해 걸린 경우가 대부분입니다.

암이 발생하는 원인 가운데 유전적인 요인보다는 환경적인 요인이 더 큰 비중을 차지한다는 것은 유전자가 동일한 쌍둥이 연구를 통해 확인된 바 있습니다.

유명한 연구로는, 북부 유럽의 4만 5000쌍의 일란성 쌍둥이 노인을 대상으로 각종 암의 동시 발생 위험도를 조사한 연구가 있습니다. 만약 유전자가 절대적인 요인이라면 일란성 쌍둥이들에게 거의 비슷한 확률로 비슷한 패턴의 암이 발생했을 것입니다. 그런데 유방암은 0.13%, 대장암은 0.11%만이 동시에 발생했습니다. 그러니까 나머지 암은 대부분 환경적인 요인에 의해 발생한 것이었습니다.

암을 일으키는 대표적인 환경적인 요인으로는 화학 물질, 흡연, 과음, 방사선, 바이러스, 박테리아 등을 꼽을 수 있습니다. 그래서 주변 환경에서 이런 발암인자를 없애거나 최대한 피하는 것이 암을 예방하는 1차적인 방법입니다.

화학적인 발암물질과 암과의 인과관계는 음낭암에 걸린 굴뚝청소부 사례에서 최초로 드러났습니다. 영국의 내과의사 퍼시벌 포트(Percivall Pott)는 내원한 굴뚝청소부들에게서 공통적으로 음낭암이 많이 발생한다는 것을 확인하고는 굴뚝 청소와 암과의 인과관계를 의심했습니다. 조사해보니 굴뚝에 있는 검댕이들이 녹아 피부에 닿음으로써 암이 생긴 것이었습니다. 그래서 굴뚝청소부들에게 자주 옷을 갈아입고, 검댕이에 노출되는 것을 가능하면 최대한 줄이라고 권고했습니다. 이들의 질병은 최초의 직업병 암이었습니다.

자외선은 피부암을 일으킬 수 있는 가장 큰 요인입니다. 이런 피부암은 자외선 차단제를 바르는 등의 방법으로 과도한 자외선 노출을 막는다면 충분히 예방할 수 있습니다.

바이러스 감염에 의한 암으로는 간염 바이러스가 일으키는 간암과 인간유두종바이러스(HPV)가 일으키는 자궁경부암이 있습니다. 간염바이러스에 감염된 곳과 간암 발생 지역을 확인해보면, 이들 지역이 일치하는 것을 확인할 수 있습니다. HPV(Human Papilloma Virus)와 자궁경부암과의 관련성은 독일의 하랄트 추어 하우젠(Harald Zur Hausen) 박사가 밝혔는데, 이 과학자는 이것을 밝힌 공로로 2008년에 노벨 생리의학상을 수상했습니다. 자궁경부암은 성적인 접촉에 의해 감염되는 바이러스입니다. 여러 종류의 HPV 중에서 자궁경부암과 관련된 것은 16번과 45번 등이 있습니다. 현재 HPV 바이러스에 대한 자궁경부암

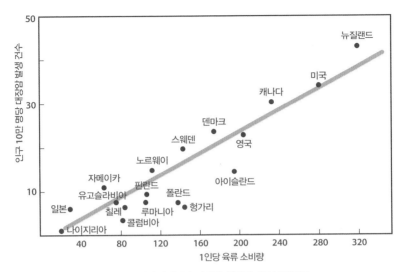

통계상, 대장암과 육류소비량은 상관관계를 보여준다.

백신이 나와 있고, 실제로 사용되고 있는 중입니다.

환경과 식습관의 개선

암을 일으키는 여러 가지 환경적인 요인 중 가장 큰 비중을 차지하는 것은 흡연과 식습관입니다. 흡연은 폐암과 관련 있습니다. 미국의 경우, 1964년에 '공중보건서비스 일반의(Surgeon General of Public Health Service)' 보고서가 나온 이후에 담배갑에 흡연이 폐암을 유발할 수 있다는 경고 문구가 들어가기 시작했습니다. 그래서 1964년을 기점으로 담배 소비량이 줄어들기 시작했습니다. 그러자 남성들의 폐암 발생률이 줄기 시작했습니다. 반면 여성의 폐암 발생률은 줄지 않았는데, 이는 여성 흡연 인구가 계속 증가했기 때문입니다.

흡연과 마찬가지로 암을 일으키는 데 큰 비중을 차지하는 요인은 식습관입니다. 각 나라별 1인당 육류 소비량과 인구 10만 명당 대장암 발생률을 조사해보니, 1일 육류 소비량이 클수록 대장암 발생률이 상당히 높은 것으로 나타났습니다. 이제 한국도 대장암 발생률이 상당히 높아졌습니다.

그러면 왜 고기를 먹으면 대장암 위험도가 높아지는 것일까요? 이는 날고기가 아니라 열을 가해서 먹기 때문입니다. 요리하는 과정에서 단백질의 열 변성이 일어나는데 이때 새로운 화학물질도 생성됩니다. 이 화학물질을 헤테로사이클릭아민(heterocyclic amine)이라고 합니다. 이 물질은 발암물질입니다. 고기는 고온으로 오래 처리할수록 발암물질이 더 많이 생깁니다. 다만 야채와 함께 먹으면 야채에 있는 성분이 고기에서 생성되는 발암물질들을 중화하거나 비활성화시킬 수 있습니다.

WHO 자료에 따르면, 미국인과 인도인은 암 발생률에서 큰 차이를 보입니다. 특히 미국인에 비해 인도인의 대장암 발생률이 비교적 큰 차이를 보이며 낮습니다. 물론 최근에는 생활 습관의 변화 등으로 인해 인도인들에게서도 대장암 발생률이 높아지고 있기는 하지만 말입니다.

인도 사람들은 카레가 들어간 음식을 거의 매일 먹습니다. 그러면 카레 섭취가 대장암 발생률을 낮추는 것과 관련이 있는 것일까요? 카레를 노란색으로 만드는 성분은 바로 강황인데, 이 강황에는 커큐민(Curcumin)이라는 성분이 들어 있습니다. 그래서 실험 동물을 대상으로 커큐민이 암을 억제하거나 암을 예방하는 효과가 있는지 조사해보았습니다. 그랬더니 실제로 효능이 있다는 것이 확인되었습니다. 사람에게도 같은 효과를 내는지는 더 연구가 진행되어야 합니다.

커큐민 외에도 식물성 식품에 있는 생리 활성 물질인 다양한 파이토케미컬(Phytochemical)들은 정상세포가 암세포가 되는 과정을 억제하거나 지연시키는 것으로 알려져 있습니다. 연구를 통해 항암 효과가 있다고 보고된, 파이토케미컬을 함유하는 것으로 알려진 식품 중 대표적인 것들로는 녹차, 브로콜리, 양배추, 마늘 등이 있습니다.

암 대응 전략의 하나로 제시되는 '화학물질을 이용한 암 예방(cancer chemoprevention)'은 식품에 있는 항암 성분을 이용해 암 발생을 억제하거나 지연시키려는 전략입니다. 이 용어는 암 예방학자인 마이클 스폰(Michael Sporn) 박사가 1970년대에 처음으로 사용한 용어입니다. 그의 말을 인용하자면 "암은 치료할 수 있는 질병이 아니라 예방할 수 있는 질병"입니다. 이런 접근은 암에 걸린 환자를 치료하자는 기존의 접근 방법과는 다른 것입니다.

지금도 많은 연구들이 암 발생 과정을 억제하는 천연 성분들의 기전을 밝히고 있습니다. 언젠가는 식품 속에 들어간 천연 성분들을 검출한 다음 정제된 알약으로 만들어 암을 예방하는 날이 오지 않을까 싶습니다.

암을 정복하기 위한 전쟁은 진행 중입니다. 달라진 점이 있다면 암에 걸리기 전에 적극적으로 암을 예방하자는 목소리가 커졌다는 점입니다. 현재 미국 정부는 수술, 방사선 치료, 항암제 등 고전적 치료법이 암을 치료하는 효과적인 방법이 되지 못한다는 사실을 인식했고, 그후 암 정복의 대안으로 '예방'을 고려하는 중입니다. 즉 이미 암에 걸린 환자들에 대한 소모적 치료보다는 정상인들이 암에 걸리지 않도록 예방해서 전체의 암 발생률을 낮추겠다는 식으로 발상을 전환한 것입니다.

암 퇴치에 실패한 미국의 사례를 교훈으로 삼아, 우리나라의 암 관리 체계도 효율적인 항암제 개발과 더불어 조기 검진과 예방에 역점을 두는 쪽으로 옮아가야 할 것입니다. 이것이 암과의 전쟁을 승리로 이끌 수 있는 가장 현실적이고 현명한 전략입니다.

© 신인철

Q. 화학물질을 이용한 암 예방에 대해서 말씀을 해주셨는데, 그 원리를 치료법에도 응용할 수 있는지 궁금합니다.

A. 물론 있습니다. 어떤 물질은 초기 단계에서 정상세포가 암세포가 되는 것을 억제하지만, 또 다른 물질은 이미 돌연변이가 된 세포가 암세포로 자라는 것을 조절할 수 있기 때문입니다. 그래서 요즘은 '암 예방'을 단순히 암이 생기는 것을 억제하는 것을 넘어 이미 생긴 암이 다른 곳에 자리 잡지 못하게 하는 것까지도 포함시켜 접근하고 있습니다.

Q. 어떤 기사에서 자궁경부암 백신의 부작용에 대해 언급한 것을 본 적 있는데, 그렇게 언급된 부작용들이 백신 때문이라고 생각하시는지 궁금합니다.

A. 자궁경부암 백신은 어느 정도 검증을 거쳐 나온 백신이기는 하지만, 최근에 나온 백신이라 몇 가지 사례만 가지고 위험하다 혹은 괜찮다라고 언급하는 것은 섣부른 판단이 될 수도 있습니다. 10년 정도 지나봐야 어떤 결론을 내릴 수 있으리라고 생각합니다. 실제로 어떤 일이 발생할지는 예상하기 어렵습니다. 백신을 접종했을 때 부작용보다는 혜택이 더 많다면 약간의 위험을 감수해도 되지 않느냐라고 생각할 수도 있는데, 현재로선 소비자의 선택에 맡길 수밖에 없는 상황입니다.

Q. 유전적인 요인에 의해 암이 발생하는 경우, 문제가 발생하지 않는 유전자로 바꿀 수 있는 방법이 있는지 궁금합니다.

A. 만일 암억제유전자에 문제가 생겨서, 즉 브레이크가 고장이 나서 암이 발생하는 것이라면 브레이크를 교체해주면 될 것입니다. 그래서 암 치료 전략 중 하나로 고장 난 암억제유전자를 정상적인 암억제유전자로 바꿔주는 방법을 연구하는 곳이 있습니다. 일종의 유전자 치료입니다. 거꾸로 암유발유전자가 너무 과도하게 작동해서 암이 생길 수도 있는데, 이를 진정시키는 항암제도 있습니다.

Q. 암의 근본적인 치료법은 숨어 있는 뿌리를 찾아서 없애는 것이라고 하셨는데, 어떻게 접근해야 없앨 수 있는지 궁금합니다.

A. 아직은 잘 모릅니다. 연구자들 사이에서는 지금 찾아낸 뿌리가 과연 진짜 뿌리인지도 확신하지 못하고 있습니다. 암줄기세포의 정체에 대해서는 어느 정도 알려져 있지만, 더 많은 연구가 진행되어야 합니다. 현재 보통 암세포와 암줄기세포의 차이가 무엇인지에 대해서도 미루어 짐작하고 있을 뿐입니다. 줄기세포가 분화하는 것을 막거나 줄기세포를 조절하는 정도의 연구가 진행되고 있는 중입니다. 이 분야에서 획기적인 연구 결과들이 나올 가능성도 아주 높습니다.

무엇이 암을
발생시키는가

임대식 한국과학기술원 생명과학과 교수
서울대학교에서 미생물학을 전공했으며,
미국 MD앤더슨 암센터에서 박사학위를
받았다. 존스홉킨스 의과대학 박사후 연구
원, 성 유다 아동연구병원 박사후 연구원
등을 거쳐 한국과학기술원 교수로 재직 중
이다. 2010년부터 한국과학기술원 창의
연구원 단장을 맡고 있다. 대전시 이달의
과학기술인상(2004), KAIST Scientific
Merit Research Award(2005), 연세 암
연구상(2010) 등을 수상했다.

'암'을 떠올리면 누구나 '두려움'을 느낍니다. 가족이나 친구, 아니나 자신도 언젠가는 걸릴지 모른다는 생각 때문입니다. 암은 다른 어떤 질병보다도 사람들에게 공포를 심어주는 무서운 질병입니다. 사람들이 종종 쓰는 표현 중에 '사회의 암적인 존재'라는 것이 있습니다. 보통 '암적인 존재'는 자신의 이익만 생각할 뿐 아니라 남에게 피해까지 입히는 이기적인 존재를 뜻합니다. 암적인 존재가 사회 시스템을 망가뜨릴 수 있는 것처럼 암세포는 한 개체의 생체 시스템을 완전히 무너뜨릴 수 있습니다. 그만큼 무시무시한 것이 바로 암세포입니다. 그러면 암이란 무엇이고 어떻게 생기는 것인지, 그리고 이 암을 이해하기 위해 과학자들은 어떠한 연구 방식을 사용하는지 이 강연을 통해서 알아보도록 합시다.

암이란 무엇인가?

종양은 크게 양성종양과 악성종양으로 구분됩니다. 우리가 흔히 부르는 암은 악성종양을 뜻합니다. 암, 즉 악성종양은 통제할 수 없이 세포가 계속 분열하여 그 수가 많아지고, 다른 조직으로 침범을 하는 게 특징입니다. 이와 달리 사마귀와 같이 세포가 비정상적으로 분열을 하기는 하나 그 분열 정도에 한계가 있고 주변 조직으로 퍼지지 않는 경우를 양성종양이라고 합니다.

일반적으로 우리 몸의 정상세포는 분열하라는 신호가 왔을 때에만 분열하고 그 횟수에도 제한을 두도록 프로그램화되어 있습니다. 그러나 암세포는 세포 분열을 하라는 신호를 스스로 만들 수 있는 능력이 있기 때문에 세포 분열에 대한 통제가 전혀 되지 않는 세포입니다. 그

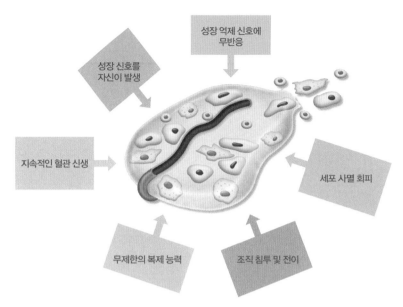

성장 억제 신호에
무반응

성장 신호를
자신이 발생

지속적인 혈관 신생

세포 사멸 회피

무제한의 복제 능력

조직 침투 및 전이

암은 세포 사멸을 회피하고, 지속적으로 혈관을 만들며, 다른 조직으로 이동할 수도 있고, 무제한의 복제 능력을 가지고 있는 통제가 되지 않는 세포다.

래서 암을 흔히 '세포 분열이 통제되지 않는 질병(uncontrolled cell cycle disease)'이라고 합니다.

암세포는 보통 하나의 세포에서부터 유래하지만 실질적으로 다양하게 변화할 수 있습니다. 이는 여러 다른 세포의 다양한 특징을 갖고 있는 암세포가 하나의 암줄기세포(Cancer stem cell)에서 출발, 분화하였음을 뜻하기도 합니다. 앞서 설명 드렸듯이 암세포는 스스로 세포 분열 촉진 신호를 만들고, 세포 분열 억제 신호에 반응하지 않음으로써 무제한적으로 분열할 수 있고, 다른 조직으로 침투도 할 수 있습니다. 이뿐만 아니라 암세포는 잘 죽지도 않습니다. 정상세포는 어느 정도 크면 죽습니다. 그리고 이렇게 세포들이 죽고 태어나고, 죽고 태어나고를 반복하면서 시스템이 유지됩니다. 하지만, 암세포는 생존 신호를 스스로 만들어 죽지도 않습니다. 또 암세포는 많이 분열하고 오래 살아남는 데 필요한 많은 산소와 영양을 공급받기 위해 혈관을 끊임없이 만들어내려고 노력합니다.

앞서 암세포는 통제가 되지 않는다라고 표현했습니다. 다른 한편으로 보면 암세포는 가장 진화된 세포라고 볼 수도 있습니다. 지구 상에 존재하는 각 세포들은 오랜 기간 동안의 진화를 거쳐 만들어진 세포입니다. 수많은 유전적 변이를 거쳐 오늘날에 이른 것들입니다. 그런데 암세포는 자신만을 위해 아주 짧은 시간 안에 진화한, 그리고 진화할 수 있는 세포입니다. 수만 년을 거쳐서 만들어지는 유전적 변이를 암세포는 단 몇 십 년 또는 몇 년 만에 이루어냅니다. 가장 많은 유전적 변이를 통해 진화하는 세포가 바로 암세포인 것입니다. 과학자들이 암 연구를 많이 하는 것은 조기 진단 및 치료 방법을 찾기 위해서일 뿐 아니라, 유전적으로 변형된 암세포를 분석하여 생물학적으로 중요한 생명 원리를 발견할 수도 있기 때문입니다.

암의 발병 원인은?

암을 발생시키는 원인은 무엇일까요? 일반적으로 암의 근본적 원인은 '유전적 돌연변이'에 의한 정상 유전자의 기능 상실에서 비롯된다고 생각합니다. 그래서 앞의 질문은 다음과 같이 수정될 수 있습니다. '유전적 돌연변이를 일으키는 원인은 무엇인가?'라고.

많은 사람들이 암이 유전된다고들 생각하지만, 실제 부모 세대의 유전적 돌연변이가 자식에게 유전되어 발생하는 암은 10% 내외입니다. 부모 중 한 사람이 위암에 걸렸다고 해서 자신도 걸릴 것이라 생각하면 오산입니다. 그럴 수도 있겠지만 위암에 걸릴 확률은 5% 미만입니다. 단 음식을 섭취하는 습성이 비슷하고 환경이 비슷해서 동일한 암에 걸릴 수는 있습니다. 암의 90% 이상은 환경에 의한 유전적 돌연변이 때문에 발생합니다. 흡연, 대기오염, 약물, 방사선, 바이러스, 박테리아 등 주변 환경과 생활 습관이 유전적 돌연변이를 유발하는 원인, 즉 암을 발생시키는 중요한 원인이 됩니다.

최근 분자세포생물학이 발전하면서 새로운 암 연구 결과들이 계속 쏟아지고 있습니다. 암과 관련한 유전자도 많이 발견되었습니다. 특정 가계를 모두 조사해서, 특정 가계에서만 나타나는 암 유전자를 찾아내기도 했습니다. 여기서 암 유전자란 암을 일으킬 수 있는 원인 유전자를 말합니다. 더 나아가 유전적 변이, 단백질의 조절 작용 등 암이 발생하는 네트워크와 회로에 대한 연구, 즉 어떤 회로가 잘못되어 암이 발생하는 것인지를 살펴보는 연구도 많이 이루어졌습니다. 실제로 암이 발생하는 과정에 대한 이해가 높아지면서, 암 네트워크 연구에 기초해서 새로운 항암제를 개발하는 사례들도 늘어나고 있습니다.

과연 어떤 유전자들의 변이가 암을 유발하는가?

암의 종류는 다양합니다. 여기서 다양하다는 말은 암이 발병한 우리 몸의 기관이나 조직 부위가 다름을 뜻합니다. 그러나 이렇게 부위와 특성이 다른 암일지라도, 그 암을 발생시킨 유전자는 동일한 경우가 많습니다. 예를 들어 모세포종(blastoma), 유방암, 폐암에는 KIP 유전자가 관여합니다. 림프종(lymphoma)과 간암에는 INK4A 등의 유전자가 관여합니다. 암의 종류가 다른데도, 동일한 유전자에 돌연변이가 생겨 암

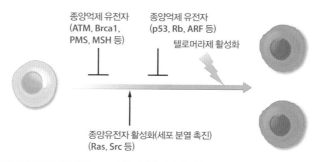

종양억제 유전자
(ATM, Brca1,
PMS, MSH 등)

종양억제 유전자
(p53, Rb, ARF 등)

텔로머라제 활성화

종양유전자 활성화(세포 분열 촉진)
(Ras, Src 등)

암 발생 원인 유전자로는 크게 암억제유전자와 암유발유전자로 구분할 수 있다.

이 발생된 것입니다. 이는 상이한 환경 요인들이 각기 다른 기관이나 조직에 유전적 변이를 유발하여 다른 종류의 암이 발생한 것이라고 볼 수 있습니다.

암 발생 원인 유전자는 크게 종양을 억제하는 유전자(암억제유전자)와 종양을 활성화하는 유전자(암유발유전자)로 나뉠 수 있습니다. 암억제유전자는 정교하게 세포 분열을 조절하고, 손상된 유전자를 복구하며, 궁극적으로는 돌연변이 발생을 억제하는 유전자들입니다. 정상세포는 세포가 분열할 때 딸세포에 정확한 유전정보를 전달합니다. 그런데 암세포는 계속 돌연변이를 만들어 변화가 일어난 유전정보를 전달해버립니다. 세포가 유전적으로 변화했다면 분열을 하면 안 되는데 이때 분열을 막아주는 유전자들이 작동합니다. 세포 분열에는 G1(Gap1), S(DNA Synthesis), G2(Gap2), Mitosis로 시기가 구별됩니다. 그 시기마다 잘못된 것을 거르는 일종의 브레이크 장치가 있습니다. 무엇인가가 잘못되면 신호가 발생해 세포가 다음 분열 시기로 넘어가지 않도록 하는 것입니다.

그런데 암세포에서는 이렇게 세포 분열을 조절하는 억제 유전자들의 기능이 없어집니다. 복제할 때, 정상적인 DNA를 잘못 복제하였는데도 그냥 세포 분열을 통하여 딸세포에게 넘어가는 겁니다. 비유하자면 시험 답안지를 잘못 썼는데, 다른 학생이 정답인 줄 알고 베껴 쓰고, 또 다른 학생이 또 잘못 베껴 써서 잘못된 정보가 전달되는 상황이라고 할 수 있습니다.

대표적으로 ATM, Brca1, PMS, MSH, p53, Rb, ARF가 종양을 억제하는 유전자들입니다.

암억제유전자가 세포 분열을 억제하는 유전자라면, 암유발유전자는 세포 분열을 활성화시키는 유전자들입니다. 정상세포는 외부에서 신호가 오면 그것을 내부 신호로 수정하여 세포 분열 명령을 내립니다. 이런 일련의 신호 전달 과정을 묶어서 '신호 전달 회로'라고 부릅니다. 정상세포는 신호 전달 회로가 활성화되면 신호를 받아서 세포 분열을 한 다음에, 다시 억제하는 신호를 받아서 더 이상 세포 분열을 하지 않습니다. 하지만 악성종양에서는 유전적 변이에 의해 비정상적으로 활성화된 암유발유전자가 신호와 상관없이 계속 세포 분열을 과하게 활성

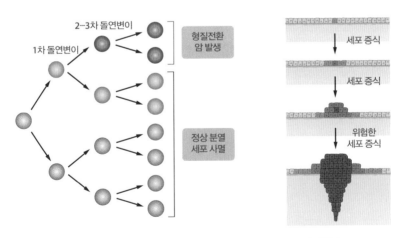

암은 정상세포에 돌연변이가 생겨 그것이 축적되기 때문에 발생한다.

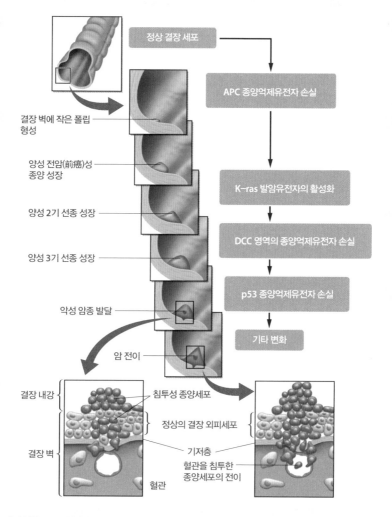

정상 결장 세포

결장 벽에 작은 폴립
형성

양성 전암(前癌)성
종양 성장

양성 2기 선종 성장

양성 3기 선종 성장

악성 암종 발달

암 전이

APC 종양억제유전자 손실

K-ras 발암유전자의 활성화

DCC 영역의 종양억제유전자 손실

p53 종양억제유전자 손실

기타 변화

결장 내강

침투성 종양세포

정상의 결장 외피세포

결장 벽

기저층

혈관을 침투한
종양세포의 전이

혈관

대장암은 APC 유전자가 없어지고, 그 다음으로 K-ras 유전자가 활성화되는 등 돌연변이가 차
례대로 계속 발생하면서 축적되어 발생한다.

화하려고 합니다. 따라서 암은 세포 분열과 상관관계가 높습니다. 예를 들어 뇌세포는 암이 잘 생기지 않는데, 뇌세포는 적정 발생 단계 이후부터 분열을 거의 하지 않기 때문입니다. 그래서 뇌암은 발생 초기에 뇌세포가 분열하는 과정에서 이미 돌연변이가 존재했기 때문에 생겼을 가능성이 높습니다.

정상세포에 1차 돌연변이가 생기면, 돌연변이 세포는 조금 더 잘 자랍니다. 뒤이어 이 돌연변이 세포에서 2차 돌연변이와 3차 돌연변이가 생기면서 더 잘 분열하고 성장할 수 있습니다. 즉 돌연변이의 축적으로 암이 발생하는 것입니다. 암이 발생하려면 이처럼 유전자 하나의 돌연변이만 가지고서는 충분하지 않습니다. 유전적 변이가 계속 발생해야 하고 다양하게 변화해야 합니다.

대장암을 예로 들어보겠습니다. 미국 존스홉킨스 대학교의 버트 보겔슈타인(Bert Vogelstein) 박사는 1기에서 말기까지, 암이 진행되는 동안 병리학적인 차이에 의해 변화된 유전자를 살펴보았습니다. 그랬더니 가장 먼저 APC라는 유전자가 없어지고, 다음에 K-ras라는 암유발 유전자가 활성화되는 쪽으로 돌연변이가 일어났습니다. 그 다음에 암억제유전자인 DCC 유전자와 p53 유전자가 점점 없어지는 식으로 암이 진행되었습니다. 돌연변이가 이렇게 차례대로 발생하고 축적되면서, 암이 진행된 것입니다. 이 대장암 모델은 암이 진행되는 과정을 잘 보여주는 대표적인 모델 중 하나입니다.

암유전자의 기능은 어떻게 아는가?

'누가' 언제 어디에서 무엇을 어떻게 기능하는지 알고 싶을 때 과학에서는 흔히 '공가설(null hypothesis)'을 사용합니다. 즉 '누가'를 시간적 혹은 공간적으로 없앤 다음 무슨 일이 일어나는지를 관찰함으로써 그 것의 본래 기능을 유추하는 것입니다. 이는 생물학에서도 마찬가지입니다.

유전자의 기능을 알 수 있는 가장 간단한 방법은 유전자를 없앤 다음 어떤 일이 일어나는지를 보는 것입니다. 유전자를 없애는 것을 생물학계에서는 녹아웃(knock-out)이라고 표현합니다. 유전자를 없애는 방법은 굉장히 많습니다. 방사선을 쪼여주거나 인위적으로 유전자를 가위로 잘라내면 유전자를 없앨 수 있습니다. 유전자를 없애지 않고 더 많이 발현시키는 방법도 있습니다. 과도하게 유전자를 활성화시키는 방법을 통해서 유전자의 기능을 알아보는 것입니다. 암 연구에서도 이 두 가지 방법이 모두 활용됩니다. 암유발유전자와 암억제유전자를 활성화시키거나 없애는 것입니다.

하지만 이렇게 인위적 유전자 변형을 사람에게 시험 삼아 해볼 수 있을까요? 윤리적 문제가 있기에 생물학자들은 사람을 대신할 모델 동물들을 찾았습니다. 대표적인 모델 동물로는 초파리, 예쁜꼬마선충, 생쥐 등이 있습니다. 이렇게 모델 동물을 연구함으로써 사람을 이해할 수 있다고 보는 데에는 매우 중요한 생물학적 전제가 깔려 있습니다. 초파리, 예쁜꼬마선충, 생쥐 모두 진화적으로 사람과 공통된 조상에서 출발했다는 대전제 말입니다. 형태학적으로 다른 종이지만 유전자의 기능이 동일하거나 유사한 경우가 많습니다. 유전자의 기능이 동일하거나 유사하다는 것은 초파리나 생쥐를 대상으로 한 연구에서 무수히 증명된 사실입니다. 가령 초파리의 눈은 격자 눈으로 되어 있는데, 사람의 눈과는 발생학적으로는 다른 구조를 갖고 있지만 눈의 기능은 같습니다. 그래서 초파리의 눈을 발생시키는 유전자가 사람에게 없으면 선천적으로 사람에게도 눈이 발생하지 않습니다. 초파리의 'eyeless' 유전자에 해당하는 유전자가 사람에게도 있기 때문입니다.

암과 관련된 예를 하나 들어보겠습니다. 초파리에게는 세포 분열 조절과 관련된 신호 전달 회로 'Hippo signaling'이라는 것이 존재합니다. 이 회로에는 여러 유전자에서 기인한 단백질들이 관여됩니다. 초파리의 눈은 여러 개의 세포로 이루어져 있는데, 이런 눈을 발생시키기 위해서는 세포 분열을 해야 합니다. 그런데 Hippo signaling의 구성 회로 인자인 Hippo 유전자, Salvador 유전자, Warts 유전자가 없어지면 세포가 끊임없이 분열해서 초파리의 눈이 굉장히 커지면서 비정형적인 모습이 됩니다. 암세포 같은 조직이 됩니다. Hippo signaling의 구성 인자 중 암유발유전자로도 알려진 Yorkie 유전자를 과발현시켜도 같은 현상이 관찰됩니다. 이런 유전자들은 척추동물들에게도 존재하는 유전자들입니다. 이름은 다르지만 같은 유전적 기능을 갖고 있고, 발생학적으로도 동일한 기능을 갖고 있습니다.

생쥐에서 유전자 조작은 어떻게 하는가?

척추동물인 생쥐는 유전자 조작이 손 쉬운 편이어서 암을 연구할 때 과학자들이 많이 선택하는 모델 동물 중 하나입니다. 특히 생쥐는 유전공학 기법으로 원하는 조직에서 특정 유전자를 없앨 수도 있고, 유전자를 발현시킬 수도 있습니다.

그렇다면, 특정 유전자가 제거된 돌연변이 생쥐는 어떻게 만들 수 있을까요?

이를 이해하기 위해 우선은 생쥐의 초기 발생이 어떻게 이뤄지는지 간단히 이해해볼 필요가 있습니다. 하나의 수정란이 분열하여 2개가 되고, 4개가 되고, 그 다음에 8개가 되는 식으로 분열해서 128개가 되고, 이 정도가 되면 바깥에 벽을 형성하는 세포와 안쪽 세포로 나뉘어집니다. 바깥에 있는 세포는 자궁에 착상하는 데 필요한 세포입니다. 안쪽의 내세포덩어리를 영어로 'inner cell mass(ICM)'라고 하는데, 이 내세포덩어리는 나중에 모든 세포로 분화되는 능력을 갖고 있습니다. 이 내세포덩어리는 분열하고 이동하여 동서남북 축을 만들고 궁극적으로 머리와 몸통, 팔다리 등을 형성하여 완벽한 성체로 발생합니다. 이런 내세포덩어리를 떼어내서 만든 세포가 바로 배아줄기세포(embryonic stem cell)입니다. 배아줄기세포는 적정한 환경에서 모든 세포로 분화할 수 있는 능력을 가지고 있는 만능 세포입니다. 이 배아줄기세포가 생쥐로 자라는 것은 아니지만 생쥐가 발달하는 환경 조건, 즉 착상 전인 초기 발생 과정에 배아줄기세포가 적당히 끼어들면, 발생 과정에서 모든 세포로 분화할 수 있습니다. 따라서 유전자가 제거된 돌연변이 생쥐를 만드는 법은 크게 세 단계로 나눠볼 수 있습니다.

a. 원하는 유전자 조작이 이뤄진 배아줄기세포를 만든다.

b. 위 배아줄기세포를 이용, 수정란에 섞어 넣어 대리모 생쥐에 착상 후 키메라 생쥐까지 발생시킨다.

c. (키메라 생쥐 초기 발생 과정 중) 유전자가 조작된 배아줄기세포가 생식세포 형성에 참여되었는지를(germline transmission) 정상 쥐와의 교배를 통해 확인한 후, 여러 단계의 교배를 거쳐 유전자가 녹아웃된 생쥐를 만든다.

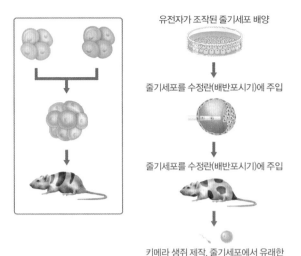

유전자가 조작된 줄기세포 배양

줄기세포를 수정란(배반포시기)에 주입

줄기세포를 수정란(배반포시기)에 주입

키메라 생쥐 제작, 줄기세포에서 유래한
정자/난자 생성

수정란(왼쪽)이나 배아줄기세포(오른쪽)를 이용한 키메라 생쥐 제작 과정

위에서 키메라 생쥐에 대해 언급을 했는데 '키메라 생쥐가 뭐야'라고 어리둥절해할 수 있겠습니다. 키메라 생쥐는 본질이 다른 두 종류의 수정란이 섞여 탄생한 생쥐라고 쉽게 생각하면 됩니다. 키메라 생쥐가 어떻게 만들어지는지 구체적으로 설명해보겠습니다.

수정란이 4개로 세포로 분열하였을 때, 흰 쥐의 수정란(4개의 세포로 구성)과 갈색 쥐의 수정란에서 각각의 세포를 분리하여 한꺼번에 섞어서 하나의 수정란을 만들 수 있습니다. 원래 흰 쥐의 수정란과 갈색 쥐의 수정란은 두 마리의 생쥐로 독립적으로 발생하는 것을, 기술적으로 합하여 하나의 생쥐를 만든다고 보시면 됩니다. 이렇게 합쳐진 하나의 수정란을 대리모 생쥐의 자궁에 착상시키면 흰색과 갈색이 섞인 '키메라' 생쥐가 탄생합니다. 이와 마찬가지로 흰 쥐의 수정란에 갈색 쥐에게서 유래된 배아줄기세포를 섞어서 만든 수정체를 대리모 생쥐의 자궁에 착상시켜도 얼룩덜룩한 키메라 생쥐가 나옵니다(만약 유전자가 조

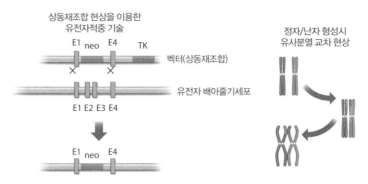

상동재조합 현상을 이용한
유전자적중 기술

E1 neo E4 TK

벡터(상동재조합)

유전자 배아줄기세포

E1 E2 E3 E4

E1 neo E4

정자/난자 형성시
유사분열 교차 현상

유전자적중 기술을 통해 유전자가 조작된 배아줄기세포를 만들 수 있다.

작된 배아줄기세포만을 가지고 그냥 대리모에 착상시켰다면 생쥐가 될 수 없습니다). 이 키메라 생쥐의 정자 또는 난자 중에서는 갈색 쥐(유전자 조작이 가해진 배아줄기세포의 출발점)로부터 유래한 것들이 50%의 확률로 존재합니다. 이 키메라 생쥐를 다른 흰 쥐와 교배시키면 그 새끼들 중에서 갈색 쥐를 얻을 수 있으며, 이 갈색 쥐의 유전자들은 원래 넣어준 배아줄기세포에서 유래하였다고 볼 수 있습니다. 이러한 원리를 이용하여 먼저 배아줄기세포에서 유전자를 조작한 다음 이를 수정란에 주입하여 키메라 생쥐를 만든다면, 궁극적으로 인위적으로 유전자를 변형한 생쥐를 제작할 수 있습니다.

그러면 유전자가 조작된 배아줄기세포는 어떻게 만들 수 있는 것일까요?

앞에서 유전자를 가위로 잘라버리는 방법이 있다고 했는데, 어떻게 자를 수 있는 것일까요? 실제로 유전자를 자를 만큼의 작은 가위는 없습니다. 대신 그런 역할을 하는 단백질이 있습니다. 이렇게 유전자를 잘라 유전자를 없애는 방법을 유전자적중 기술이라고 합니다. 이 유전자적중 기술은 상동재조합(Homologous recombination) 현상을 이용해 특정 유전자를 제거하고, 그렇게 특정 유전자가 제거된 돌연변이체를 제작하는 기술입니다.

유전자를 없애려면, 우선 없애고자 하는 유전자와 동일한 유전자 일부를 배아줄기세포에 넣어주어서 기존 유전자를 외부에서 넣어준 유전자로 대체합니다. 가령 특정 유전자의 E1, E2, E3, E4 부위가 있다고 했을 때(E는 단백질의 아미노산을 결정하는 부위로 exon이라고 합니다), E1, E4 지역을 뺀 나머지 E2, E3 부분에 항생제 저항성을 유도하는 유전자 Neo(Neomycine 항생제 저항 유전자)를 넣어줍니다. 이렇게 Neo를 포함한 유전자를 배아줄기세포와 섞어주고 다음에 전기 충격을 주면, 이 유전자는 세포 안으로 들어갑니다. 그러면 넣어준 유전자와 세포에 존재하는 동일한 유전자 부위에서 상동재조합(Homologous recombination)이 일어납니다. 이 상동재조합 현상은 정자와 난자가 만들어지는 유사분열 시 상동염색체 간에 일어나는 교차와 유사합니다. 정자와 난자가 만들어질 때, 엄마의 염색체와 아빠의 염색체의 일부에서 교차가 일어나고 이로 인하여 엄마 염색체와 아빠 염색체 간의 정보 교환이 일어나는 것입니다. 이것을 '유사분열 시 교차'라고 합니다.

위의 유전자의 E1, E2, E3, E4 사례로 돌아가면, 똑같은 유전자를 배아줄기세포에 넣어주되 가운데 E2, E3만 다른 것으로 바꾸었기 때문에, 정자와 난자 사이에 일어나는 교차 현상과 비슷한 '상동성 재조합' 현상이 배아줄기세포 내에서 일어납니다. 따라서 E2, E3 부분이 제거되고 대신 Neo 유전자가 바뀌어져 들어갑니다. 유전자마다 효율이 다르지만 대략 1000개 중 1개를 바꿀 수 있습니다. 그런 다음 원하는 유전자를 없앤 배아줄기세포를 항생제 저항성을 통해 찾아내 그것을 배반포(수정란)에 주입하고, 대리모 자궁에 착상시켜 키메라 생쥐를 만드는 것입니다.

지금까지의 내용들을 간단히 요약하자면, 유전자를 조작한 갈색 쥐의 배아줄기세포를 흰 쥐의 수정란과 섞어서 배반포를 만든 다음 그것을 대리모 자궁에 착상시키면, 얼룩덜룩한 키메라 생쥐를 얻을 수 있습니다. 이 키메라 생쥐를 야생 흰 쥐와 교배를 시키면 약 절반의 확률로 갈색 쥐가 태어납니다. 갈색 형질은 흰색과 검은색 형질과 무관하게 갈색을 나타내므로, 태어난 갈색 쥐는 이 쥐가 배아줄기세포에서 유래했다고 생각할 수 있습니다. 그 다음 갈색 쥐끼리 교배를 하면 1 : 2 : 1이라는 멘델의 유전 법칙에 의해 동형 돌연변이(homozygous mutation)를 만들 수 있습니다. 이렇게 동형 돌연변이가 만들어지면, 이 돌연변이 생쥐에게 어떤 형질 변화가 일어나는지 관찰하면 됩니다. 예를 들어 생쥐에게서 암이 형성되는지, 형성된다면 어떤 과정을 통해서인지 등을 자세히 분석합니다.

지금까지 과학자들이 쥐의 유전자 가운데 녹아웃시킨 유전자는 6000~7000개입니다. 아마 몇 년 후 혹은 몇십 년 안에 쥐의 모든 유전자가 녹아웃되면 돌연변이 생쥐에 어떤 현상이 일어나는지 알 수 있게 될 것입니다. 이렇게 녹아웃된 유전자 중 암과 관련된 것으로 처음 알려진 유전자는 암억제유전자인 Rb 유전자입니다. Rb 유전자는 안암(Eye cancer)과 관련이 있는 것으로 드러났습니다. 또 다른 암억제유전자인 p53 유전자는 스트레스를 받으면 활성화되는 유전자로, 방사선 노출이나 바이러스 침입 등에 의해 세포가 스트레스를 받으면 세포 내 p53 단백질이 활성화되어 세포가 사멸하거나 세포 분열을 멈추게 됩니다. 그래서 이 유전자를 없애면 세포가 죽지 않고 분열을 계속해 암이 발생합니다. 즉 p53 단백질이 기능하지 못해 암이 생긴 것입니다.

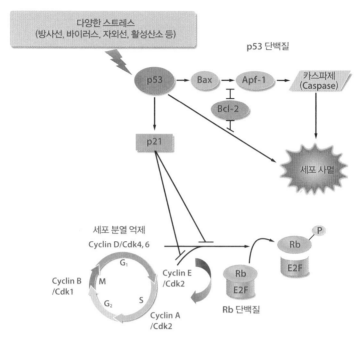

세포 사멸과 관련된 p53 유전자는 스트레스를 받으면 활성화되는 유전자로, 이 유전자를 없애면 세포가 죽지 않고 분열을 계속해 결국 암이 발생한다.

p53 유전자는 여러 암과 관련된 유전자이며 간암 발생에도 관련성이 높은 중요한 유전자입니다. 그런데 흥미롭게도 이 유전자를 녹아웃시키면 간암이 아닌 다른 암이 생길 때가 있습니다. 안암과 관련된 Rb 유전자를 녹아웃시키면 생쥐가 일찍 죽어버립니다. 더욱이 한 복사본만 가지고 있을 때에는 안암이 아니라 다른 암이 생깁니다. 이처럼 특정 암유전자만 녹아웃시키면 암의 스펙트럼에 변화가 생긴다는 단점이 있는데, 이는 2개 이상의 유전자를 동시에 녹아웃시키는 등의 방법을 통해 보완할 수가 있습니다.

지금까지 유전자를 없애는 것(녹아웃)에 대해 알아봤습니다. 반대로

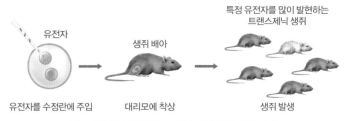

특정 유전자를 많이 발현하는 트랜스제닉 생쥐

유전자

생쥐 배아

유전자를 수정란에 주입   대리모에 착상   생쥐 발생

유전자를 많이 발현하는 트랜스제닉 생쥐 제작 과정

유전자를 활성화시키는 방법으로는 무엇이 있을까요?

유전자가 활성화되는 방법으로는 유전자에 돌연변이를 일으켜 그 단백질이 항상 활성화되는 상태로 만들거나, 유전자를 많이 증폭시켜 그 단백질 양을 많게 하는 방법이 있을 것입니다. 유전자를 활성화시키는 방법 중 유전자를 임의적으로 많이 발현시키는 방법을 트랜스제닉(Transgenic)이라고 합니다. 여기서 'trans'는 전달한다는 뜻으로, 유전자를 전달해서 그 유전자를 임의적으로 많이 발현시키는 트랜스제닉 생쥐를 만드는 것입니다. 우선 수정란에 과발현시켜야 하는 유전자를 집어넣어줍니다. 그리고 그 수정란을 착상시켜 태어난 새끼 중에는 트랜스제닉 생쥐가 포함되어 있는데, 이런 트랜스제닉 생쥐는 특정 암유전자가 과발현되고 그로 인하여 암이 발생하게 됩니다.

앞에서 설명했듯이 오늘날 과학자들은 특정 유전자를 생쥐에서 없앨 수도 있고, 과발현시킬 수도 있습니다. 하지만 생쥐의 몸 세포에 존재하는 모든 유전자가 모든 조직에서 일생 동안 다 발현되어 기능하는 것은 아닙니다. 적정한 (발생) 시간과 적정한 (조직) 공간에서 유전자는 켜지고 꺼지며 생명체를 유지합니다. 따라서 과학자들은 생쥐의 장기 특정 부위와 원하는 시기에 유전자를 과발현시키거나 없애는 기술을 개발하여 이를 통해 좀더 실제와 가까운 상황에서 유전자 기능을 연구할

A; LoxP 염기 서열

거꾸로 된 염기 서열   거꾸로 된 염기 서열

5′–*ATAACTTCGTATA* GCATACAT *TATACGAAGTTAT*–3′
3′–*TATTGAAGCATAT* CGTATGTA *ATATGCTTCAATA*–5′

B; Cre 재조합

LoxP   LoxP

유전자(Floxed)

Cre 재조합 효소

조직 특이적으로 유전자를 없애는 신기술, Cre–LoxP 시스템을 이용하면 돌연변이를 제작할 수 있다.

LoxP 염기 서열

거꾸로 된 염기 서열   거꾸로 된 염기 서열

5′–*ATAACTTCGTATA* GCATACAT *TATACGAAGTTAT*–3′
3′–*TATTGAAGCATAT* CGTATGTA *ATATGCTTCAATA*–5′

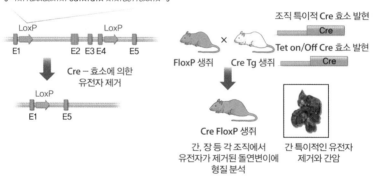

LoxP   LoxP

E1   E2 E3 E4   E5

Cre – 효소에 의한
유전자 제거

LoxP

E1   E5

FloxP 생쥐   Cre Tg 생쥐

조직 특이적 Cre 효소 발현

Cre

Tet on/Off Cre 효소 발현

Cre

Cre FloxP 생쥐

간, 장 등 각 조직에서
유전자가 제거된 돌연변이에
형질 분석

간 특이적인 유전자
제거와 간암

Cre 트랜스제닉 생쥐를 이용하면 간, 폐, 뇌, 혈관, 눈 등 일부 조직에서만 유전자를 없앨 수 있다.

필요성을 깨닫게 되었습니다.

실제로 특정 유전자가 처음 발생 단계에서부터 제거된 채로 돌연변이 생쥐를 만드는 과정에서는, 생쥐가 태어나기도 전에 배 발생 단계에서 죽는 경우가 많습니다. 암유발유전자나 암억제유전자라고 확신해서 녹아웃을 시켰는데, 생쥐가 태어나기도 전에 죽어버리는 것입니다. 특히 세포 분열을 할 때 정말로 중요한 유전자를 없앨 경우에는 정상적인 생쥐로 태어나기 전에 죽는 경우가 많습니다. 물론 이는 그 유전자가 발생 단계에서 중요한 기능을 한다고 해석할 수 있습니다. 그렇다고 그 유전자가 발생 단계에서 한 가지 기능만 한다고 단정지을 수는 없습니다. 성체가 된 후에 그 유전자가 또 다른 기능, 즉 암억제 혹은 촉진 기능을 할 가능성도 배제할 수 없기 때문입니다. 요즘에는 이런 연구의 한계를 극복하기 위해, 발생이 끝난 다음에 조직 특이적으로 유전자를 없애는 신기술을 이용하곤 합니다. 이를 Cre-LoxP 시스템이라고 합니다. 달리 말해 조직 특이적인 재조합(tissue-specific recombination)입니다. 그 원리를 간단하게 설명하고자 합니다.

박테리아 파지에는 Cre라는 효소가 있습니다. 이 Cre라는 효소는 LoxP라는 DNA 염기 서열만 인지해서 LoxP 유전자 사이에 있는 유전자 부분을 제거할 수 있습니다. 이 방법은 박테리아 연구에서 오래전부터 사용해온 것인데, 이를 생쥐 연구에도 도입한 것입니다. Cre 효소가 DNA의 LoxP 유전자 염기 서열을 인식하고 LoxP와 LoxP 가운데에 존재하는 유전자까지 제거해버립니다. 그러면 이 유전자는 없어지는 것입니다.

그러면 이런 Cre-LoxP 시스템을 어떻게 생쥐에 활용한다는 것일까요? 우선 유전자 재조합 기술을 통해 LoxP 염기 서열을 두 군데 집어넣을 수 있습니다. 즉 LoxP 유전자를 집어넣은 생쥐를 만드는 것입니다(그림에서 FloxP 생쥐로 표시됨). 이 생쥐는 LoxP 염기 서열만 2개 더 가지고 있는 정상적인 야생형 생쥐입니다. 그 다음 Cre 효소를 발현하는 트랜스제닉 생쥐(Cre-Tg)를 따로 만듭니다. 현재 특정 조직에서만 Cre 효소를 발현하는 생쥐가 200종 정도 만들어져 있습니다. 이들 생쥐는 200개의 다른 조직에서 Cre 효소를 발현하는 트랜스제닉 생쥐들입니다. 이 Cre 효소를 발현하는 트랜스제닉 생쥐와 LoxP 유전자를 집어넣은 생쥐를 교배시키면, LoxP 유전자를 가지고 있으면서 특정 조직에서 Cre 효소도 발현하는 생쥐를 만들어낼 수 있습니다. 이렇게 태어난 생쥐에게는 Cre 효소가 발현되기 때문에, Cre 효소가 2개의 LoxP 유전자를 인지해서 그 사이의 유전자를 없애버립니다. 예를 들면 Cre 효소가 간에서만 발현되는 트랜스제닉 생쥐이면, 간에서만 유전자를 없애버립니다. 다른 종류의 Cre 트랜스제닉 생쥐를 이용하면 비단 간뿐 아니라 폐, 뇌, 혈관, 눈 등에서만 없앨 수도 있습니다.

이처럼 공간적으로뿐만 아니라 시간적으로도 유전자 조작을 할 수 있습니다. 예를 들면 Cre 효소를 발현시키는 특정 약물을 특정 시기에 투여함으로써 유전자를 제거하는 방법도 개발되었습니다. 약물을 먹이면 그때부터 Cre 효소가 발현되어 특정 유전자를 제거하는 것입니다. 이렇게 유전자가 한 번 제거되면 다시 회복되지 않습니다. 아주 중요한 유전자는 없애버리면 아예 태어나지도 못하는데, Cre-LoxP 시스템은 생쥐가 정상적으로 태어나고 그 후에 원하는 조직에서 원하는 시기에 유전자를 제거하는 것이므로, Cre-LoxP 시스템은 발생 과정에서 생쥐가 죽는 바람에 연구를 진행할 수 없었던 기존의 녹아웃 연구의 한계를 극복하는 방법이라고 할 수 있습니다.

Hippo 유전자는 굉장히 중요한 암억제유전자입니다. 초파리를 대상으로 한 연구를 보면, Hippo 유전자는 암유발유전자인 Yki 유전자를 억제하면서 세포 분열을 하지 못하게 합니다. 포유동물에서도 이 유전자는 비슷한 기능을 수행합니다. 이 유전자를 조직 특이적으로 녹아웃시키면 어떤 현상이 일어날까요?

서두에서 암은 분열 통제를 벗어난 질병이라고 설명한 적이 있습니다. 생명체는 발생과 그 이후에도 자신의 몸을 항상 일정한 상태로 통제, 유지하려는 현상을 보입니다. 이를 과학적 용어로 '항상성 유지'라고 합니다. 그러나 이 항상성에 근본적 문제가 생기면 주변 조직에 악영향을 끼치는 암으로 발전하게 됩니다. 결론을 먼저 말씀 드리면 Hippo signaling 유전자는 항상성 유지에 중요한 '줄기세포 조절'에 주요한 기능을 하는 것으로 현재 이해되고 있습니다. 그래서 녹아웃시켰을 때 일어나는 현상도 이와 관련이 깊습니다. 좀더 자세하게 예를 들어 설명드리겠습니다.

성체 상피조직에는 줄기세포(성체줄기세포)가 존재하는데, 이 성체줄기세포가 분열해서 전구세포가 되고, 전구세포가 다시 분화되어 상피세포가 됩니다. 피부의 경우, 가장 밑에 줄기세포가 있고 그 다음에 전구세포가 있습니다. 전구세포가 분열하고 분화된 다음에 죽은 세포는 피부 맨 바깥 층으로 갑니다. 피부 맨 바깥 층의 각질은 죽은 세포 덩어리라고 할 수 있습니다. 이 죽은 세포는 외부 세균의 침입을 막고 물을 통과시키지 못하게 하는 역할을 수행합니다. 이렇게 바깥 층의 세포는 끊임없이 죽어가고, 피부 아래층에서는 줄기세포를 통해 새로운 세포를 평생 동안 만들어냅니다. 그래서 늙어 죽을 때까지 피부가 유지될 수 있습니다. 그러나 Hippo signaling의 유전자 중 하나인 WW45를 생쥐에서 녹아웃시키면 피부가 푸르게 변하는 등 문제가 생깁니다.

상피조직과 비슷하게 소장의 경우, 융털 아래에 있는 크립트(crypt) 지역에 줄기세포가 있는데 이 줄기세포가 분열해서 전구세포가 되고, 이것이 분화해서 융털구조가 형성됩니다. 이 융털은 영양분을 흡수하고 효소를 반출합니다. 이 융털을 이루는 세포는 죽어가고, 그러면 성체줄기세포 분열을 통해 주기적으로 다시 만들어져서 그 조직이 평생 유지됩니다. 배탈이나 항암제 투여로 융털 세포들이 갑자기 죽으면 다시 성체줄기세포 분열 과정을 통한 재생(regeneration)이 일어납니다. 줄기세포에서 분화되어 재생되는 이 과정은 아주 정교하게 조절되어 조직 항상성이 유지됩니다. 초파리 Yki 유전자(Hippo signaling의 주요 암 유발인자)와 상응하는 생쥐의 Yap 유전자가 쥐의 소장에서 녹아웃된 경우 이러한 소장 재생에 문제가 있는 것으로 현재 연구되어 있습니다.

Hippo 신호 전달 회로에 기능하는 유전자를 녹아웃시키면 발생 과정에서 모두 죽습니다. 그만큼 이 유전자들은 발생 과정에서 매우 중요한 유전자입니다. 그래서 간에서만 녹아웃시키면, 간암이 발생하는 것을 확인할 수 있습니다. 간이 점점 커져서 눈으로도 쉽게 알 수 있을 정도의 크기로 자라며 결국 큰 암이 생깁니다.

이처럼 현대 생물학은 쥐의 특정한 유전자를 조직 특이적으로 녹아웃시킬 수 있습니다. 이러한 암 발생 생쥐를 이용해 암 발생 과정을 시기적으로 추적하고 분자적·병리적 수준에서 정확하게 분석할 수 있으며, 특이적인 암 발생 과정을 연구할 수 있습니다. 또한 이렇게 만들어진 암 발생 생쥐 모델은 암을 치료하는 후보 물질의 효능을 알아보는 데 모델 동물로 사용될 수 있습니다.

© 신인철

Q. 생쥐는 초파리나 어류보다 값이 싼 것도 아닌데 왜 굳이 생쥐를 이용해서 실험을 하시는지 궁금합니다.

A. 일단 생쥐는 교배하기 쉽고 세대 간 간격이 짧습니다. 그러니까 두 달 만에 다음 세대로 넘어갈 수 있습니다. 또 쥐는 유전적으로 동일한 상태로 존재합니다. 유전학적으로 말하면 균일한(homogeneous), 그러니까 부모의 모든 유전자가 동일한 종들을 이미 과학자들이 오래전에 만들어 놓았습니다. 종류도 다양합니다. 그 다음에, 생쥐는 인간과 동일하게 척추동물이며 그 발생 과정이 유사합니다. 만약 유전자 조작이 가능하고 쥐보다 세대가 짧은 척추동물이 있었으면 그 동물을 선택했을 겁니다.

Q. 방사선이 종양 유전자를 많이 발현시키는 이유는 무엇인가요?

A. 방사선은 굉장히 높은 에너지입니다. 그래서 유전자를 손상시킵니다. 방사선은 모든 유전자 부위에 무작위적으로 돌연변이를 일으키는데, 그중 암억제유전자가 손상되고 암유발유전자가 브레이크 없이 활성화되면, 그로 인하여 암을 발생시키는 것입니다.

Q. 세포 주기에서 G0기에 속한 근육세포 같은 것은 세포 분열을 안 합니다. 그러면 근육세포에는 암이 생기지 않나요?

A. 주로 근육이나 인대에는 암이 잘 안 생깁니다. 근육에서 생기는 암들이 있기는 하지만 상대적으로 굉장히 드뭅니다. 근육은 G0기를 갖지만, 근육이 활동을 하면 계속 커집니다. 분열을 안 하는 세포는 아닙니다. 상대적으로 암이 가장 많이 생기는 곳은 외부와의 접촉이 있는 부분, 특히 입을 통해서 숨을 쉬는 폐, 신체 대사 활동의 모든 물질이 모이는 간, 음식물과 영양분이 오고 가는 대장과 소장, 면역 세포들을 끊임없이 만들어내는 혈액, 노폐물이 배출되는 신장 등입니다. 끊임없이 세포가 죽고

다시 재생되는 부분에서 많이 생기며, 상대적으로 근육이나 뇌에는 잘 생기지 않습니다. 아까도 설명한 대로 뇌암의 경우 뇌가 발생을 할 때 세포 분열 과정에서 돌연변이가 생겼거나 아니면 뇌 손상으로 다시 분열을 하게 되었을 때 생기기 때문에 상대적으로 드뭅니다.

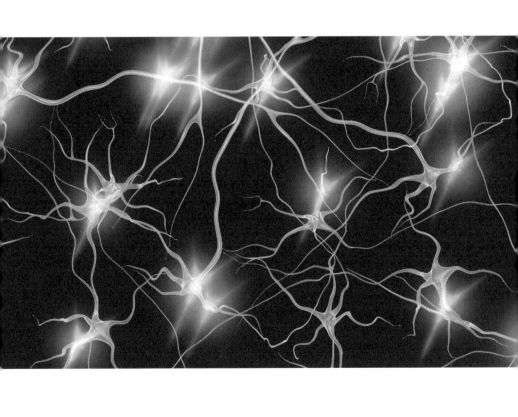

3부

DNA, RNA, 단백질

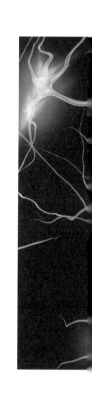

현대의 생명과학은 우리의 지식을 계속 고쳐 쓰는 중이다. 한때 DNA가 모든 것을 설명해줄 것이라 믿었던 때도 있었지만, 지금은 그 누구도 그것을 믿지 않는다. DNA만으로는 설명되지 않는 것들이 무수히 등장했기 때문이다. DNA 상의 유전자를 켜거나 끄는 스위치가 있는 것일까? 그렇다면 그것은 도대체 무엇이란 말인가? 더욱이 DNA의 유전정보가 mRNA에 의해 제대로 전사되었다고 해도 microRNA에 의해 단백질이 만들어지지 않기도 한다. 2000년대 초 '쓰레기 DNA'로 취급받던 정크 DNA 속에서 microRNA가 처음 발견된 이후, 추가로 찾아낸 것만 해도 수백 개에 달한다. 지금도 과학자들은 정크 DNA 더미 속을 뒤지며 새로운 RNA를 찾는 중이다. DNA에서 RNA로, RNA에서 단백질 합성까지 연결되는 과정은 언뜻 단순한 구조로 보이지만, 사실 그 어느 추리소설보다 더 미묘하고 복잡하다. 자칫 길을 잘못 들어서면 미궁으로 빠질 수 있다. 반전에 반전을 거듭하면서도 고도로 지적인 추리소설을 원한다면, DNA와 RNA와 단백질이 엮어 나가는 이야기에 빠져들게 될 것이다.

DNA는 단순한데 왜 우리 몸은 복잡한가

박충모 서울대학교 화학부 교수

서울대학교를 졸업하고 미국 뉴욕주립대학교에서 박사학위를 받았다. 뉴욕주립대학교 박사후 연구원, 금호생명환경과학연구소 책임연구원을 거쳐, 현재 서울대학교 화학부 교수로 재직 중이다. 이달의 과학기술자상(2001), 한국생명과학자상(2002), 한국식물학회 최고학술상(2011), 서울대학교 연구상(2012) 등을 수상했다.

DNA는 하나의 화학물질에 불과합니다. 그런데 특정한 과정을 거치면 다양한 단백질이 만들어질 뿐 아니라 식물과 동물 등 지구 상의 모든 생명체들이 만들어집니다. 연구를 하다 보면, DNA는 단순한 구조를 가지고 있는데, 어떻게 우리 몸은 이토록 복잡한 일을 수행할 수 있는 것일까, 하는 생각을 하게 됩니다. 이번 강의는 이 질문에 집중해볼 계획입니다.

DNA 구조

DNA는 화학적으로나 생물학적으로나 생명의 신비를 보여주는 놀라운 구조를 갖고 있습니다. 화학적으로 보면 너무나도 단순합니다. DNA는 인산, 데옥시리보스(5탄당), 한 개 또는 두 개의 링 구조를 갖고 있는 염기로 구성되어 있습니다. 참고로 RNA는 DNA와 비슷한 화학적 구조를 가지는데, 다만 데옥시리보스 대신에 리보스를 가진다는 점에서 다릅니다. 그리고 이렇게 인산, 5탄당, 염기 등이 결합해 분자

DNA는 인산, 5탄당, 염기로 구성되어 있다.

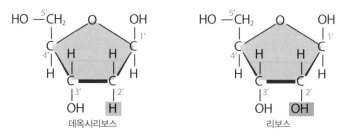

데옥시리보스와 리보스. DNA에서는 2′ 위치의 탄소에 수소가 붙어 있지만, RNA에서는 2′ 위치의 탄소에 하이드록시기(−OH)가 붙어 있다.

를 이룬 유기화합물을 뉴클레오타이드라고 합니다.

그러면 왜 DNA와 RNA의 구성단위인 뉴클레오타이드는 이런 구조를 갖고 있는 것일까요?

뉴클레오타이드의 인산 부분은 DNA가 하나의 산으로서 기능하게끔 하는 부분입니다. 염기는 네 종류(A, G, T, C)가 있습니다. DNA는 이 4개 염기의 배열로 거의 무한대의 정보를 저장하고 있습니다. 그러니까 염기 부분은 유전정보의 다양성을 부여하는 부분입니다. 그러면 5탄당은 왜 있을까요? 5탄당을 보면, DNA에서는 2′ 위치의 탄소에 수소가 붙어 있습니다. RNA에서는 2′ 위치의 탄소에 하이드록시기(−OH), 즉 수산기가 붙어 있습니다.

실험을 해보면, 2′ 위치에 수산기가 붙어 있으면 그렇지 않은 것에 비해 약 100여 배 정도 반응성이 높습니다. 이는 DNA에 비해 RNA의 반응성이 훨씬 높다는 것을 말해줍니다. 거꾸로 말하면 RNA에 비해 DNA가 훨씬 더 안정된 화학구조를 가지고 있다고 할 수 있습니다.

이런 RNA의 특징은 초기 지구에 유전물질인 RNA가 합성되어 생명의 기원이 되었을 것이라는 'RNA 세계 가설(RNA world hypothesis)'에 설득력을 더해줍니다. 이 가설은, 초기 지구는 RNA가 상황에 따라 때때로 유전물질로서 때때로 효소로서 작용해야만 하는 환경이었고, 이후 시간이 지나자 좀더 안정될 필요가 있는 유전물질은 DNA 쪽으로 넘어가고 RNA는 DNA 유전자의 발현을 조절해주는 일종의 중간 매개자가 되는 방향으로 진행되었을 것이라고 제시합니다.

중간매개자로서의 RNA에게는 반응성이 더 중요하고, 이는 RNA에서 2′ 위치가 매우 중요한 의미를 가진다는 것을 알려줍니다.

인간유전체프로젝트

인간의 DNA에는 약 2만 5000여 개의 유전자가 있으며, 이 유전자가 발현됨으로써 다양한 단백질이 만들어집니다.

인간유전체프로젝트(휴먼게놈프로젝트)가 시작될 무렵, 많은 사람들은 DNA의 염기 서열이 완전히 해독되면 생명의 신비를 풀 수 있고, 더 나아가 인류가 질병 문제로부터 해방될 수 있다고 생각했습니다.

이 프로젝트는 1990년에 미국의 에너지부와 보건부가 약 30억 달러를 이 프로젝트에 지원하기로 결정하면서부터 시작되었습니다. 인류의 달 탐사 프로젝트 다음으로 많은 돈이 투자된 프로젝트입니다. 이 프로젝트는 점차 확대되어, 이후 세계 18개국의 연구소 및 대학들이 국제인간유전체서열컨소시엄을 구성해 DNA 염기 서열을 분석하기 시작했습니다. 그리고 13년 만인 2003년, 과학자들은 인간의 DNA 염기 서열이 해독되었다고 발표했습니다. 약 30억 개의 염기 서열이 해독된 것입니다. 그리고 인간의 유전체에는 약 2만 5000여 개의 유전자가 있는 것으로 분석되었습니다.

뒤이어 식물, 동물, 미생물을 대상으로 한 유전체프로젝트들도 속속 결과를 내놓았습니다. 예쁜꼬마선충의 염기 쌍은 약 1억 개, 초파리는 약 1억 7000개, 애기장대는 약 1억 6000개, 벼는 약 4억 2000개였습니다.

그러나 생명의 신비를 밝히고 질병 문제를 해결해주리라던 인간유전체프로젝트의 결과는 기대치에는 미치지 못했습니다. 오히려 지금껏 생각하지 못했던 또 다른 의문들을 생기게 했습니다.

생명체의 유전체 크기는 아주 다양합니다. 그런데 흥미롭게도 생명체 대부분의 유전자 수는 3만 개 안팎입니다. DNA 염기 쌍의 개수에서 수백 배 정도 차이가 나더라도 실제 유전자 수는 큰 차이를 보이지 않았던 것입니다.

인간의 경우 DNA 염기쌍이 약 30억 개이지만, 그중 약 3% 정도만 유전자를 포함하고 있었습니다. 그러면 나머지 97%는 왜 있는 것일까요? 생명현상과 관계가 없는 DNA, 즉 정크 DNA(junk DNA)일까요?

여기에 더해진 또 하나의 퍼즐은 인간의 유전자가 약 2만 5000개인데도 실제 인간의 세포에서 관찰되는 단백질 수는 약 50만~300만 개라는 점입니다. 하나의 유전자는 하나의 단백질을 만든다는 것이 정설이었는데, 인간유전체프로젝트에 의해 새롭게 등장한 사실들은 기존의 개념들에 잘 들어맞지가 않았습니다. 그러면 하나의 유전자가 하나 이상의 단백질을 만드는 것일까요?

유전자는 AUG 시작 코돈(start codon)에서부터 TGA, TAG, TAA 정지 코돈(stop codon)까지 연속되는 '열린 번역 틀(open reading frame)'을 일컫습니다. 이 유전자가 필요한 때에 제대로 발현되기 위해서는 유전자 전사가 시작되어야 할 부분을 알려주는 프로모터 DNA와 유전자 전사가 끝나야 할 부분을 알려주는 터미네이터 DNA(Teminator DNA)

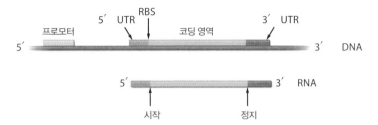

유전자는 시작 코돈에서부터 정지 코돈까지 연속되는 열린 번역 틀(open reading frame)을
일컫는다.

가 있어야 하며, 그 다음으로 '열린 번역 틀'의 주위에 인헨서(enhancer)
DNA가 필요합니다. 그러니까 유전자를 전사할 때, 유전정보를 담은
부분뿐 아니라 추가로 기능적인 DNA 염기 서열이 필요한 것입니다.

그래서 유전체의 3%만이 유전자를 결정한다고 하기에는 무리가 있
으며, 3%보다는 훨씬 많은 부분이 관여한다고 예측할 수 있습니다. 최
근에는 단백질 합성에 기여하지 않는 인트론(단백질 구성 정보를 담고 있
는 엑손 사이에 끼어 있는 염기 서열)의 DNA 염기 서열 내에서 RNA 스
플라이싱(인트론을 제거하고 엑손들로 이어붙이는 것)을 조절하는 정보들
이 포함되어 있다는 사실이 밝혀짐에 따라, 인트론이 유전자 발현을 조
절하는 데 중요한 역할을 한다는 점이 강조되고 있습니다. 그럼에도 유
전체의 아주 넓은 DNA 부분이 어떤 기능을 하는지에 대해서는 아직
완전하게 풀리지 않고 있습니다.

microRNA의 발견

2000년대 초, microRNA(줄임말은 miRNA)의 발견은 과학계를 떠들
썩하게 했습니다. 당시에 발표된 논문은 이렇게 표현하기도 했습니다.

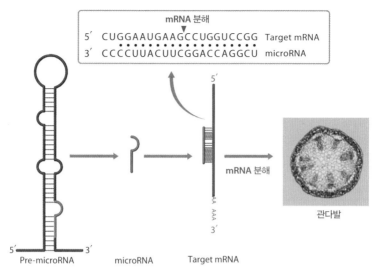

5′ CUGGAAUGAAGCCUGGUCCGG Target mRNA

3′ CCCCUUACUUCGGACCAGGCU microRNA

5′

mRNA 분해

관다발

5′   3′

Pre-microRNA   microRNA   Target mRNA

mRNA의 기능을 억제하거나 분해시키는 microRNA가 작동하면 관다발이 잘 발달하지 않는다.

miRNA는 "쓰레기 더미 속의 보석이다(Gems in junks)."

　miRNA는 단백질 합성과는 관계가 없는 물질로, 약 20개 안팎의 염기를 가진 작은 RNA입니다. 이 miRNA 각각은 자기 자신의 유전자가 발현되어 합성됩니다. 동물의 경우는 좀 다르지만, 식물의 경우 miRNA의 유전자들은 주로 정크 DNA로 알려진 부분에 존재합니다. 현재 최소한 수백 개의 miRNA 유전자가 발견되었습니다.

　miRNA의 특징을 아주 간단하게 표현한다면 "크기는 작지만 하는 역할은 방대하다(micro size but macro effect)."라고 할 수 있습니다.

　위 그림은 게놈 DNA(genomicDNA)에 있는 miRNA 유전자가 발현되어 일정한 과정을 통해 21개의 염기로 구성된 miRNA 분자가 만들어진 후, 이것이 mRNA와 염기쌍을 형성하는 것을 보여주고 있습니다. 이렇게 miRNA가 mRNA와 염기쌍을 형성하면, mRNA에서 번역이 일어나지 않아 단백질 합성이 이루어지지 못하거나 mRNA를 분해

miRNA166이 과량으로 발현된 돌연변이 식물.

시킵니다. 비록 작은 크기일지라도 정상적인 mRNA의 기능을 억제하거나 분해시킴으로써 특정 단백질이 만들어지지 않도록 하는 것입니다. 식물의 한 예에서 보면, miRNA가 작동하면 관다발이 잘 발달하지 않는 것으로 나타났습니다.

DNA에서 단백질이 만들어지는 과정은 넓게 보면 일종의 정보대사(information metabolism)라고 볼 수 있습니다. 앞에서 살펴본 것처럼 miRNA는 유전자 발현(information metabolism)에 하나의 억제 요인(repressor)으로 작용한다는 것을 알 수 있습니다. 이는 화학에서 반응을 촉진하거나 억제하는 일종의 '촉매'와 개념적으로 유사합니다.

miRNA는 크기가 아주 작지만 기능은 실로 다양합니다. 과학자들은 식물의 miRNA를 분리해 그것에 번호를 붙였습니다. miRNA167, miRNA300, miRNA310 식으로 말입니다.

예를 들어 설명해보겠습니다. 애기장대의 경우, miRNA166가 과량 발현되게끔 돌연변이를 만들면 식물이 잘 자라지 않습니다. 이 식물의

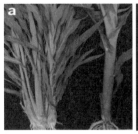

miRNA156이 과량으로 발현된 돌연변이 식물.

줄기는 원래는 동글동글하게 발달하지만, miRNA166에 돌연변이가 생기면 리본처럼 넓적해집니다. 줄기를 잘라보면 질서정연해야 할 관다발의 구조가 완전히 깨진 것을 볼 수 있습니다. 식물의 줄기 끝에는 줄기세포가 있는 정단분열조직이 존재하는데, 전자현미경으로 보면 돌연변이에서는 이 정단분열조직이 깨진 것을 확인할 수 있습니다. 꽃의 구조도 암술이 제대로 발달하지 못하는 식으로 자랍니다. 즉 아주 작은 크기의 miRNA 분자가 조금 더 만들어졌다는 이유 때문에 식물의 구조가 전반적으로 망가진 것입니다. 꽃의 구조가 깨져 씨앗을 효율적으로 만들지 못하는 등 번식력도 떨어졌습니다.

또 한 가지 예를 들어보겠습니다. 야생 식물의 형질전환을 통해 miRNA156을 더 많이 만들어지게 하면 노화가 지연됩니다. 끝눈우성 (apical dominance)은 식물이 자랄 때 줄기들이 우선적으로 제대로 자라게 하는 역할을 하는데, miRNA156이 과량 발현되면 끝눈우성 현상이 깨져 작은 줄기들이 무수하게 자라면서 꽃도 적게 핍니다.

만약 사료 작물에 miRNA156을 과량으로 발현시키면 노화가 지연되어 꽃이 피지 않고 계속 싱싱한 잎을 유지할 수 있을 것입니다. 이것은 유전공학적으로 활용될 여지가 다분히 있습니다.

계속되는 miRNA의 발견은 유전자의 개념에 변화를 일으켰습니다. 코딩 DNA(cording DNA)도 3%가 아니라 그보다 더 높은 비율로 존재한다는 점, RNA의 기능이 유전자 발현에 중요하다는 점 등이 새로이 부각되었습니다.

그러면 다시 처음의 질문으로 돌아가봅시다. DNA는 화학적으로 단순한 구조를 가졌는데, 단백질과 우리 몸은 어떻게 복잡한 일을 수행할 수 있을까요? DNA와 단백질 사이에는 RNA가 끼어 있습니다. 일단 우리는 이 지점에서, RNA가 유전자 발현에 일정한 기능을 담당함으로써 DNA라는 단순한 구조에서 복잡한 기능을 가진 단백질을 만들어낸다고 얘기할 수 있습니다. 즉 유전자는 화학적으로 4종류의 염기(A, T, G, C)가 일렬로 배열되어 있는 단순한 구조를 가지고 있지만, 해당 유전자가 발현되는 과정에서 RNA와 관련된 조절 메커니즘에 의해 다수의 단백질이 합성된다고 말입니다. 실제로 많은 연구들은 이들 단백질들의 합성이 주어진 환경에 따라 시공간적으로 정교하게 조절된다고 밝히고 있습니다.

동그란 모양의 circRNA

2013년 봄, 또 다른 RNA가 보고됐습니다. 바로 circularRNA(원형 RNA, 줄임말은 circRNA)입니다. 이전에 발견된 mRNA, tRNA, rRNA, miRNA는 모두 선 구조였습니다. 원형으로 된 RNA의 존재는 그때까지 간헐적으로 보고됐지만, 그 정체를 확인하고 기능을 어느 정도 짐작한 시기는 2013년 초입니다.

동물세포와 식물세포 내에서는 원형 RNA 분자들이 수천 개 정도 존

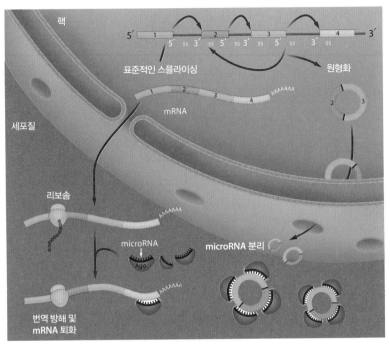

circRNA는 miRNA와 염기쌍들을 형성할 수 있는 결합 부위가 50~70개인 복사본을 갖고 있다.

재합니다. 그러면 이것들은 어떤 기능을 할까요?

보통 유전자는 엑손(exon)−인트론(intron)−엑손−인트론−엑손−인트론 식으로 구성되어 있습니다. 여기서 엑손은 DNA 염기 서열 중 단백질의 구성 정보를 담고 있는 부분이며, 인트론은 DNA 염기 서열 중 단백질의 정보를 가지지 않은 부분입니다. 인트론들은 RNA 전사가 이루어진 다음 제거됩니다. 그리고 이렇게 인트론을 제거하고 엑손을 연결하는 것을 RNA 스플라이싱(RNA splicing)이라고 합니다. RNA 스플라이싱이 이루어진 후, mRNA가 세포질로 이동하면 여기에 리보솜이 달라붙어 단백질을 만들어냅니다. 흥미로운 사실은 이러한 유전자의 엑손-인트론 구조가 단백질의 도메인(domain) 구조와 밀접한 관계에 있다는 사실입니다. 즉 여러 개의 구조 도메인을 가지는 단백질 유전자의 경우 각 엑손이 하나의 단백질 도메인을 합성합니다. 여기서 '도메인'은 단백질에서 중요한 기능을 하는 부분을 말합니다. 이에 대해서는 뒤에 다시 한 번 언급하겠습니다.

다시 말해, RNA 스플라이싱에 의해 인트론들이 제거되고 엑손들만 재결합되어 mRNA를 형성하고, 이 mRNA가 번역 과정을 거쳐 단백질을 합성합니다. 그런데 만약 세포질로 이동한 mRNA에 miRNA가 달라붙으면 어떻게 될까요? 그렇게 되면 mRNA가 단백질을 생성하는 것을 방해하거나 아니면 mRNA를 파괴합니다.

따라서 miRNA 양이 증가하면 mRNA 양이 감소할 수밖에 없습니다. 그러면 뭔가 불안정해집니다. 우리 몸은 균형을 추구하는데 어찌된 일일까요? 실제로 균형을 맞추는 현상들이 있습니다.

RNA 스플라이싱이 이루어지는 과정에서 비정상적으로 RNA 스플라이싱이 일어나는 경우가 있습니다. 예를 들어 인트론 1~2개가 남거나 1-2-3-4 엑손이 필요한데 중간에 하나가 빠진다거나 하는 일이 생깁니다. 그러면 이렇게 비정상적으로 만들어진 RNA 분자는 모종의 과정을 거쳐 원형의 구조를 갖게 되고, 핵에서 세포질로 빠져나가게 됩니다. 이 원형으로 된 RNA는 miRNA와 염기쌍을 형성할 수 있는 DNA 염기 서열 복사본을 갖고 있습니다. circRNA의 원천은 다양하겠지만, 현재로서는 유전자 발현 과정에서 생기는 일종의 비정상적인 RNA로부터 circRNA가 만들어진다고 가정하고 있습니다. 참고로, circRNA는 약 1000~3000개의 염기 서열로 이루어져 있습니다. 이 circRNA는 miRNA와 염기쌍들을 형성할 수 있는 결합 부위가 50~70

개인 복사본을 갖고 있습니다. 그래서 circRNA가 존재하면 이것은 miRNA를 제거하는 일종의 스펀지처럼 작용합니다.

결론을 말하자면, miRNA가 mRNA를 억제한다면 circRNA는 miRNA를 억제합니다. 즉 유전자 발현은 mRNA, miRNA, circRNA가 아주 정밀하게 균형을 유지하면서 이루어진다고 볼 수 있습니다.

다음은 circRNA의 존재를 보고하는 논문에 나온 내용입니다. "RNA의 기능적인 다양성은 끝도 없는 것 같다. 지금까지 다양한 RNA가 알려져 있고 miRNA가 최종인 것 같았지만, circRNA라는 것이 또 생겼다." 도대체 유전자 발현을 조절하는 RNA들의 세계는 어디가 끝인 것일까요?

mRNA, miRNA, circRNA 등 여러 RNA들의 관계를 살펴보면 흥미로운 DNA 부분을 하나 발견하게 됩니다. 바로 '발현 유전자 미끼(pseudogene decoys)'입니다. 'pseudogene'이라는 것은 가짜 유전자라는 것을 뜻합니다. '위유전자'라고도 부릅니다. 이 유전자는 유전자인데 단백질이 만들어지지 않는 유전자입니다. 자세히 보면, RNA가 만들어지지만 시작 코돈(start codon)이 없다 보니 단백질이 만들어지지 않습니다. 단백질도 만들지 못하는 '발현 유전자 미끼'는 왜 있는 것일까요? 왜 이 유전자는 RNA를 만들어서 생체 에너지를 소비하는 것일까요?

예를 들어 보겠습니다. 전쟁에게 이기려면 서로 적군의 탱크나 비행기를 파괴해야 합니다. 전쟁이 벌어지면 이런 전쟁 무기의 파괴는 피할 수가 없습니다. 그래서 아군의 피해를 최소화하기 위해 풍선 같은 것으로 가짜 비행기나 가짜 탱크를 만들어 세워놓습니다. 그러면 적군이 폭격을 가하면 가짜들이 파괴되어, 진짜 비행기와 탱크를 구할 수도 있습니다.

위유전자는 이런 식으로 작용합니다. 위유전자는 그 자체가 단백질을 만드는 것은 아니지만, circRNA와 마찬가지로 miRNA의 스펀지처럼 작용합니다. 위유전자에 의해 만들어진 RNA와 miRNA가 염기쌍을 이룸으로써, RNA 수준에서 miRNA의 기능에 영향을 미치는 것입니다.

이처럼 RNA는 기능이 엄청나게 복잡할 뿐 아니라 그 종류도 굉장히 많다는 것을 알 수 있습니다. 여기서 이렇게 자세히 RNA에 대해 다루는 것은 RNA의 기능을 제대로 이해해야 유전자 조절 메커니즘을 파악할 수 있기 때문입니다. 이런 RNA 관련 유전자와 다양한 유전자 조절 메커니즘은 왜 세포 내 단백질의 총합인 단백체(proteome)가 유전체보다 복잡한지를 설명해줍니다.

최근까지 과학계에는 mRNA, tRNA, miRNA, circRNA 등 다양한 RNA가 보고되었습니다. 그러면 이렇게 발견된 것이 전부일까요? 분명한 사실은 이것이 전부가 아니라는 점입니다. 이런 예측은 나름 설득력 있는 추론입니다.

진화론적으로 보면, 생명체에서 필요한 물질은 자꾸 만들어지고 필요하지 않은 물질은 도태되었습니다. 에너지를 절약하기 위해서입니다. 자연계에서 에너지를 절약하지 않은 개체는 모두 도태되었습니다. 인간의 유전체에 30억 개의 염기쌍이 존재한다는 것은 각 염기마다 그곳에 있을 만한 이유가 있다는 것을 뜻합니다. 현재 발견된 유전자와 RNA 종류를 다 합쳐도 DNA 염기쌍의 수와 비교해볼 때 아주 작습니다. 이것은 또 다른 무엇인가가 더 있다는 것을 짐작하게 합니다. 화학이나 물리학에서 과학자들이 질량수를 계산해본 후 딱 들어맞지 않으면 알려지지 않은 그 무엇인가를 찾아가는 것처럼, 생물학자들도 그렇게 접근할 수 있습니다. 그래서 최근 생물학자들은 기존에 알려진 RNA 외의 또 다른 무엇인가를 계속 찾고 있는 중입니다.

siRNA와 siPEP

RNA 가운데에서는 siRNA라는 것이 있습니다. 세포 내에는 miRNA 외에 비슷한 기능을 하는 작은 RNA 분자들이 존재하는데, 이를 포괄적으로 siRNA(small interfering RNA)라고 합니다.

이 siRNA를 이해하려면 'RNA 간섭(RNAi, RNA interference)' 현상을 이해할 필요가 있습니다. RNAi는 스스로 단백질을 합성하는 기능을 잃은 RNA가 mRNA에 달라붙어 mRNA의 기능을 억제하는 현상을 말합니다. 다시 말해 RNAi란 특정 mRNA와 염기쌍을 형성해 해당 mRNA의 파괴를 유도하거나 번역을 억제하는 현상입니다. 이러한 점에서 siRNA는 miRNA와 유사한데, siRNA는 이중 가닥의 RNA가 다이서 효소에 의해 잘릴 때 만들어지는 아주 작은 크기의 RNA 조각입니다. 그리고 이 siRNA를 이용한 RNAi 현상에 의해, 즉 siRNA가 특정 mRNA에 결합하는 현상에 의해 단백질의 발현이 억제될 수 있습

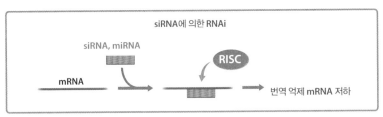

RISC:RNA - induced silencing complex

RNAi 현상은 특정 mRNA와 염기쌍을 형성해 해당 mRNA의 파괴를 유도하거나 번역을 억제하는 현상을 말한다.

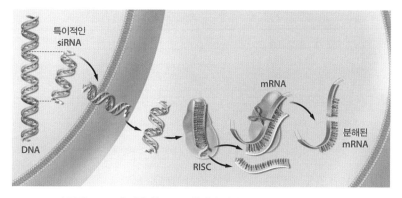

siRNA가 특정 mRNA에 결합하는 RNAi 현상에 의해 단백질의 발현이 억제될 수 있다.

니다.

RNAi 현상은 실험실 내에서만 일어나는 현상이 아닙니다. 식물과 동물의 체내에서 자연적으로 일어나는 현상입니다. 이 RNAi 현상은 DNA 연구의 패러다임을 바꾸었습니다. 2006년에 앤드루 Z. 파이어(Andrew Z. Fire)와 크레이그 C. 멜로(Craig C. Mello)는 RNAi 현상을 발견한 공로로 노벨 생리의학상을 수상하기도 했습니다.

그러면 이런 RNA와 관련한 현상을 단백질에 한번 적용시켜보면 어떨까요? siRNA 대신에 siPEP(여기서 PEP는 펩타이드를 의미함)를, RNAi 대신에 PEPi를 집어넣어보는 것입니다. RNAi에서는 siRNA가 작용합니다. 그러면 PEPi에서는 siPEP라고 하는 작은 단백질이 작용할 수 있지 않을까요?

이런 연구는 주로 유전자 발현을 조절하는 전사인자 단백질을 가지고 많이 진행합니다. 여기서 전사인자 단백질이란 RNA 중합효소가 제 때에 제자리에서 RNA 합성을 시작하게끔 도와주는 단백질을 말합니다.

구체적으로 보면, DNA 위의 유전자가 발현되려면 DNA 이중나선에 RNA 중합 효소(RNA Polymerase)가 달라붙어 다른 단백질의 도움을 받아 이중가닥을 분리해냅니다. 그리고 분리된 단일 가닥을 기본 틀로 해서 mRNA가 만들어집니다. 문제는 유전자 발현에 아주 핵심적인 효소임에도 불구하고 RNA 중합효소가 어디서부터 RNA 합성을 시작해야 할지 모른다는 점입니다. 이때 전사인자 단백질은 RNA 중합효소가 RNA 합성을 정확한 지점에서 시작하게끔 도와줍니다. 즉 전사인자 단백질이 신호를 받아 유전자 프로모터 위에 달라붙고, 그러면 그곳에 RNA 중합효소가 달라붙어 RNA 합성을 시작하게 됩니다.

전사인자 단백질은 일단 DNA 염기 서열을 구분해서 특정 부분에 결합할 수 있어야 합니다. 4종류의 DNA 염기들은 화학적 구조에서 약간의 차이를 보입니다. 대개 DNA에 단백질들이 붙을 때 단량체(monomer)로 붙는 것이 아니라 다량체(multimer) 또는 이량체(dimer)를 형성하여 결합합니다. 전사인자는 이량체(혹은 다량체)를 형성해야되기 때문에 단백질끼리 반응해서 특정 결합을 만듭니다. 그러니까 전사인자에는 DNA와 결합하는 부분, 단백질 결합이 이루어지는 부분, RNA 중합효소를 끌어들여 유전자 발현을 활성화시키거나 억제시키는 부분이 있어야 합니다. 따라서 전사인자 단백질은 최소한 세 개의 구조 도메인으로 구성되어 있습니다. 즉 DNA 결합 도메인(DBD), 이량체 및 단백질-단백질-상호작용 도메인(DD), 활성 또는 억제 도메인(AD 혹은 RD)으로 구성되어 있습니다.

옆의 아래 그림에서 전사인자 단백질은 세 개의 도메인을 다 갖고 있습니다. 즉 DBD-DD-AD 구조를 갖고 있습니다. 그런데 어떤 하나의 작은 단백질이 DNA 결합 도메인(DD)만 갖고 있다고 가정해봅

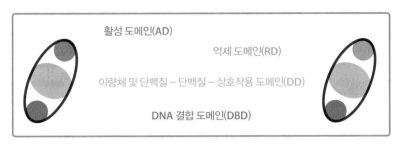

활성 도메인(AD)

억제 도메인(RD)

이량체 및 단백질 - 단백질 - 상호작용 도메인(DD)

DNA 결합 도메인(DBD)

전사인자 단백질은 세 개의 도메인을 갖고 있다.

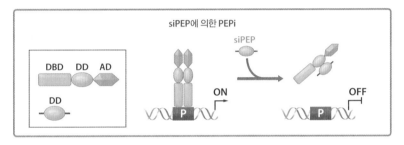

siPEP에 의한 PEPi

DBD DD AD

DD

siPEP

ON

OFF

P

P

siPEP는 펩타이드 간섭 현상을 통해 정상적인 전사인자 단백질의 기능을 억제하는 단백질이다.

시다. 이 작은 단백질은 전사인자와 결합할 수 있습니다. 이 단백질이
전사인자 단백질과 결합해버리면, 이 전사인자는 동형 이량체(homo
dimer)를 형성할 수가 없습니다. 동종 이량체가 아닌 전사인자는 DNA
의 특정 유전자의 프로모터에 결합할 수가 없습니다. 즉 이 작은 단백
질은 정상적인 전사인자 단백질의 기능을 억제한 것이라고 할 수 있습
니다. 이것을 펩타이드 간섭(PEPi, peptide interference)이라고 하고, 이
작은 단백질을 siPEP(small interfering peptide)라고 합니다.

하나의 유전자에서 선택적 스플라이싱에 의해 합성되는 단백질들 중
에는 크기가 비교적 작은 것들이 존재합니다. 이것들은 기능성 단백질
이라고 하기엔 너무 작은데다 필요한 기능 도메인이 결핍되어 있어 자

체적으로는 생리적인 기능을 가지지 않습니다. 그러나 이들 작은 단백질들이 원래 크기의 전사인자 단백질들과 이형 이량체(hetero dimer)를 형성함으로써 해당 전사인자 단백질의 기능을 억제할 수 있습니다. 이렇게 작용하는 단백질이 바로 siPEP인 것입니다. 이는 한 유전자로부터 기능성 단백질과 이 단백질의 기능을 억제하는 siPEP가 동시에 합성된다는 것을 의미합니다. 이렇게 자가조절 모듈(self-regulatory module)을 형성한다는 사실은 수시로 변화하는 환경 아래에서 생존에 필요한 유전자들의 조절이 정교하게 조절된다는 것을 보여줍니다.

게다가 siPEP는 선택적 스플라이싱에 의해서만 합성되는 것이 아니라, 유전체 안에 독자적인 siPEP 유전자가 다수 존재한다는 것도 밝혀졌습니다. 이는 유전자 수가 기존의 계산된 유전자 수보다 많다는 사실을 보여주는 또 다른 사례입니다.

예를 하나 들어보겠습니다. 식물의 뿌리, 줄기, 잎의 끝에는 생장점이 있습니다. 이 생장점의 내부에는 줄기세포가 존재합니다. 그리고 이것이 세포 분열을 함으로써 식물이 자라고 꽃도 만들어지고 잎도 만들어집니다.

특정 유전자의 기능을 알아보려면 그 유전자에 돌연변이를 일으켜보면 됩니다. 그런 다음 형질이나 모양에서 어떠한 부분이 변화했는지를 관찰해보면 그 유전자의 기능을 알 수가 있습니다. 돌연변이를 통해 유전자의 기능을 알아내는 방법은 실험실에서 빈번하게 이루어지고 있는 방법 중 하나입니다.

애기장대에 zpr3-1d 돌연변이가 생기면 정단분열조직이 잘 보이지 않습니다. 중심이 되는 줄기가 만들어지지 않는 대신 가는 곁가지만 발달합니다.

		Basic region(DNA-BD)	Leucine zipper(DD)	PHV
PHV	57	ILQNIEPRQIKVWFQNRRCREKQRKESARLQTVNRKLSAMNKLLMEENDRLQKQVSNLVY	
PHB	61	ILSNIEPKQIKVWFQNRRCREKQRKEAARLQTVNRKLVAMNKLLMEENDRLQKQVSNLVY	
REV	61	ILANIEPKQIKVWFQNRRCRDKQRKESARLQSVNRKLSAMNKLLMEENDRLQKQVSQLVC	
ATHB8	51	ILSNIEPKQIKVWFQNRRCREKQRKEASRLQAVNRKLTAMNKLLMEENDRLQKQVSHLVY	ZPR3
ZPR3	1	-----------------------------------MERLNSKLFVENCYIMKENERLRKKAELLNQ	

*HD-ZIP III Transcription factors; PHB, PHV, ATHB8, ATHB15, REV SAM 발달과 관다발 발달에 매우 중요함.

일종의 siRNA처럼 ZPR3가 siPEP로 작용해 정상적인 전사인자들의 기능을 억제한다.

이 돌연변이와 관련된 유전자는 애기장대 유전체 프로젝트에서 확인되지 않은 유전자였습니다. 기존의 연구에서는 애기장대에 약 2만 5000여 개의 유전자가 있다고 보고했는데, 그것에 포함되지 않았던 또 다른 작은 유전자가 있었던 것입니다. 그 작은 유전자에는 67개의 아미노산이 분포하고 있었습니다. 애기장대 유전체프로젝트 팀이 이 정도로 작은 크기는 정상적으로 발현할 수 없다는 판단 하에 무시했던 유전자였습니다.

zpr3-1d 돌연변이는 이 작은 단백질들이 과량 발현되어 있었습니다. 그러면 이 작은 단백질의 기능은 무엇일까요? 이 단백질의 기능을 밝히는 데에는 몇 년이 걸렸습니다. 여러 가지로 비정상적이어서 오래 걸렸던 것입니다.

위 그림에서 PHV, PHB, REV 등은 전사인자들입니다. 이 전사인자들은 식물의 정단분열조직의 발달에 핵심적인 인자들입니다. 맨 아래의 ZPR3라는 작은 단백질을 보면 아미노산 염기 서열이 위의 전사인자들과 상당히 유사한 것을 볼 수 있습니다.

또 전사인자들이 갖고 있는 여러 도메인 중 ZPR3 단백질이 갖고 있는 것은 이량체(dimerization) 도메인입니다. 특이한 점은 일종의 siRNA처럼 ZPR3가 siPEP로 작용해 정상적인 전사인자들의 기능을 억제한다는 것입니다.

애기장대의 경우 기존에 알려진 2만 5000여 개의 유전자 외에 수백 개 정도의 siPEP 유전자가 있는 것으로 예측되고 있습니다. 50~120개 정도의 아미노산으로 구성된 작은 단백질 유전자가 꽤 많이 존재하는 것입니다. 또한 2006년에 추가로 3000개 정도가 보고되었습니다. 단백질과 유전자에 대한 기존의 상식에 맞추려다가 놓친 단백질 유전자들이 많았던 것입니다. 유전자 수가 어느 때는 2만 5000개, 어느 때는 3만 개, 어느 때는 4만 개라는 식으로 자주 숫자가 바뀌는 것에 대해 의아하게 생각한 이들이 많았을 텐데, 이런 현상이 나타난 것은 유전자와 단백질의 정의를 어떻게 내리느냐에 따라 그 수가 조금씩 변화하기 때문입니다.

그러면 식물 유전체에 존재하는 약 100여 개의 siPEP 외에 또 다른 siPEP가 존재할까요? 또 다른 분자를 찾아야만 한다면 어떻게 찾을 수 있을까요? 사실 여태껏 과학자들이 찾지 못했으니, 새로운 분자를 찾는 것은 막막한 일입니다. 그러면 발상을 전환해, DNA에서 단백질로 가는 방향에서 찾는 것이 아니라, 반대로 복잡한 단백질로부터 접근해보면 어떨까요? 실제로 지금 많은 연구자들이 단백질을 대상으로 분석하고 있는 중입니다. 그것은 새로운 분자를 찾기가 너무 어려워서 단백질 쪽에서, 즉 역방향으로 접근해보는 시도들이라고 할 수 있습니다.

선택적 스플라이싱이란?

1개의 유전자에서 여러 개의 단백질이 만들어지는 메커니즘 중에는 선택적 스플라이싱(Alternative splicing)이 있습니다. 보통, 단백질이 만들어질 때 유전자의 엑손과 인트론 중 인트론들은 모두 제거되고, 엑손

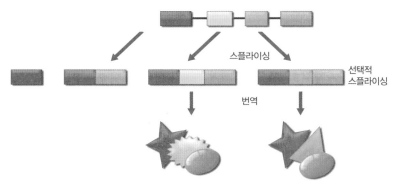

엑손들이 모두 결합되는 것이 아니라 한두 개의 엑손이 빠진 상태에서 단백질이 만들어지기도 하는데, 이것을 선택적 스플라이싱이라고 한다.

들이 모이게 됩니다. 그런데 엑손들이 모두 결합되는 것이 아니라 한두 개의 엑손이 빠진 상태에서 단백질이 만들어지기도 합니다. 즉 위의 예에서 보면 4개의 엑손 중에서 1-2-4가 모인 것, 1-3-4가 모인 것, 1-4가 모인 것, 아주 예외적으로 1개의 엑손이 단백질을 만드는 것 등입니다.

따라서 선택적 스플라이싱을 통해 한 유전자로부터 여러 개의 mRNA가 합성되고, 그 결과 여러 개의 단백질들이 합성될 수 있는 것이라고 할 수 있습니다. 그러면 이런 작은 단백질들은 왜 만들어지는 것일까요? 선택적 스플라이싱에 의해 만들어진 이 작은 단백질의 정체는 무엇일까요?

해당 유전자가 전사인자 유전자일지라도 작은 단백질은 그 크기가 너무 작아서 전사인자의 기능은 없을 것 같습니다. 그렇다면 혹시 siPEP로 작용하지 않을까요?

여기에 '생물 정보학'의 힘을 빌릴 수 있습니다. 선택적 스플라이싱을 일으키는 유전자를 분석한 데이터베이스 ASIP, 전사인자 유전자들

애기장대	전사인자 수	선택적 스플라이싱을 거치는 유전자 수	교집합
	1841	4460	340

벼	전사인자 수	선택적 스플라이싱을 거치는 유전자 수	교집합
	1858	6050	337

전사인자 유전자이면서도 선택적 스플라이싱을 거치는 유전자는 애기장대의 경우 340개이고, 벼는 337개이다.

만을 모아놓은 데이터베이스 AtTFDB의 교집합을 찾아보면, 전사인자 유전자들 중 선택적 스플라이싱이 일어나는 전사인자 유전자들을 골라낼 수 있습니다.

위의 표를 보면, 애기장대와 벼의 유전자 중에서 전사인자 유전자이면서도 선택적 스플라이싱을 거치는 유전자는 각각 340개, 337개입니다.

물론 애기장대의 유전자 340개를 전부 연구하기는 어렵습니다. 이 가운데 IDD14, CCA1, CO라는 전사인자 유전자의 경우, 선택적 스플라이싱을 거쳐서 만든 작은 단백질이 과연 siPEP로 작용하느냐에 대해서는 논문이 계속 발표되고 있습니다.

이중 CCA1을 자세히 살펴보도록 하겠습니다. 이 CCA1 전사인자 유전자는 생체시계와 깊은 관계가 있는 유전자입니다.

지구 상에 살고 있는 거의 모든 생명체들은 약 24시간을 주기로 하는 생체 리듬을 갖고 있습니다. 그래서 때가 되면 배가 고프고, 때가 되면 졸리고, 때가 되면 지칩니다. 이 모든 것은 생체 리듬에 의해 조절되는 현상입니다. 이러한 생체 리듬을 만들어주는 대표적인 신호가 빛과 온도입니다. 이 외에 습도의 변화, 바람의 세기 등이 신호로 작용하는 경우도 있습니다만, 빛과 온도만큼 보편적이지는 않습니다. 그러면 생체

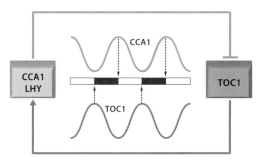

식물의 생체 시계를 구성하는 CCA1, LHY, TOC1 단백질들은 전사인자들이다. 이 전사인자들 사이에는 음성 피드백 조절 원리가 얽혀 있다.

시계의 정체는 무엇일까요? 우리 몸속에 시계가 들어 있을 리는 만무합니다.

시소를 예로 들어 설명해보겠습니다. 두 사람이 시소를 타고 있는데, 왼쪽 사람은 오른쪽 사람을 도와주는 반면 오른쪽 사람은 왼쪽 사람을 괴롭힙니다. 그러니까 한 사람은 도와주고, 다른 한 사람은 억압하는 관계입니다. 그러면 다음과 같은 흐름이 형성될 것입니다. 왼쪽 사람이 열심히 도와주면 오른쪽 사람의 힘이 세지고, 그러면 오른쪽 사람이 왼쪽 사람을 더 심하게 괴롭힙니다. 그러면 왼쪽 사람은 힘이 빠져 오른쪽 사람을 돕지 못하게 됩니다. 그러면 오른쪽 사람도 힘이 빠집니다. 또 그러면 왼쪽 사람은 오른쪽 사람이 덜 괴롭히니까 힘이 나서 오른쪽 사람을 도와줍니다. 이 같은 현상이 일정한 주기를 가지면서 반복되는 것입니다. 이를 음성 피드백(negative feedback)이라고 합니다. 생체 시계도 이런 원리를 갖고 있습니다.

식물의 생체 시계를 구성하는 CCA1, LHY, TOC1 단백질들은 전사인자들입니다. 이 전사인자들 사이에는 음성 피드백 조절 원리가 얽혀 있습니다. 예를 들어, 아침에는 CCA1가 활성화되고 저녁에는

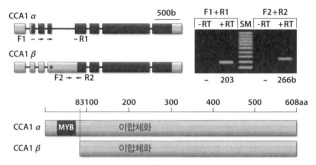

CCA1 유전자가 만드는 RNA 중 선택적 스플라이싱에 의해 β는 이중체 도메인은 있으면서도 DNA 결합 도메인은 없다. 이 경우 β는 활성을 가지고 있지 않다.

TOC1가 활성화되는 식으로 음성 피드백에 의해 조절되는 것입니다. 이런 전사인자들 가운데에서 가장 활발하게 연구되는 것은 CCA1 전 사인자입니다. 이 CCA1 유전자에서는 선택적 스플라이싱을 통해 최 소한 2개의 RNA가 만들어집니다.

위 그림에서 α라고 쓰여 있는 것은 원래 CCA1이 만드는 RNA이고, β라고 하는 것은 인트론이 제거되지 않은 채 남아 있는 겁니다. 그렇게 해서 만들어지는 α 단백질을 보면 MYB 도메인, 이중체 도메인, 활성 도메인(activation domain)이 존재합니다. 선택적 스플라이싱에 의해 β 는 이중체 도메인은 있는데 DNA 결합 도메인은 없습니다.

실제로 분석해보면 α는 전사인자로 활성을 가지고 있는 데 반해 β 는 활성을 가지고 있지 않습니다. α는 원래 자신을 단량체로 만듦으로 써 작용하는데, 만약 세포 내에 β 단백질도 있으면 상황은 달라집니다. 즉, α가 단량체로 만들어지는 게 아니라 α 이형체(hetero)가 만들어집 니다.

그러니까 여기서 만들어지는 β는 그 자체로서 어떤 전사인자로서의 기능을 가지는 대신 α의 활성을 간섭함으로써, α가 제대로 기능을 발휘하게 하든지 아니면 억제하게 하든지 하는 것입니다. 즉 선택적 스플라이싱에 의해 2종류의 RNA 분자가 존재하게 되는데, 이중 β는 일종의 siPEP으로 작용하는 것입니다. 이것은 실험적으로도 증명할 수 있습니다.

α가 많이 만들어지면 어린 줄기도 길어지고 잎자루도 길어지는 형질이 나타납니다. 그런데 선택적 스플라이싱을 거친 β가 발현되면 길어지는 형질들이 다 사라집니다. 이 실험을 통해 β가 α의 억제제로 작용한다는 것을 알 수 있습니다.

그러면 여기서 하나의 의문이 생깁니다. 왜 α만 만들지 않고 β가 만들어졌을까? 즉, 왜 1개의 유전자로부터 2개의 RNA 분자가 만들어지느냐 하는 의문입니다.

앞에서 생체 시계의 리듬을 조종하는 중요한 외부 신호는 빛과 온도라고 설명했습니다. CCA1의 선택적 스플라이싱을 4℃로 처리하게 되면 α의 양이 늘어나고 β의 양은 줄어듭니다. 식물이 저온에 노출되면 α 단백질은 많이 만들어지는 반면 β 단백질은 안 만들어지는 것입니다.

일견 β는 어차피 억제제로 작용을 하니까 없으면 좋을 것이라고 생각할 수 있습니다. 그런데 실제로는 α를 과량 발현시키게 되면 저온에 대한 저항성을 가지게 됩니다. β를 과량 발현시키게 되면 CCA1 유전자가 없는 돌연변이 유전자와 마찬가지로 저온에 대해 아주 민감해집니다. 그러면 왜 저온에서 α만 만들어지는지 금방 이해할 수가 있습니다. 저온에 민감한 β가 만들어지면 안 됩니다.

이런 결과들을 종합을 해보면, 저온이 되면 식물이건 동물이건 그것들의 생체 리듬이 둔화됩니다. 식물 같은 경우에는 닫힌 활동들이 뚜렷

하게 나타납니다. 보통은 일주기 리듬을 보이다가 저온에 놓이면 일주기 리듬이 사라집니다. 생리 활동은 환경의 리듬과 일치가 되어야만 생장 등이 잘 유지되기 때문입니다. 온도가 낮으면 리듬을 유지할 수가 없으며, 식물은 생체 리듬을 조절하는 데 들어가는 에너지들은 전부 모아서 저온에 대한 저항성을 높이려고 합니다. 그러니까 정상적일 때는 생체 리듬이 유지되지만, 저온이라는 상황에 놓이게 되면 저온 저항성이 증가하게 되는 것입니다. 즉 α, β 사이의 관계는 끊임없이 변화하는 자연 상태에 적응할 수 있는 일종의 전략이라는 것을 알 수가 있습니다.

결론적으로 한 유전자로부터 다수의 단백질이 만들어지며, 선택적 스플라이싱이라는 것도 단순한 유전체로부터 복잡한 단백질을 만드는 데 크게 기여한다는 것을 알 수 있습니다. 여기서 중요한 점은 RNA의 또 다른 기능이 있다는 점입니다.

유전체의 화학적 구조는 아주 단순합니다. 그러나 각 유전자가 발현되는 조절 메커니즘은 아주 복잡합니다. 여기에서 다재다능한 기능을 수행하는 것이 바로 RNA입니다. 이제 DNA와 단백질보다 RNA에 더 큰 관심을 가져야 할 때가 되었습니다. 유전체가 하드웨어라면, 그것을 작동시키는 RNA는 일종의 소프트웨어입니다. 지금까지 RNA가 지닌 기능의 몇 가지 새로운 예들을 살펴보았는데, 분명한 사실은 새로운 RNA 또는 RNA에 의해서 발현되는 새로운 메커니즘이 반드시 존재한다는 점입니다.

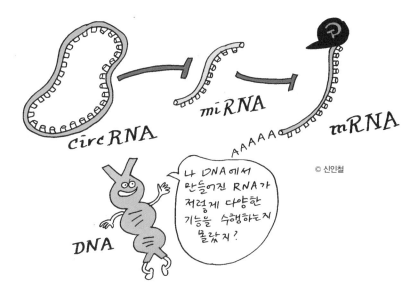

Q. RNA 간섭에서 siRNA가 mRNA의 기능을 억제한다고 했는데, 그렇게 기능을 억제할 때 얻는 이점은 무엇인가요?

A. 식물의 생장 과정에서 각 유전자들이 항상 필요한 것은 아닙니다. 예를 들어 A단백질이 있다는 것은 A유전자가 발현되었다는 것을 말해줍니다. 그런데 유전자가 발현될 때 환경이 변했다면, mRNA를 억제해야 될 때가 있습니다. 이때 mRNA를 억제하는 방법에는 여러 가지가 있습니다. siRNA가 없더라도 유전자 발현을 통해 억제할 수도 있습니다. 그렇지만 정교함이 떨어집니다. 그런 정교함을 보장하기 위해서 siRNA 등이 기능을 수행하는 겁니다.

Q. 위유전자(pseudogene)가 꼭 존재해야만 하는 유전자인지 궁금합니다.

A. 원시 생물체들의 유전자 수는 지금보다 훨씬 적었을 것입니다. 가령 이스트 같은 경우에는 유전자가 6000개 정도밖에 안 됩니다. 그런데 진화 과정에서 다세포 생물체들의 유전자 수는 3만 개 혹은 4만 5000여 개가 되었습니다. 이는 진화 과정에서 특정 유전자들이 복제되었기 때문입니다. 하나였던 것이 두 개, 세 개가 된 것입니다. 그러다 보니, 비슷한 단백질인데 유전자는 여러 개가 존재하게 된 것입니다. 또 어떤 유전자들은 자발적 돌연변이에 의해서, RNA로는 만들어지지만 단백질 합성은 일어나지 않게 되었습니다. 위유전자의 존재 이유는 불분명합니다. 그러나 존재하는 것은 어떻게든 사용된다고 전제한다면, 위유전자는 circRNA처럼 mRNA까지는 만들어지니까 일종의 miRNA 스펀지로 작용하지 않을까 생각할 수 있습니다. 여기에서 위유전자의 존재 의미를 찾을 수 있지 않을까 싶습니다.

Q. circRNA는 원형이고, 위유전자(pseudogene)는 직선입니다. miRNA를 조절하는 동일한 기능을 가지고 있는데 특별히 그렇게 모양이 다른 이유가 있나요?

_A._   아주 최근에 나온 연구 결과라서 그 점은 연구를 해봐야 답을 알 수 있을 것 같습니다. circRNA가 선형을 유지해도 기능을 유지하는 데 큰 문제가 없을 것 같습니다만, 아무래도 원형이면 공격을 덜 받게 될 가능성도 높습니다. 그러나 이 부분은 아직은 분명치 않습니다.

후성
유전이란
무엇인가

백성희 서울대학교 생명과학부 교수

서울대학교에서 분자생물학 전공으로 박사학위를 받았다. 미국 캘리포니아대학교 샌디에고 캠퍼스, San Diego 연수연구원과 연구교수를 거쳐, 현재 서울대학교 생명과학부 교수로 재직 중이다. 암세포의 성장과 사멸에 관심을 가지고 있으며, 현재 크로마틴 다이나믹스를 통한 유전자 조절 과정을 연구하는 중이다. 삼성행복대상(2014년), 올해의 여성과학기술자상 (2012년), 로레알 여성과학자상 (2011년) 등을 수상했다. 세계적으로 우수한 연구 업적을 인정받아 서울대 창의선도연구자로 선정되어 지원받고 있다.

영화 〈매트릭스〉를 보면 세상이 모두 0과 1로 코드화되어 있습니다. 생명체들의 생로병사가 전부 코드(code)에 따라 펼쳐지는데, 코드를 모르는 생명체들은 자신 앞에 펼쳐지는 일들에 희로애락을 느끼며 살아갑니다. 생명과학에 대해 연구하다 보면 문득 다음과 같은 생각이 들 때가 있습니다. 많은 생명현상도 어쩌면 코드로 구성되어 있지 않을까? 저는 이 강연에서 여러분과 함께 우리가 살아가는 생명현상을 코드처럼 생각해보면 어떤지 한 번 살펴보고자 합니다.

생명과학이란?

어떤 코드가 눈앞에 있다면 가장 중요한 것은 코드를 해독하는 일일 것입니다. 우리에게 주어진 것은 생명현상이라는 코드입니다. 이 코드를 해독하려면 먼저 생명현상이 무엇이며, 생명현상을 연구하는 생명과학이 무엇인지에 대해 이해할 필요가 있습니다.

일단 생명과학은 생명체를 연구하는 학문입니다. 살아 숨 쉬고 생각하고 행동하는 생명체에 관한 모든 것이 생명과학의 연구 주제가 됩니다.

생명체의 특징으로는 다음과 같은 것들이 있습니다. 1) 세포, 조직, 기관, 기관계 같은 구성을 갖고 있습니다. 2) 에너지를 이용해 호흡하고, 물질대사를 합니다. 3) 항상성을 유지합니다(항상성을 유지한다는 것은 중요한데, 항상성이 깨지면 병에 걸리게 됩니다). 4) 생장 및 생식 활동을 합니다. 5) 자극에 대해 반응하고 적응합니다. 이 모든 특징들을 다 갖췄을 때 생명체라고 합니다. 그리고 이러한 생명체를 연구하는 학문이 바로 생명과학입니다.

생명체의 기본단위, 세포

빅뱅, 엑소, 소녀시대, 미쓰에이 등 여러분이 좋아하는 아이돌 가수들과 여러분의 공통점은 무엇일까요? 모두 하나의 생명체이자 한 인간입니다. 생명과학적인 견지에서 보면 세포라는 기본단위로 구성되어 있는 생명체입니다.

세포란 무엇일까요? 세포는 생명체가 살아가기 위한 기본적인 기능뿐 아니라 특수한 기능도 수행하는 기본단위입니다. 세포의 기능을 자세히 들여다보면 생명체의 기능과 유사하다는 생각을 하게 됩니다.

세포는 하나의 행정 자치구와 비슷합니다. 인체는 약 10조 개의 세포로 구성되어 있는데, 이들 세포의 종류에는 약 270여 종이 있습니다. 각 세포에 들어 있는 핵은 일종의 사령부로 중요한 명령을 내리는 곳입니다. 핵은 23쌍의 염색체를 보유하고 있습니다. 염색체를 쭉 풀어보면 DNA와 히스톤 단백질로 구성되어 있습니다. DNA와 히스톤 중 DNA의 염기 서열은 의미를 전달하는 구성요소라 할 수 있습니다.

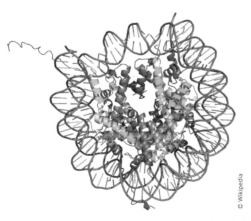

© Wikipedia

양전하를 띤 히스톤 단백질에 음전하를 띤 DNA가 감겨 있다.

DNA는 음전하를 띠고 히스톤 단백질은 양전하를 띠고 있는데, 실패 같은 히스톤 단백질에 DNA라는 실이 감겨 있습니다. 그래서 음전하만 띠는 DNA들끼리만 있었다면 음전하끼리 서로 밀쳤을 텐데, 히스톤이 양전하라서 실패에 칭칭 감겨 있을 수 있는 것입니다. 길고 긴 DNA는 아주 작은 공간에 효율적으로 포장되어 있습니다.

만약 이사를 간다고 할 때 일정한 개수의 상자에 많은 이삿짐을 집어넣어야 한다면 머리를 써서 가장 효율적으로 넣어야 할 겁니다. 생명체는 마치 약 40km나 되는 길이의 실을 탁구공처럼 아주 작은 공간 안에 뭉쳐 놓은 수준으로 DNA를 아주 효과적으로 포장했습니다.

유전정보와 인간유전체프로젝트

영어는 26개의 알파벳으로 구성되어 있고, 컴퓨터는 0과 1로 구성되어 있습니다. DNA의 염기는 아데닌(A), 구아닌(G), 티민(T), 사이토신(C), 이 네 가지로 구성되어 있습니다. 즉 DNA가 사용하는 언어는 4진수입니다. 인간의 DNA 염기 서열을 분석한 결과를 보면 A, G, C, T라는 문자가 무작위로 배열된 것처럼 보입니다. 유전체학은 생물정보학적인 기법으로 어디서부터 어디까지가 어떤 기능을 하는 유전자인지를 분석해내고자 합니다.

인간들의 DNA는 99.5%가 유사하고, 나머지 0.5%는 서로 다릅니다. 이처럼 기본적인 DNA는 유사하기 때문에, 어떤 사람의 DNA를 가져다 분석한다 해도 차이가 거의 없습니다.

DNA는 몸의 설계도를 저장하고 있습니다. 그래서 과학자들은 오래전부터 DNA 염기 서열을 완전히 분석하기만 한다면 인체의 중요한 비밀이나 질병과 관련된 정보를 알 수 있을 것이라고 여겼습니다.

그래서 시작된 프로젝트가 바로 인간유전체프로젝트(휴먼게놈프로젝트)입니다. 약 30억 개로 이루어져 있는 인간 DNA의 염기 서열을 모두 분석해버리겠다는 프로젝트입니다. 유전체의 기본 단위는 뉴클레오타이드인데, 하나의 뉴클레오타이드를 1mm 길이로 표시하면 사람이 갖고 있는 유전체의 길이는 약 3200km가 됩니다. 이런 비율에서 유추해보면 인간은 아프리카 대륙을 횡단하는 거리만큼의 유전체를 보유하고 있습니다. 이를 해독하는 프로젝트이니 대단히 큰 규모의 프로젝트라고 할 수 있습니다. 이 프로젝트가 시작되자, 수많은 유전자 중에 어떤 유전자가 중요한지, 또 어떤 유전자가 질병과 관련되어 있는지를 알 수 있으리라는 장밋빛 청사진이 제시되었습니다.

가장 처음 인간유전체프로젝트를 진행하자고 제안한 곳은 미국의 에너지국이었습니다. 1985년 에너지국은 일본의 히로시마 원자폭탄에 피폭된 사람들에게서 어떤 유전자 돌연변이가 나타났는지를 연구해보자고 제안한 바 있습니다. 이는 방사선 피폭이 인간의 DNA에 돌연변이를 일으키는 주된 원인이었기 때문입니다.

그러다가 1990년 10월, 미국의 국립보건원은 방향을 달리해서 영국, 일본 등이 참여하는 대형 국제공동연구사업을 제안했고, 프로젝트의 시작을 알렸습니다. 당시에는 15년 정도면 해낼 수 있을 것이라 발표했지만, 실제로는 그보다 이른 2003년에 완성된 버전이 발표되었습니다.

인간유전체프로젝트가 종료되고, 후성유전학프로젝트(Epigenome Project)가 진행되고 있는 이 시점에서 인간유전체프로젝트의 성과를 조명해보면, 다음과 같이 정리할 수 있습니다.

첫째, 예상과 달리 인간의 유전자는 많지 않았습니다. 프로젝트가 끝나기 전에 많은 연구자들은 초파리의 유전자가 약 1만 7000개이므로 초파리보다 고차원적인 인간의 유전자는 10만 개가 넘을 것이라고 예상했습니다. 그런데 막상 뚜껑을 열어보니 인간의 유전자는 기껏 초파리의 2배 정도였습니다. 유전자의 개수가 생명체의 복잡성과 비례하는 것은 아니지만, 어쨌거나 인간의 유전자 수가 3만 개도 안 된다는 것은 굉장히 놀라운 결과였습니다.

둘째, 유전자는 밀집된 도시를 이루고 있었습니다. 인간 유전체 안에 있는 많은 유전자들이 밀집된 방식으로 가까운 거리에 위치해 있었던 것입니다.

셋째, 유전자를 보호하는 역할을 하면서 반복되는 염기 서열이 50%에 달했습니다.

넷째, 인간은 세균의 유전자도 갖고 있었습니다. 그러니까 세균으로부터 받은 유전자가 200개 정도 발견되었습니다.

다섯째, X염색체보다 Y염색체에서 유독 돌연변이가 더 많이 나타났습니다. 돌연변이라는 것은 진화 과정에 무슨 일이 일어났는지를 파악하는 데 매우 중요한 단서입니다.

여섯째, 맞춤 의학의 기초를 제공하는 단일염기다형성(SNP, Single Nucleotide Polymorphism)에 대한 정보를 알려주었습니다. SNP에 대해서는 뒤에서 다시 설명하도록 하겠습니다.

인간유전체프로젝트를 진행할 당시만 하더라도 DNA의 염기 서열을 읽는 데에는 많은 비용과 시간이 들었습니다. 그러나 프로젝트가 끝나갈 무렵이 되었을 때는 염기 서열 해독 기술이 눈부시게 발달해, 뒤이어 1000명의 유전체를 해독하는 프로젝트를 진행할 수 있을 정도가 되었습니다. 그래서 2008년 1월부터 영국, 미국, 중국이 공동으로 진행된 '1000명 유전체프로젝트'는 3년이라는 짧은 기간 동안 1000명의 유전체를 해독했습니다.

DNA 시퀀싱 기술

과학 연구를 진행할 때 모집단의 수가 많은 것도 중요하지만, 비용을 낮추고 시간을 단축시키는 것도 중요한 측면입니다. 인간의 유전체를 해독하는 과정에는 기기의 발달이 아주 큰 역할을 해냈습니다. 1995년 처음으로 인간유전체프로젝트가 시작될 때만 해도 ABI310이 한 번 가동될 때 10kB(1킬로바이트[kB]는 2^{10}바이트임)를 읽었다면, 10년 후에는 SOLEXA가 한 번 가동될 때 10GB(1기가바이트[GB]는 2^{30}바이트임)를 읽었습니다. 그리고 HELICOS가 나온 후에는 비용도 낮아졌을 뿐 아니라 한 번 가동될 때 50GB까지 읽을 수 있는 정도로 발달했습니다.

이렇게 DNA 시퀀싱 기기의 성능이 좋아지다 보니, 비용을 최대한 낮춰 개인이 자신의 유전체를 해독할 수 있도록 하는 방안까지 모색되었습니다. 그리고 2010년 9월, 미국의 국립 인간유전체연구소는 한 개인이 자신의 유전체를 1000달러 이하의 비용으로 읽을 수 있게 했습니다. 유전체 해독을 일상적인 의료 과정에 편입시키려고 한 것입니다. '$1000 게놈'이라는 말은 이때 등장했습니다.

자, 이제 누구나 자신의 유전체를 1000달러 이하의 비용으로 해독할 수 있는 시대가 되었습니다. 아마도 더 기술이 발달하게 되면 1000달러보다 더 낮은 비용으로 자기의 유전체를 읽을 수 있게 될 것입니다.

모든 인간 유전체의 염기 서열은 99.5%가 비슷합니다. 그러면 개인 차는 나머지 0.5%에 있지 않을까요?

인간 유전체에는 단일염기다형성이 약 1000만 개가 존재합니다. 이 SNP는 나머지 0.5%에 속하는 것으로, 인간유전체프로젝트가 끝날 무렵 SNP는 많은 연구자들의 관심을 한 몸에 받았습니다.

과학자들은 SNP와 질병과의 연관성을 연구하기 시작했습니다. 아래의 그림에서, 4명의 사람들의 염기 서열을 보면 특정 부분만 다르고, 나머지는 똑같습니다. 이중 1번 사람만 유독 위암에 걸렸다고 생각해 봅시다. 그러면 염기 서열이 다른 부분에 A라는 염기를 가진 사람들에게서 위암 발병률이 높다고 추측할 수 있을 것입니다. 그래서 자신의 유전체를 해독했다면, 자신이 그 위치에 A를 가졌는지, 아니면 C, G,

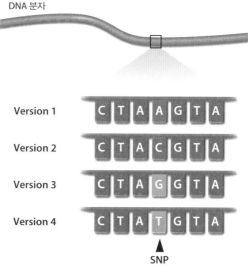

단일염기다형성(SNP)는 DNA 염기에서 약 500염기당 1개꼴로 나타나는 돌연변이로, 인간의 유전체에 약 1000만 개 정도 존재한다.

T를 가졌는지 확인해볼 수 있을 것입니다. 만약 A인 것이 확인되면 대처 방법을 찾게 될 것입니다. 과학자들이 SNP에 관심을 가진 것도, 특정 질병에 대한 유병률을 알 수 있으리라는 기대 때문이었습니다.

만약에 생명과학과 의과학이 발전을 거듭해 SNP에 대한 분석이 정확해진다면, 의사들은 우리에게 어떤 SNP에 문제가 있는지, 어떤 질병에 걸릴 위험이 있는지, 처방 약물에 대한 감수성이 어떠한지 등을 말할 수 있게 될 것입니다.

예를 들어, 각 개인별로 타이레놀에 대한 감수성이 다르다는 연구 결과가 나오게 되면, 어떤 사람에게는 1알을 처방하고, 어떤 사람에게는 2알을 처방하는 것과 같은 맞춤형 치료를 제공할 수 있게 되는 것입니다.

자신의 유전정보를 담은 개인별 유전체 카드를 이동식 디스크(usb 메모리 등)에 담아서 병원에 가면, 그 정보에 근거해 의사가 40세에 유방암 유병률이 80%이고, 70세에 치매 유병률이 50%라고 설명하는 시대가 올 수도 있을 것입니다. 이런 시대가 과연 행복할까, 하는 물음을 뒤로 한다면, 1000달러 게놈, 인간유전체 카드의 등장은 거스를 수 없는 시대적 흐름인 것 같습니다. 왜냐하면 자신의 유전체 정보를 알고자 하는 인간의 욕구가 굉장히 크기 때문입니다. 더욱이 자신의 유전체를 해독했을 경우 의사가 좀더 면밀히 분석할 수 있고 더 효과적인 약품을 처방할 수 있기 때문에, 유전체 해독에 대한 필요성이 강하게 대두될 가능성이 높습니다.

이렇게 유전체 카드가 생기게 되면, 원격 의료(Tele-Medicine)도 가능해질 것입니다. 원격 의료란 환자가 데이터베이스에 자신의 상태를 입력하면, 의사가 과거 병력과 유전체 카드의 내용을 분석해서 처방하는 방식입니다. 물론 원격 의료는 응급 상황에는 적용할 수 없습니다.

후성유전학의 화려한 등장

인간유전체프로젝트가 완성될 무렵, 과학자들은 많은 비밀이 풀릴 줄 알았습니다. 그런데 막상 닥쳐보니 전혀 그렇지 않았습니다.

분명히 DNA 염기의 서열에서는 차이가 없었는데, 어떤 사람에게는 병이 생기고 어떤 사람에게는 병이 생기지 않았던 것입니다. 이는 인간 유전체에 의해 결정되지 않는 부분이 더 많다는 것을 의미했습니다. 후성유전학이 등장한 것은 기존의 유전학이 해결하지 못한 부분을 풀기 위해서였습니다.

동일한 유전자인데도 개체에서 유전자의 발현이 다르게 나타났다면, 이는 유전자가 아닌 다른 것의 영향을 받은 것입니다. 후성유전학이 관심을 가지는 것은 환경 등과 같은 다른 영향입니다. 즉 유전자도 그대로이고 염기 서열이 바뀐 것도 아닌 상황에서, 후성유전학은 무엇이 특정 유전자의 발현을 켜고 끄는지(ON/OFF)를 탐구하는 것입니다.

초파리의 유전자는 1만 7000여 개이고, 인간의 유전자는 3만 개 미만입니다. 인간이 지닌 고차원적인 능력을 고려해보면, 인간의 이러한 능력은 유전자의 단순한 합이 아니라 그 이상일 것이라고 짐작하게 합니다. 생물학적인 복잡성은 유전자를 어떻게 이용하는지에 따라 다를 수 있는 것입니다. 예를 들어, 유전자를 다양하게 이용하는 하나의 방법으로 신호에 따라 유전자의 ON/OFF를 좀더 역동적으로 조절하는 방법 등이 있을 것입니다. 후성유전학은 이런 방식으로 유전자가 복잡미묘하게 조절된다고 설명합니다.

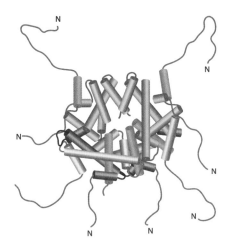

히스톤 단백질의 N-termianl은 밖으로 퍼져 있는 구조를 갖고 있다.

후성유전학은 영어로 'Epigenetics'입니다. 여기서 접두어 'epi~'는 환경(environment)을 뜻하고 'genetics'는 유전학을 뜻합니다. 말 그대로, 후성유전학은 '환경의 영향을 받는 유전학'입니다. 후성유전학은 환경이 우리의 DNA에 영향을 줄 수 있다고 말합니다.

후성유전학적 개념을 다룰 때, 히스톤이라는 단백질에 대해 이해하는 것이 매우 중요합니다. 왜냐하면 음전하를 띤 DNA가 양전하를 띤 히스톤 단백질과 같이 결합되어 있는 구조를 갖고 있기 때문입니다.

위의 그림에서처럼 히스톤 단백질은 N-terminal(혹은 N-말단)이 바깥으로 퍼져 있습니다. 그리고 안쪽에는 히스톤 팔량체(octamer)가 꽉 들어차 있습니다. 친구 사이가 굉장히 친하면 다른 친구가 사이에 끼어들기 어렵고 친구 사이가 좀 느슨하면 다른 친구가 끼어들기 쉬운 것처럼, 히스톤도 치밀하게 차 있는 부분에는 다른 전사인자나 조절인자가 접근하지 못하지만, 바깥쪽의 느슨한 N-terminal에는 지나가던 효소

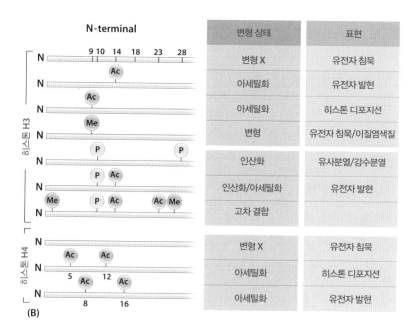

변형 상태	표현
변형 X	유전자 침묵
아세틸화	유전자 발현
아세틸화	히스톤 디포지션
변형	유전자 침묵/이질염색질
인산화	유사분열/감수분열
인산화/아세틸화	유전자 발현
고차 결합	
변형 X	유전자 침묵
아세틸화	히스톤 디포지션
아세틸화	유전자 발현

유전자의 발현은 히스톤 변형에 의해 유전자가 켜지거나 꺼지는 식으로 조절된다.

들이 메틸기나 아세틸기를 붙일 수 있습니다. 즉 DNA의 염기 서열에는 변화가 없지만, 히스톤의 구조로 인해 크로마틴(chromatin, 염색질)의 구조가 변화함으로써 유전자 발현의 차이가 일어나는 것입니다.

히스톤이 어떻게 변형되는지를 보여주는 히스톤 코드는 후성유전학을 이해하는 데 결정적인 역할을 합니다. 위의 그림은 히스톤의 N-terminal을 보여주고 있는데 이 표의 의미를 짚어보도록 하겠습니다. 자세히 보면, 히스톤 H3의 아홉 번째 라이신(lysine)에 메틸기가 붙어 있으면 그 유전자의 기능은 꺼져 있는(OFF) 상태입니다. 유전자가 침묵(gene silencing)하고, 이질염색질(heterochromatin)화되어 있다고 표현하고 있습니다. 그러나 만약 라이신에 메틸기가 아니라 아세틸기가 붙어 있으면 그땐 반대로 유전자가 켜져(ON) 있는 상태가 됩니다. 이렇게 메틸기와 아세틸기를 붙이거나 떼는 데에는 효소가 작용해야 합니다. 메틸기를 붙여주는 효소도 있고 떼어주는 효소도 있으며, 마찬가지로 아세틸기를 붙여주는 효소도 있고 떼어주는 효소도 있습니다.

그러면 이렇게 효소를 통해 메틸기와 아세틸기를 동적으로 붙였다 뗐다 하는 데에는 어떤 이점이 있을까요?

가령 인간의 DNA 염기 서열에 돌연변이가 한 번 일어났다고 하면, 다시 원래대로 되돌아올 확률이 굉장히 낮습니다. 반면 히스톤 변형(modification)을 통해 역동적으로 유전자가 켜지거나 꺼져서(ON/OFF) 유전자 발현이 조절되는 방식은 가역적(reversible)이고 역동적(dynamic)이라는 장점이 있습니다. 조건에 따라 유전자가 켜지거나 꺼지는(ON/OFF) 식으로 조절되면, 환경 변화에 훨씬 더 적절하게 대응할 수 있는 것입니다.

인간유전체프로젝트가 진행될 때 과학자들은 유전체(게놈)에 집중했지만, 후성유전학자들은 DNA뿐 아니라 DNA가 감겨 있는 히스톤의 상태까지 살펴봅니다. DNA가 감겨 있는 히스톤을 하나의 기본단위로 할 때 이를 뉴클레오좀(necleosome)이라고 하는데, 여러 개가 모여 있으면 염색질(chromatin), 즉 염색체(chromosome)라고 합니다.

후성유전학은 염색질의 형태를 통해 한층 조직화된 정보를 알아내고자 합니다. 염색질이 치밀한 구조는 유전자 발현이 꺼진(OFF) 상태이고, 염색질이 느슨한 구조는 유전자 발현이 켜진(ON) 상태입니다.

간단히 말해, 후성유전학은 "DNA 염기 서열이 변하지 않는 상태에서 염색질의 구조적 변화에 영향을 주어서 유전자 발현이 조절되는 기전을 연구하는 학문"이라고 정의할 수 있습니다. 경험과 환경이 유전자의 발현을 변화시킬 수 있으므로, 어떤 과정을 통해서 유전자의 발현을 변화시킬 수 있는지를 연구하는 학문인 것입니다.

후성유전학적 메커니즘에는 두 가지 중요한 과정이 있는데, 하나는 DNA 메틸화 과정이고 다른 하나는 히스톤 변형 과정입니다. DNA 메틸화는 특정한 염기에 메틸기가 붙는 것입니다. 메틸기는 히스톤에도 붙을 수 있는데, 이런 히스톤 단백질 메틸화는 라이신이나 아르기닌 아미노산 잔기에 붙어 이 메틸기가 붙고 떨어지는 것에 따라 유전자 발현을 가역적으로 켜거나 끄는(ON/OFF) 조절 과정입니다.

현재 전 세계적으로 게놈지도처럼 에피게놈지도를 작성하려는 프로젝트가 진행 중입니다. 만약 이 지도가 작성된다면 많은 질병의 원인을 찾는 데 크게 기여할 것입니다. 위암이나 간암의 경우 DNA 메틸화 변화에 어떤 차이가 있는지를 알 수 있게 될 가능성도 높습니다.

후성유전 연구와 암 치료

후성유전학적인 연구가 활발하게 이루어지는 두 분야가 있는데, 하나는 줄기세포 연구이고 다른 하나는 암 연구입니다. 여기서는 암 연구에 대해 소개해보도록 하겠습니다.

암세포와 정상세포는 아주 비슷하면서도 다릅니다. 암세포에 나타나는 큰 특징으로는 무한 증식을 할 수 있고, 이웃을 침범할 수 있다는 점을 꼽을 수 있습니다. 실험실에서 배양접시에 세포를 키우면 보통 단층으로 세포가 자랍니다. 세포가 커지다가 이웃 세포에 닿으면 마치 서로의 영역을 존중하듯 성장을 멈춥니다. 그런데 암세포는 정상세포와 달리 옆에 이웃세포가 있건 없건 상관하지 않고 무한 증식하면서 무섭게

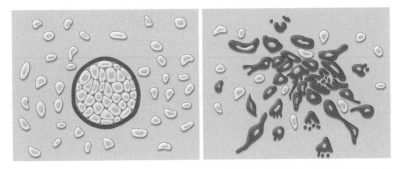

악성종양은 무한히 계속 증식하는 데다 다른 곳으로 전이하는 특성을 갖고 있다. 양성종양(좌)
과 악성종양(우).

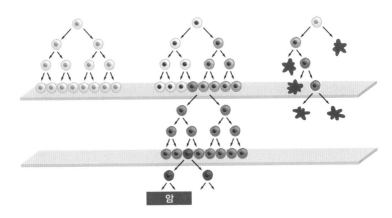

암

암세포는 우리 몸의 방어선을 통과해서 무한 증식한다.

자라납니다.

　종양에는 양성종양과 악성종양이 있습니다. 아시다시피 암세포는 악성종양입니다. 양성종양은 수술로 제거할 수 있는 데다 더 이상 퍼지지 않는 세포입니다. 그런데 악성종양은 수술로 제거하기가 쉽지 않은데다 다른 데로 이동하는 특성을 지니고 있습니다. 암세포가 다른 곳으로 이동하는 것을 '전이(metastasis)'라고 하는데, 여기서 'meta~'는 바꾼다는 것을, '~stasis'는 상태를 의미합니다. 즉 상태를 바꾼다는 뜻입니다. 암세포가 위협적인 것은 바로 이 전이 능력 때문입니다. 암세포는 어느 순간 혈관을 따라 다른 장기로 이동합니다. 그리고 이렇게 전이되어서 위치를 바꾼 암세포는 통제할 수 없을 정도로 공격적으로 증식합니다.

　지금 이 순간, 여러분에게는 다음과 같은 의문이 생길 것입니다. 몸이 항상성을 유지한다면, 암세포가 처음 몸에 생겼을 때 없애버리면 되었을 것을, 왜 암세포를 놔두어서 목숨을 앗아가도록 놔두는 것일까?

　연구하다 보면 알게 되는데, 암세포는 굉장히 지능적입니다. 우리 몸은 방어 능력을 갖고 있어서 세포 사멸(apoptosis)을 통해 아주 이상해진 세포를 제거해버립니다. 그런데 암세포의 경우는 아주 약간만 이상해지기 때문에 우리 몸은 암세포를 그냥 놔둡니다. 그러니까 암세포는 우리 몸의 방어선을 살짝 통과할 만큼만 불안정성을 갖고 있는 것입니다.

　우리 몸에는 암억제유전자가 있습니다. 가장 유명한 암억제유전자 중 하나는 p53유전자입니다. 이 유전자를 불활성화시키거나 없애면 암이 생깁니다. 이와 달리 암유전자(oncogene)도 있는데, 이 유전자는 암을 촉진시키는 능력을 갖고 있습니다. 암유전자는 평소에는 몸속에 암원인유전자(proto-oncogene)라는 형태로 별다른 기능을 하지 못하고 있다가 바이러스나 특정 자극에 의해 암유전자로 바뀝니다. 그리고 암유전자로 바뀌면 이것은 암을 증식시키는 기능을 수행합니다.

몸의 한 군데에 암세포가 생겨 암덩어리가 되면, 그 암덩어리 중 일부 세포는 다른 곳으로 이동하려고 막을 분해해 혈관으로 들어갑니다. 그렇게 혈관을 통해 이동하는 암세포 가운데 성공적으로 다른 곳에 안착하는 암세포 비율은 0.1% 정도입니다. 그러니까 대부분 혈관을 통해 이동하는 암세포는 다른 면역세포에 붙잡힙니다. 또 다른 장기에 침투해 들어가더라도 그곳에서 살아남을 확률이 아주 낮습니다.

우리 실험실에서는 2005년에 KAI1이라는 암전이억제유전자를 연구한 적이 있습니다. 정상 여성의 유방을 찍으면 KAI1 단백질이 발현된 것을 관찰할 수 있습니다. 그런데 유방암이 진행되어 전이 단계로 나아갈 때를 보면 KAI1 유전자가 조절되지 않는다는 것을 볼 수 있습니다. 즉 KAI1 유전자가 발현해야만 암 전이를 억제할 수 있는데, KAI1 유전자의 발현이 뚝 떨어지면서 암 전이를 억제하지 못하는 것입니다. 그러면 인위적으로 KAI1 유전자가 발현되도록 조절한다면 어떻게 될까요? 그러면 암 전이를 억제할 수 있을 것입니다.

후성유전학에서는 히스톤 변형 과정을 이용하여 암을 치료하는 신약 개발을 시도하고 있습니다. 예컨대 히스톤 H3K27, 즉 27번째 라이신에 메틸화를 조절하는 효소(예를 들면 EZH2)가 있으면 이 효소의 기능을 늘려주거나 줄여주는 방식으로 전립선암, 유방암, 대장암 등에 영향을 줄 수 있습니다. 히스톤 H3K9 메틸화에는 RIZ1이라는 효소가 작용하는데, 위암, 유방암, 대장암 등과 연관관계가 있는 것으로 알려져 있습니다.

지금까지 인간유전체프로젝트와 후성유전학에 대해 살펴보았습니

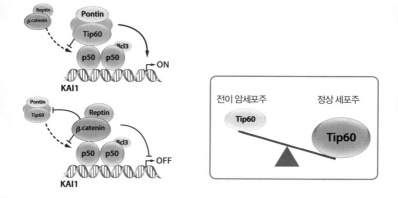

KAI1 유전자는 암전이억제유전자로, 이 유전자의 발현이 뚝 떨어지면 암 전이가 억제되지 못한다.

다. 1990년에 시작해서 2003년에 완료될 때까지 인간유전체프로젝트는 인류에게 엄청난 도전이었습니다. 인간의 30억 개 염기의 서열을 해독하고, 그중 어느 것이 중요한지를 살펴보는 시도는 다분히 성공적이었습니다. 그러나 그것만으로 모든 비밀이 풀리진 않았습니다. 남겨진 비밀을 풀기 위해 등장한 후성유전학은 특정 유전자의 발현을 조절하는 새로운 효소와 현상을 발견해 유전학에 활기를 불어넣고 있는 중입니다.

후성유전학이 각광받고 있는 것은 후성유전의 역동적이고 가역적인 기능을 암을 정복하는 데 이용할 수 있으리라는 기대 때문일 겁니다. 과연 후성유전학은 암을 진행시키는 유전자의 스위치를 *끄거나*, 암을 억제시키는 유전자의 스위치를 *켜는* 비밀 코드를 찾을 수 있을까요? 생명현상의 비밀을 밝히는 새로운 코드가 과연 암이나 불치병을 치료하는 데 얼마나 크게 기여하게 될까요? 여러분과 함께 흥미롭게 그 비밀 코드를 해독해보고 싶은 바람입니다.

© 신인철

Q.   후성유전학 연구가 기존의 유전체 연구와 어떤 점에서 다른지, 그리고 후성유전학 연구가 어느 경우에 활용될 수 있는지 궁금합니다.

A.   유전체 연구는 그야말로 DNA의 염기 서열을 쭉 읽는 것이었습니다. A, G, C, T로 이루어진 30억 개의 염기를 해독하는 데 13년이 걸렸고, 그 이후로 염기 서열 중에서 어느 부분이 유전자인지, 질병과 관련된 유전자는 어떤 유전자인지를 연구했습니다. 후성유전학 연구는 DNA 염기 서열을 읽는 대신, DNA 메틸화와 히스톤 변형을 살펴봅니다. 예를 들어 메틸화가 되어 있거나 히스톤 변형이 나타난 경우 특정 유전자의 발현이 켜져 있는지 아니면 꺼져 있는지를(ON/OFF) 살펴보는 것입니다.

Q.   유전자 조작을 통해 범죄자가 범죄 현장을 훼손시키거나 유전체 카드를 해킹하거나 하는 등 일반 사람들이 유전체 정보를 쉽게 다루게 된다면 여러 가지 부작용이 있을 것 같습니다.

A.   분명 우려할 만한 일들이 나타날 수가 있습니다. 그런데 부작용에 대한 우려 때문에 유전체 해독이 금지되거나 하지는 않을 것 같습니다. 호기심을 억누르기에는 과학 기술이 너무나도 앞서 갔기 때문입니다. 한 아이가 태어났을 때 약 20세에 유방암에 걸릴 확률이 80%이고, 50세에 치매에 걸릴 확률이 90%라는 식의 프로파일을 받게 된다면 어떻게 될까요? 어떤 사람은 그것이 아이를 불행하게 할 것이라고 생각하고, 어떤 사람은 그 아이의 미래를 달라지게 할 것이라고 생각할 것입니다. 그런데 윤리적인 논란을 넘어서 알고자 하는 인간의 욕구는 너무나도 강합니다. 스마트폰이 생기자마자 거의 모든 핸드폰이 스마트폰으로 바뀌는 것처럼, 유전학의 발달은 거대한 시대적인 물결과도 같습니다. 오히려 각 개인이 유전체를 분석해 유전체 카드라는 형태로 소지하는 시대가 지금보다 훨씬 질병으로부터 자유로운 시대일 수도 있습니다. 다만 범죄에 악용되지 않게 하는 방법은 머리를 맞대어 고안해야 할 것 같습니다.

Q. 어떤 다큐멘터리에서 2차 세계대전 때 네덜란드에 기근이 극심했는데, 태어날 때 저체중이었던 아기는 이후에 비만이 되는 경우가 많았다는 내용을 접한 적이 있습니다. 일종의 획득 형질의 유전이라고 할 수 있는데, 어떻게 산모의 경험이나 습성이 아기에게 유전되는지 너무 궁금했습니다.

A. 간단히 설명하기에는 심오한 질문입니다. 후성유전학에서 '전사 메모리(transcription memory)'라는 개념이 있는데, 이것은 환경으로부터 획득된 형질이 다음 세대에 유전되는 것을 말합니다. DNA 상에 기록되어서, 전사가 일어나는 과정이나 또 다른 어떤 과정을 통해 다음 세대로 이어지는 현상을 가리킵니다. 그런 현상이 한 순간에만 나타나는 것이 아니라 반복되어 나타나기도 합니다. 만일 DNA에 돌연변이가 나타났다면 추적하기가 쉬웠을 것입니다. 그러나 후성유전학에서 말하는 전사 메모리는 DNA에 나타나는 돌연변이가 아닙니다. 후성유전학은 히스톤 변형이나 DNA 메틸화에 주목합니다. 다만 라마르크의 '획득 형질의 유전'이라는 개념으로 이런 후성유전적인 현상을 설명할 수 있는가 하는 데에는 약간 의구심이 듭니다. 네덜란드 기근을 겪은 산모의 태아 중 저체중으로 태어난 아이가 자라서 비만이 될 가능성이 높다는 연구 결과에 대해 말하자면, 어떤 과정을 통해 이런 일이 일어났는지는 더 연구될 필요가 있습니다. 기근이 비만에 어떤 식으로 영향을 주었는지 더 따져봐야 할 것입니다. 다만 기존의 유전학보다는 후성유전학적인 연구에 의해 그 비밀이 풀리지 않을까, 하는 생각이 듭니다.

개화(開花)를
유도하는
물질은
무엇인가

안지훈 고려대학교 생명과학부 교수

서울대학교를 졸업하고, 서울대학교에서 박사학위를 받았다. 서울대학교 기초과학원 연구원, 미국 캘리포니아주 The Salk Institute for Biological Studies 박사후 연구원을 거쳐, 현재 고려대학교 생명과학부 교수로 재직 중이다. 2008년부터 미래창조과학부 창의적연구진흥사업단 단장을 맡고 있다. 과학기술부 국가연구개발 유공자상(2004), 고려대학교 석탑강의상(2005, 2011, 2013, 2014), 고려대학교 Best Paper Award(2007), 한국분자 · 세포생물학회 학술상 마크로젠 과학자상(2010), 미래창조과학부 이달의 과학자상(2014), 한국분자 · 세포생물학회 학술상(2014), 다산대상(2014), 국가연구개발 우수성과 100선 (2014), 고려대학교 교우회 학술상(2015) 등을 수상했다.

지금부터 설명하고자 하는 이야기는 개화(開花)를 둘러싼 과학 논쟁입니다. 우선 과학 논쟁이 무엇인지에 대해 살펴본 후, 그 다음에 구체적인 사례로 '개화' 논쟁을 소개해보도록 하겠습니다.

과학자는 어떻게 소통하는가?

과학 연구의 일반적인 과정은 다음과 같습니다. 가설을 세우고, 실험을 하고, 어떤 결과를 얻으면 그 내용을 논문으로 씁니다. 그 논문이 논문 심사를 통과하면 논문이 학술지에 실립니다.

가설은 쉽게 말하자면 추측(guess)입니다. 가설은 과학적으로 증명되기 전까지는 추측일 뿐입니다. 가설은 실험 등으로 증명되어야만 정설 혹은 이론이 될 수 있습니다.

예를 들어 이런 가설을 한번 세워보지요. 지금 강연장에 학생들이 A구역, B구역, C구역으로 나눠 앉아 있습니다. 그런데 만약 B구역에 앉은 학생들의 성적이 더 높을 것이라는 가설을 세웠다고 해봅시다. 이 가설이 맞는지 아닌지를 알기 위해서는, 실험 방법을 설계해야 합니다. 성적표를 모아 통계를 내거나, 동일한 시험을 치르게 한다거나 하는 방법 등이 있을 것입니다. 실험 결과를 분석해보았을 때, 가설이 맞을 수도 있고 그렇지 않을 수도 있습니다. 만약 가설이 틀렸다면, 다시 원래의 가설로 돌아가서 어떤 부분이 잘못되었는지, 수정할 부분이 무엇인지 등을 점검한 후 다시 수정된 가설을 세우고 실험을 합니다. 이런 과정이 반복되면, A구역, B구역, C구역에 앉은 학생들의 성적에 대한 최종적인 결론에 이르게 될 것입니다. 만약 이 실험 결과가 새로운 사실을 포함하고 있다면, 과학자는 이것을 학계에 발표할 수 있습니다. 그러면 어떤 형식으로 발표할까요? 학술대회 때 발표할 수도 있고, 신문이나 TV라는 매체에 알릴 수도 있고, 강연을 할 수도 있고, 학술지에 논문의 형태를 빌어 발표할 수도 있습니다. 여기서 말씀드린 방법들 가운데 논문을 발표하는 것 이외의 것들은 일방적인 발표입니다. 발표자가 이렇게 말하겠다(혹은 쓰겠다) 하면 끝입니다. 중간에 검증 과정이 없습니다. 그러나 논문은 학술지에 실리기 전에 해당 분야의 전문가들이 익명으로 하는 심사를 반드시 거칩니다. 이것을 동료 심사(Peer Review)라고 합니다. 이 전문가 심사 과정에서는 그 논문이 새로운 학술적인 성과를 담고 있는지, 기존의 어떤 이론과 부합하는지 아니면 상충하는지 등을 검토하며, 전문가들이 승인하면 학술지에 실리게 됩니다. 이것이 과학자들이 늘 접하는 일반적인 연구 과정입니다.

그러면 질문을 하나 던져보도록 하겠습니다. 과학자들이 발표한 논문은 항상 진실일까요? 진실이라면 좋겠지만, 그렇지 않습니다. 넓게 보면 논문이라는 것도 하나의 주장입니다. 과학적으로 진실일 것이라고 여겨지는 결과를 주장하는 것에 다름 아닙니다. 논문이 발표되면, 그 분야의 다른 동료들은 실험을 재현해보거나 좀더 확장된 연구를 진행해봅니다. 동료들에 의해 그 논문을 지지하는 논문이 나올 수도 있고, 반박하는 논문이 나올 수도 있습니다. 시간이 지나면서 점점 지지 논문과 반박 논문들이 쌓이게 될 것입니다. 만약 논문에 나온 것대로 실험을 재현할 수 있다면, 그리고 지지하는 논문들이 점점 많아지게 되면 원래의 논문의 결론은 일반적인 결론으로, 즉 하나의 정설(widely-accepted theory)로 받아들여지게 됩니다. 그러나 반박하는 논문들이 많아진다면 원래의 논문의 주장은 정설로 굳어지기 어렵겠지요.

이렇게 과학 논쟁은 논문이라는 형식을 통해 이루어집니다. 정설이

되기 전까지는 특정한 주장을 지지하는 과학자들과 반론을 펴는 과학자들 사이에 치열한 과학 논쟁이 벌어집니다. 그 과정 속에서 역사 속으로 사라지는 주장, 다수의 과학자들의 지지를 받아 정설이 된 주장 등이 나옵니다.

개화와 과학 논쟁

이제 구체적으로 어떤 식으로 과학 논쟁이 이루어지고 있는지, 제가 연구하고 있는 개화를 중심으로 소개해보도록 하겠습니다.

개화는 꽃이 피는 현상을 말합니다. 꽃이 피는 생명체(현화식물)는 진화적 복잡도가 높은 생명체입니다. 식물계에서 가장 고등한 분류군입니다. 현화식물의 경우, 꽃이 피어야만 씨도 생기고 열매도 생깁니다. 번식을 하려면 꽃이 피어야 하는 것입니다. 꽃이 제때 피지 않으면 현화식물은 후손을 남기기가 매우 어려워집니다. 이처럼 꽃은 식물이 자신의 생활사를 종결하고 후손을 만들어내는 핵심 요소입니다.

여기서 동물과는 다른 식물의 특성을 짚고 넘어갈 필요가 있습니다. 동물체는 발달(development) 과정이 상당히 고정되어 있습니다. 예를 들어, 사람의 2차 성징은 환경이나 음식에 따라 크게 좌우되지 않고, 대개 사춘기 때에 나타납니다. 반대로 식물의 발달은 외부 환경에 굉장히 민감하게 반응합니다. 환경에 따라 꽃이 앞당겨 피기도 하고, 늦게 피기도 하는 것입니다.

이런 차이는 왜 생겼을까요? 진화하는 과정에서 동물과 식물은 서로 다른 능력을 갖게 되었습니다. 동물은 발달 과정이 고정되어 있는 대신 환경에 맞게 이동할 수가 있습니다. 즉 동물은 덥거나 추우면 다른 데

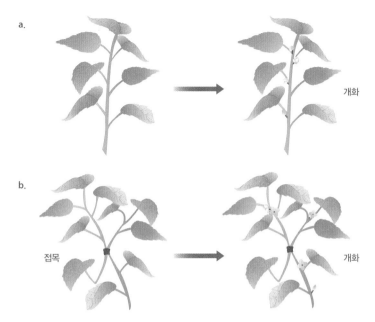

꽃이 안 피는 식물체를 꽃이 피는 환경에 갖다 놓았더니 꽃이 피었다(a). 그 다음으로 꽃이 핀 식물체와 꽃이 안 핀 식물체를 접붙여보았더니 꽃이 안 핀 식물체에 꽃이 피었다(b).

로 이동할 수 있는 '이동성(mobility)'을 갖고 있어서, 발달 과정이 고정되어 있다는 단점을 스스로 보완할 수가 있습니다. 반대로 식물은 움직이지 못하지만, 외부 상황에 따라 자신의 발달 과정을 자유자재로 조절할 수 있는 능력을 갖고 있습니다. 말하자면 동물은 이동성을, 식물은 유연성을 선택한 것입니다.

앞서 말씀드린 대로 개화는 일정한 시점에서 일어나는 것이 아니라 환경에 따라 빨라지기도 하고 느려지기도 합니다. 그러면 어떤 과정에 의해 개화가 일어나는 것일까요?

1900년대 초반의 과학자들은 개화를 일으키는 특정 물질이 있을 것이라고 가정하고는 다음과 같은 실험을 진행해보았습니다. 일종의 접

목 실험입니다. 꽃이 안 피는 식물체를 꽃이 피는 환경에 갖다 놓았더니 꽃이 피었습니다(a). 그 다음으로 꽃이 핀 식물체와 꽃이 안 핀 식물체를 접붙여보았습니다. 그랬더니 꽃이 안 핀 식물체에 꽃이 피었습니다(b). 이 두 실험 결과를 놓고 이끌어낼 수 있는 해석은 무엇일까요? 생각할 수 있는 해석 중 하나는 꽃이 핀 식물체에서 꽃이 안 핀 식물체로 무엇인가가 이동했다는 것입니다. 그래서 당시에는 꽃을 피우는 물질이 이동했다고 생각하고는 그 물질에 화성소(花成素, florigen)라는 이름을 붙였습니다. 화성소는 꽃을 피우도록 하는 물질이라는 뜻입니다. 여기서 중요한 것은 '이동'이라는 관점입니다. 초기의 과학자들은 화성소라는 물질이 한 식물체에서 다른 식물체로 이동할 수 있다는 사실을 알아차렸습니다.

그러면 화성소는 어떻게 이동한 것일까요? 화성소의 실체는 무엇일까요?

이 화성소는 쉽게 그 정체를 드러내지 않았습니다. 화성소의 정체가 무엇인지 알아내기 위해 수십 년 동안 많은 과학자들이 매달렸지만, 생화학적으로 화성소를 추출하거나 분리해내는 시도들은 모두 실패했습니다. 생화학적인 방법으로 화성소의 정체를 알아내기 어렵다는 사실을 깨닫자 과학자들은 다른 방법을 찾기 시작했습니다. 그것은 유전학적인 방법이었습니다. 화성소를 암호화하는 유전자가 있을 것이고, 이 유전자에 돌연변이가 일어나면 그 돌연변이체에는 개화에 문제가 생길 것이라는 접근 방식입니다. 이런 기본 원리에 기대어 과학자들은 수많은 돌연변이체를 만들어 꽃이 피지 않는 돌연변이체를 찾으려고 했습니다. 자, 그러면 이제 좀더 깊이 들어가보도록 하겠습니다.

본격적으로 다루게 될 과학 논쟁을 이해하려면, 먼저 정단분열조직

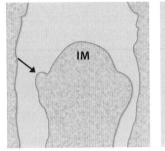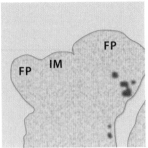

꽃이 만들어지는 곳은 정단분열조직으로, 위로 쑥 자라 올라오는 부분이다. IM: Inflorescence Meristem, FP: Floral Primordia

이라는 것을 알 필요가 있습니다. 지금부터 하는 모든 이야기들은 애기장대를 모델 식물로 해서 이루어진 실험들입니다.

애기장대의 경우, 새로운 세포들을 만들어내는 정단분열조직은 줄기의 맨 윗부분에 있습니다. 동물로 치면 줄기세포에 해당하는 부분입니다. 애기장대의 경우, 꽃을 피우기 전의 애기장대는 바닥에 붙어서 자랍니다. 그러나 꽃을 피우기로 한 애기장대는 줄기의 신장이 일어납니다. 위로 쑥 자라 올라오게 되지요. 이것이 꽃이 만들어질 때 일어나는 첫 단계입니다. 이때 비록 눈으로는 꽃이 보이지 않지만, 해부학적으로는 이미 꽃이라고 하는 기관이 만들어진 상태입니다. 다시 말해 꽃이 만들어지는 곳은 바로 정단분열조직입니다.

개화를 일으키는 물질 연구에서, 하나의 유전자가 발견되었습니다. *FT*[•] 유전자였습니다. 이 유전자는 미국 솔크연구소의 D. 바이겔(D. Weigel) 박사와 일본 교토대학의 T. 아라키(T. Araki) 박사가 동시에 학계에 보고한 유전자입니다. 이 *FT* 유전자가 많이 발현되면, 즉 FT의

•여기서는 유전자이거나 RNA일 경우 이탤릭체로 표기하였다. 단백질을 의미할 때는 정자체로 표기하였다.

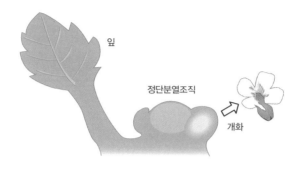

FT의 양이 많아지면 꽃이 빨리 피고 FT의 양이 줄게 되면 꽃이 느리게 핀다.

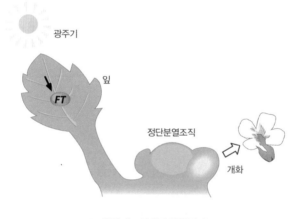

FT 유전자는 잎에서 발현된다.

양이 많아지면 꽃이 빨리 피고 FT의 양이 줄게 되면 꽃이 느리게 피었습니다. 이는 *FT* 유전자가 개화의 시기를 결정하는 데 매우 중요한 유전자라는 것을 말해줍니다. 또 *FT* 유전자는 광주기에 의해 조절되는 유전자인 것이 밝혀졌습니다.

그런데 *FT* 유전자가 발견될 당시에는 이 유전자가 어디에서 발현되는지 밝혀지지 않은 상태였습니다. 희한하게도 정단분열조직에서는 *FT* 유전자의 발현이 나타나지 않았습니다. 그러면 *FT* 유전자는 어디서 발현되는 것이었을까요?

결론적으로 말하자면 *FT* 유전자는 잎에서 발현되었습니다. 이것은 무엇을 뜻하는 것일까요? 꽃은 정단분열조직에서 만들어지고, 꽃은 FT의 양이 많으면 빨리 피고 양이 적으면 느리게 피는데, 이런 꽃을 조절하는 *FT* 유전자는 잎에서 발현되는 상황입니다.

또한 2005년에 바이겔 박사와 아라키 박사는 FT 단백질이 FD 단백질과 상호작용한다는 사실을 학계에 보고했습니다. 여기서 흥미로운 점은 *FD* 유전자는 정단분열조직에서 발현한다는 사실입니다. 정리하자면, *FT* 유전자는 잎에서 발현되는데 정단분열조직에서 발현된 FD 단백질과 결합하는 것입니다. 이런 사실은 FT가 이동해서 FD와 결합할 것이라는 사실을 짐작하게 합니다. FD가 잎으로 갔다가 FT와 결합해서 다시 정단분열조직으로 온다기보다는 FT가 정단분열조직으로 올 것이라고 하는 것이 더 타당한 해석일 것입니다.

잎에서 정단분열조직으로 이동하는 듯한 FT의 특성은 화성소의 특성과 부합하는 것이어서 학계의 비상한 주목을 받았습니다. 앞에서 언급했듯이 과학자들은 화성소가 광주기에 의해 조절되고, 잎에서 발현되며 정단분열조직으로 이동해서 꽃을 만드는 특성을 갖는다고 알고 있었습니다. 이후 과학자들이 관심을 둔 사항은 'FT가 어떤 형태로 이동하는가'하는 점이었습니다. RNA의 형태일까요, 아니면 단백질의 형태일까요?

과학자들은 이 의문을 풀기 위해 실험을 설계하기 시작했습니다. 우리 연구팀도 뛰어들었습니다. 돌연변이를 만들어서 실험해보았습니다. DNA 염기 서열을 바꾸어 돌연변이를 만든 다음, 돌연변이체가 빨리 개화하는지 관찰해본 것입니다. 그랬더니 꽃이 빨리 피었습니다. 만일 RNA가 잎에서 정단분열조직으로 이동했다면 염기 서열이 바뀐 RNA를 정단분열조직에서 발견할 수 있어야 할 것입니다. 그런데 여러 번 실험을 해보아도, 염기 서열이 바뀐 RNA가 끝내 검출되지 않았습니다.

그래서 우리는 RNA가 아니라 단백질 형태로 이동할 가능성이 있다는 생각에 단백질 실험을 열심히 하고 있었습니다.

그러던 중 2005년 국제학술지 〈사이언스〉에 *FT* mRNA가 정단분열조직으로 이동한다는 스웨덴 과학자 O. 닐슨(O. Nilsson) 박사의 논문이 실렸습니다. 닐슨 박사 연구팀은 잎에서만 *FT* 유전자를 발현시켰는데, 정단분열조직에서 *FT* mRNA가 검출되었다고 보고했습니다. 잎에서 *FT* RNA 양이 확 올라갔다가, 24시간이 지난 후에는 정단분열조직에서 *FT* mRNA가 검출되었다는 것입니다. 학계는 흥분에 휩싸였습니다. 그토록 찾아 헤매던 화성소의 정체가 밝혀지는 순간이었기 때문이었습니다.

우리 연구팀은 실험 과정에서 RNA를 검출하지 못했기 때문에, 그 논문의 내용은 더욱 충격적이었습니다. 우리는 고민에 빠질 수밖에 없었습니다. 다른 연구 그룹은 RNA가 검출된다고 하는데, 우리만 검출이 안 된다고 주장하기는 힘든 상황이었습니다. 그래서 그 연구를 포기

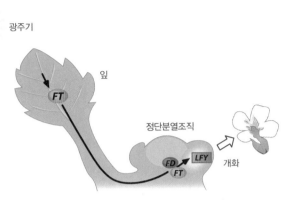

광주기

잎

정단분열조직

개화

FT 단백질과 FD 단백질이 상호작용해서 꽃을 만든다.

하고 다른 연구에 전념했습니다.

그런데 2년이 지난 후, 독일의 G. 쿠플란드(G. Coupland) 박사 연구팀과 일본의 K. 시마모토(K. Shimamoto) 박사 연구팀이 각각 애기장대와 벼에서 *FT* mRNA가 아니라 FT 단백질이 정단분열조직으로 이동한다고 발표했습니다. 얼마 지나지 않아 독일의 M. 슈미드(M. Schmid) 박사 연구팀과 영국의 P. A. 위기(P. A. Wigge) 박사 연구팀도 이 발견을 지지하는 연구 결과를 내놓았습니다. 더욱이 잎맥 조직에서 FT 단백질이 검출되었습니다.

FT mRNA가 이동한다는 그룹과 FT 단백질이 이동한다는 그룹이 충돌하는 상황이 벌어진 것입니다.

사실 그동안 *FT* mRNA가 정단분열조직으로 이동한다는 주장은 다른 과학자들의 연구에서 재현되지 않고 있었습니다. 더욱이 해당 연구를 주도했던 박사후 연구원이 연구 결과를 조작했다는 것이 알려지면서, 해당 연구팀은 *FT* mRNA가 정단분열조직으로 이동한다는 내용의 논문을 철회하고야 말았습니다.

당시 닐슨 박사 연구팀은 다음과 같이 발표했습니다. "*FT* mRNA가 잎에서부터 정단분열조직 쪽으로 이동하고 개화를 유도한다라는 논문을 철회하고자 한다. 제1저자가 본교를 떠난 이후 우리는 그의 데이터 분석에 문제가 있음을 발견했다. *FT* mRNA를 검출했던 이러한 실험 방법(Real-time RT-PCR)의 결과는 부정확하게 분석되었고 또 임의로 데이터 값을 삭제하거나 조작했다. 이러한 이유로 우리는 그 논문 전체를 철회한다." 두 그룹이 논쟁을 하다가 한 그룹이 꼬리를 내렸던 것입니다.

이후 FT 단백질의 이동을 지지하는 연구 결과들이 속속 보고되었습니다. 한 연구팀은 RNA 서열이 달라도 똑같은 단백질이 만들어지는 원리를 이용해, RNA의 서열을 바꾸어서 정단분열조직에서 염기 서열이 바뀐 RNA가 발견이 되는지 관찰해보았습니다. 그리고 연구 결과, RNA는 발견되지 않지만 단백질은 발견되었다는 논문을 발표했습니다.

여기까지만 보면 *FT* mRNA가 아니라 FT 단백질이 정단분열조직으로 이동한다는 주장이 정설이 되는 것처럼 보입니다.

논쟁이 일단락되는 듯한 와중에, 새로운 불씨가 당겨졌습니다. 2009년 중국의 한 연구팀이 *FT* mRNA가 이동성에 중요한 역할을 할 수도 있다는 내용의 논문을 발표했던 것입니다. 이 연구팀은 바이러스를 이용해 *FT* RNA를 집어넣었고, *FT* mRNA의 N-말단의 앞 부분이 이동성에 중요한 역할을 한다고 제시했습니다.

이처럼 개화에 중요한 역할을 하는 FT가 어떤 형태로 이동하는지에 대한 과학 논쟁은 아직 끝나지 않았습니다. mRNA 형태로 정단분열조직으로 이동하는지, 단백질 형태로 이동하는지, 아니면 둘 다인지 명확하게 결론 나지 않았습니다. 우리는 아직 해답을 알지 못하고 있습니다.

이처럼 과학은 새로운 사실을 알리는 어떤 논문이 등장했을 때, 관련 분야 과학자들의 지지와 반박을 통해 발전해 나갑니다. 그리고 최종적으로 과학 논쟁의 방점을 찍는 자가 중심에 서게 될 것입니다. 저는 이 글을 읽는 여러분이 커서 과학적 논쟁의 방점을 찍는 과학자가 되는 바람을 갖고 있습니다.

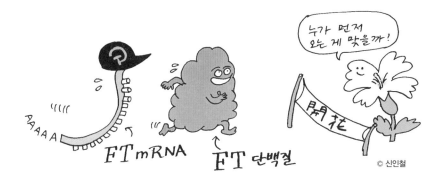

Q. 개화에 대한 연구를 지금도 계속하고 계신지 궁금합니다.

A. 네, 개화에 대한 연구는 계속하고 있습니다. 누구나 항상 잘할 수는 없습니다. 중요한 것은 실패를 두려워하지 않는 것입니다. 지금은 초점을 바꿔서, 대기 온도에 의해 개화가 어떻게 조절되는지를 연구하고 있습니다. 그에 더해 miRNA에 대한 연구도 함께 진행하고 있습니다.

Q. FT RNA 부분을 듣다가 궁금증이 생겼습니다. RNA와 변이 RNA에서 같은 단백질이 만들어지지만 정단분열조직에서 변이 RNA가 발견되지 않은 것은, 변이 RNA가 발현하지 않기 때문이 아닐까, 하는 생각이 들었는데요, 그럴 가능성이 있다고 보시나요?

A. 그럴 가능성이 있기는 하지만, 당시 연구 그룹들이 데이터를 제시했습니다. 변이 RNA나 정상 RNA나 다 잘 만들어졌습니다. 정단분열조직에서는 변이 RNA는 발견되지 않는데도 불구하고 개화는 빨리 일어났기 때문에, 그 연구 그룹은 RNA 형태로 간 것이 아니라 단백질의 형태로 간 것이라고 결론을 내렸습니다.

Q. 염기 서열을 바꾸지 않은 RNA는 이동하고, 염기 서열을 바꾼 RNA는 이동하지 않을 수도 있을 것 같은데요, 어떻게 생각하시나요?

A. 물론 그럴 가능성이 있습니다. 아주 좋은 지적입니다. 이렇게 해석할 수도 있을 것입니다. RNA 서열에는 이동에 관련된 중요한 서열이 있는데, 그곳에 돌연변이가 있었기 때문에 이동 자체를 못했을 수도 있다고 말입니다. 그럼에도, 일단 단백질이 개화를 유도한 것은 맞습니다. RNA가 서열상의 문제로 이동하지 않았다고 할지라도 단백질이 이동했기 때문에 꽃이 피었을 것입니다. 단백질이 이동한다는 사실 자체는 부정할 수 없습니다. FT 단백질이 정단분열조직으로 이동한다고 주장한 그 논문에서, 변이 때문에 RNA가 이동하지 못했을 수도 있다는 반론이 제기되었을 수 있

지만, 그럼에도 RNA보다는 단백질이라고 결론을 내리는 것에는 큰 변함이 없을 것 같습니다. 좋은 지적이라고 생각합니다.

미생물은 빛을 어떻게 이용하는가

정광환 서강대학교 생명과학과 교수

서강대학교에서 생물학을 전공했으며, 한국과학기술원에서 생물과학으로 석사학위. 미국 텍사스-휴스턴 의과대학에서 미생물 및 분자 유전으로 박사학위를 받았다. 유한화학 연구원, 휴스턴에 있는 막단백질 센터 박사후 연구원을 거쳐, 현재 서강대학교 생명과학과 교수로 재직 중이다. 로돕신의 구조와 기능에 관심을 가지고 있으며, 현재 막전위 변화를 이용한 신경 조절을 연구하는 중이다.

미생물은 눈에 보이지 않는 아주 작은 생물들을 말합니다. 이런 작은 생물들로는 세균(Bacteria), 바이러스(Virus), 원생생물(Protozoa), 진균(Fungi), 조류(Algae)가 있습니다. 우리가 미생물로부터 얻을 수 있는 정보와 이익은 무궁무진합니다. 현대 생명과학의 발전은 바로 이 미생물 연구에 기반해 이루어졌다고 해도 과언이 아닙니다.

인간의 몸에는 헤아리기 힘들 정도로 많은 미생물들이 살고 있습니다. 성인 어른의 몸에 살고 있는 미생물의 무게는 많게는 1~2kg이라고 합니다. 그리고 미생물의 세포 수는 100조 개에 달합니다. 인간의 세포는 약 60조 개이니까, 미생물의 세포 개수가 인간을 이루는 세포의 개수에 비해 훨씬 많다는 것을 알 수 있습니다. 그러면 다음과 질문을 여러분에게 던져보고 싶습니다. 지금 우리 눈앞에 보이는 한 사람이 있습니다. 그(녀)는 과연 사람일까요, 미생물 덩어리일까요?

빛의 성질

인간의 눈에 보이는 가시광선은 파장이 400~700nm에 속하는 빛입니다. 가시광선보다 파장이 짧은 빛으로는 자외선, X−선, 감마선이 있으며, 가시광선보다 파장이 긴 빛으로는 적외선, 마이크로파 등이 있습니다. 이들 빛들은 맨눈에는 보이지 않는 빛들입니다.

인간이 빛을 볼 수 있는 것은 시신경에 있는 로돕신(Rhodopsin) 단백질이 빛을 흡수하여 신호를 전달해주기 때문입니다. 그러면 미생물은 어떨까요? 아주 작은 생물인 미생물도 로돕신을 가지고 있습니다.

여기서 잠깐, 이해를 돕기 위해 기본적인 빛의 성질을 간략히 짚고 넘어가도록 하겠습니다.

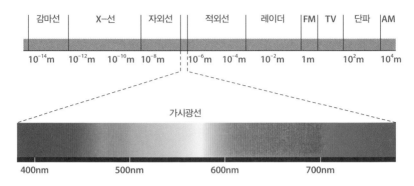

감마선 | X-선 | 자외선 | 적외선 | 레이더 | FM | TV | 단파 | AM

10^{-14}m $\quad 10^{-12}$m $\quad 10^{-10}$m $\quad 10^{-8}$m $\quad 10^{-6}$m $\quad 10^{-4}$m $\quad 10^{-2}$m $\quad$ 1m $\qquad 10^{2}$m $\quad 10^{4}$m

가시광선

400nm   500nm   600nm   700nm

전자기파 중 가시광선은 파장이 400~700nm에 속하는 빛이다.

가시광선 중 어느 색깔의 빛이 가장 힘이 셀까요? 빨간빛보다 파란 빛이 훨씬 셉니다. 하늘이 파란 이유는 빛의 산란(Scattering) 때문입니다. 즉 어떤 것이든 힘이 셀수록 물질과 부딪혔을 때 산란을 잘하는데, 가장 힘이 센 파란색 빛이 하늘에서 산란을 더 많이 하는 것입니다. 하늘이 파랗게 보이는 것은 이 때문입니다. 이런 파란 빛의 산란을 레일리 산란(Rayleigh Scattering)이라고 합니다.

모든 빛깔의 빛을 합치면 흰색입니다. 그러면 왜 낮의 햇빛은 약간 노란색으로 보이는 것일까요? 그것은 파란빛이 산란되어, 지구 상으로 내려오는 빛 가운데 파란빛이 없거나 아주 적은 양으로 들어오기 때문입니다. 그러면 저녁 노을은 왜 붉은 것일까요? 이것 역시 빛의 산란으로 설명할 수 있는데, 저녁 무렵에는 공기층의 두께가 두꺼워져서 파란 빛뿐 아니라 초록빛도 산란하기 때문입니다. 그래서 나머지 빛들만이 하늘을 뚫고 들어와 노을이 붉게 보이는 것입니다.

이처럼 빛은 아침, 점심, 저녁으로 빛의 질이 달라집니다. 식물은 사람보다 더 정확하게 빛의 차이를 느낍니다. 식물 가운데에서는 빛이 있

가장 힘이 센 파란빛이 하늘에서 산란을 더 많이 하기 때문에 하늘이 파랗게 보이는 것이다.

는 아침 나절에 꽃이 피기 시작하여 빛이 없어지기 직전 저녁 무렵에 꽃이 지는 식물도 있습니다. 빛의 질을 감지하는 식물들의 모습을 보면 빛에 관한 한 식물들이 참 똑똑하다는 것을 알 수 있습니다. 이런 식물뿐 아니라 미생물도 참으로 똑똑합니다.

미생물의 로돕신

앞에서 언급한 것처럼, 미생물은 로돕신을 갖고 있습니다.

다음의 사진은 붉게 변한 샌프란시스코 만의 염전을 찍은 사진입니다. 원래 염전은 하얀데, 도대체 이 염전에는 무슨 일이 벌어진 것일까요? 살펴보니, 이 염전에는 미생물이 왕성하게 번식하고 있었습니다. 바닷물보다 훨씬 짠 염전인데도 말입니다. 이렇게 소금물에서 자라는 호염균(*Halobacterium salinarum*)이라는 미생물은 빨간색을 띠는데, 소금의 농도가 25% 이상이 되면 이 세균은 서식할 수가 있습니다. 이스라엘의 사해가 붉은 빛을 띠는 것도 이 세균 때문입니다. 과학자들은

샌프란시스코 만의 염전은 호염균으로 인해 붉다.

이 세균에서 사람의 눈에 있는 로돕신 단백질과 같은 단백질을 발견했습니다.

이 세균에 대한 연구가 활기를 띤 것은 화성 생명체 연구와도 연결되어 있기 때문입니다. 갑자기 왜 화성이 등장할까, 싶을 겁니다. 화성처럼 물기가 없는 곳에서는 소금의 농도가 굉장히 높을 것이고, 그래서 염전을 붉게 한 세균 같은 생물체만이 살 수밖에 없다는 가설이 등장했습니다. 그런 가설 덕분에 미국 정부가 호염균 연구에 연구비를 지원했던 것입니다.

호염균이 지닌 단백질은 소금의 농도가 25%인 소금물일 때 잘 적응하며, 소금의 농도가 낮은 곳에서는 단백질 변성이 일어납니다. 초기 호염균 연구에서 가장 큰 걸림돌이었던 것은 이 호염균의 단백질이 일반적인 실험실 환경에서 쉽게 변성된다는 점이었습니다.

고대 이집트인들은 미라가 다시 살아날 것이라고 믿었습니다. 그런데 사실 미라는 만드는 과정을 살펴보면 살아올 수가 없습니다. 몸속의 내장을 다 끄집어낸 후 그곳을 소금으로 꽉 채워 미라를 만들기 때문입니다. 그런데 그렇게 소금으로 채워진 곳에서도 미생물을 발견할 수 있습니다. 이 미생물은 '파라오 무덤에서 끄집어낸 소금에서 키웠다'이라는 뜻에서 나트로노모나스 파라오니스(*Natronomonas pharaonis*)라는 이름이 붙여졌습니다. 이 세균에서 발견된 로돕신 단백질은 특이하게 소금이 없어도 변성되지 않고 굉장히 안정하게 유지되는 것을 알아냈습니다.

과학자들이 연구한 결과, 호염균과 나트로노모나스에는 4개의 로돕신이 있는 것으로 나타났습니다. 그중 한 개는 빛을 받으면 수소 이온을 막의 안쪽에서 바깥쪽으로 내보내는 BR 단백질이며, 또 하나인 HR

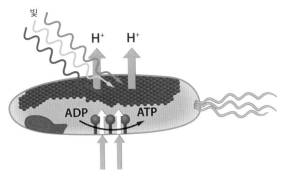

로돕신은 빛을 받으면, 막을 경계로 수소 이온 농도의 차이를 만들고, 이를 통해 ATP 합성을 이루어낸다.

단백질은 막의 바깥에서 안쪽으로 염소 이온을 들여보냈습니다. 그러니까 빛을 쪼이면 막의 바깥쪽은 양전하를 띠고, 막의 안쪽은 음전하를 띠게 되는 것입니다. 이렇게 막을 사이에 두고 전위차가 나타나는 것을 막전위(membrane potential energy)라고 합니다. 즉 전위차로 인해 에너지가 만들어지는 것입니다. 정리하자면, 로돕신을 가지고 있으면 빛에너지를 받아 전위차가 만들어지며, 이를 이용해 에너지를 만들 수 있습니다. 나머지 2개의 로돕신 단백질은 광주성(phototaxis), 즉 자기가 좋아하는 빛이 있는 쪽으로 가려고 하는 데 사용됩니다.

자, 이제 로돕신 단백질을 이용해 어떻게 에너지를 만드는지, 그리고 어떻게 빛이 있는 쪽으로 가는지를 좀더 자세히 살펴보도록 하겠습니다.

로돕신을 관찰해보면, 이 단백질이 굉장히 영리하게 행동한다는 생각을 하게 됩니다. 빛에너지를 이용해 전기화학적 차이(Electrochemical Gradient)를 만들어 ATP를 합성해내는 과정은 실로 놀랍기까지 합니다. 로돕신은 빛을 받으면, 막을 경계로 수소 이온 농도의 차이를 만들

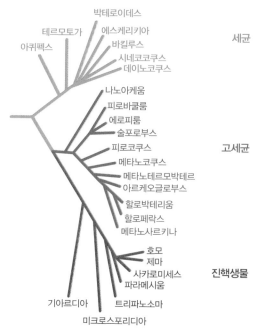

박테로이데스
테르모토가
에스케리키아
아퀴펙스
바킬루스
시네코코쿠스
데이노코쿠스
세균

나노아케움
피로바쿨룸
에로피룸
술포로부스
피로코쿠스
메타노코쿠스
메타노테르모박테르
아르케오글로부스
할로박테리움
할로페락스
메타노사르키나
고세균

호모
제마
사카로미세스
파라메시움
진핵생물
기아르디아
트리파노소마
미크로스포리디아

생물은 크게 진핵생물, 세균, 고세균으로 분류할 수 있다.

고, 이를 통해 ATP 합성(synthesis)을 이루어냅니다. 그래서 로돕신을 가진 미생물은 빛이 있으면 ATP라는 에너지를 만들 수 있기 때문에 오래 버틸 수 있습니다.

생물은 크게 진핵생물(Eukarya), 세균(Bacteria), 고세균(Archaea)으로 분류할 수 있습니다. 이들 생물 중에서 가장 특이한 생물은 고세균인데, 대부분 아주 추운 지역, 아주 짠 지역, 메탄이 있는 곳, 극도로 뜨거운 곳 등에서 서식하는 생물들입니다.

오랜 시간 동안 과학자들은 이들 세 부류의 생물을 구분한 상태에서 연구했는데, 최근에는 연구의 지평이 넓어져 이들 세 부류의 생물에게 나타나는 공통점에 대한 연구가 활발히 진행되고 있습니다.

로돕신의 다양성

이스라엘 과학자 오데드 베자(Oded Beja)의 연구 분야는 환경유전체학입니다. 그는 주로 바닷물을 떠서 필터링을 한 다음, 걸러진 생물체의 DNA를 뽑아 유전자를 분석했습니다. 1mL의 바닷물에는 미생물이 10^5마리, 즉 십만 마리가 들어 있는데, 오데드 베자는 그 많은 미생물에서 DNA를 뽑아 유전자를 분석했던 것입니다. 이 과정을 통해 2002년 로돕신 유전자를 발견했습니다.

오데드 베자가 발표할 때만 해도 로돕신 유전자는 소수의 미생물에게만 있는 것이라고 여겨졌습니다. 그러나 2013년에는 이 유전자를 바다 미생물의 50% 정도까지 지니고 있다는 연구 결과가 발표되었습니다.

그러니까 바다 미생물의 50%가 로돕신을 이용해 빛에너지를 화학적 이온 차이(chemical gradient)를 만들고 그 과정에서 에너지를 얻고 있었던 것입니다. 즉 로돕신을 가진 바다 미생물이 하루에 만드는 에너지의 양은 인간이 하루에 소비하는 양에 맞먹었습니다. 실로 엄청난 양이라고 할 수 있습니다.

미국의 국립보건원의 인간유전체프로젝트 팀과 경쟁하면서 인간의 유전체를 최초로 분석한 과학자 크레이그 벤터(Craig Venter)는 전 대양을 항해하면서 바닷속 미생물을 채집한 후 그것의 유전체를 분석해 그 데이터베이스를 세상에 공개했습니다. 크레이그 벤터가 가지 못한 곳은 북극과 남극이었습니다.

과연 북극과 남극에 있는 미생물들에게는 로돕신 유전자가 있을까요? 우리나라 연구팀은 북극의 다산기지와 남극의 세종기지에 요청해 바닷물 시료를 구한 후, 유전체를 분석해보았습니다. 그랬더니 그곳의

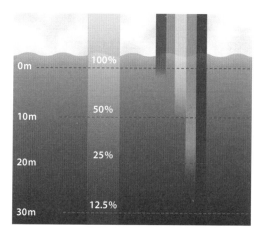

조류들의 색이 다른 것은 바닷물에서의 빛의 투과성 때문이다.

미생물들에게도 로돕신이 있다는 것을 확인할 수 있었습니다. 이것은 아주 추운 지역에서도 미생물이 로돕신을 이용해 에너지를 얻고 있다는 것을 의미했습니다. 흥미로운 것은 북극 쪽의 미생물은 초록색을 흡수하는 로돕신이, 남극 쪽의 미생물은 파란색을 흡수하는 로돕신이 많다는 것이었습니다. 이것은 어떤 이유 때문일까요?

바다에는 녹조류, 갈조류, 홍조류가 살고 있습니다. 이렇게 조류들의 색이 다른 것은 바닷물에서의 빛의 투과성 때문입니다. 파란색은 힘이 세기 때문에 깊이 들어갑니다. 그래서 바다 깊숙한 곳의 조류들은 파란색을 흡수하기 때문에 빨갛습니다. 홍조류를 깊은 바다에서 발견할 수 있는 것은 이 때문입니다.

다시 한 번 질문을 던져보겠습니다. 왜 북극에는 초록색을 흡수하는 로돕신이, 남극 쪽의 미생물은 파란색을 흡수하는 로돕신이 많을까요? 북극과 남극에서 채취한 것들은 표면과 가까운 곳에서 채취한 것들이지만, 북극은 바다가 깨끗하고 남극은 바다가 탁하다는 차이가 있습니다. 남극의 바다가 탁한 것은 남극은 대륙이며 주위 강물의 흙탕물이 계속 흘러내려오기 때문입니다. 남극의 탁한 바다에는 초록색보다는 힘이 강한 파란색이 잘 들어가기 때문에, 남극의 미생물에게는 파란색을 흡수하는 로돕신이 많은 것입니다. 이 남극의 로돕신은 색이 붉습니다.

그러면 강물에 사는 미생물에게는 로돕신이 있을까요, 없을까요? 강물에는 염분이 없습니다. 그래서 처음에 과학자들은 미생물에게 로돕신 유전자가 없을 것이라고 생각했습니다. 그런데 실제로는 그렇지 않았습니다. 갠지스 강의 물을 채취해서 확인해보았더니, 이곳의 미생물에게 로돕신 유전자가 있다는 것을 확인할 수 있었습니다. 이 로돕신에게는 홀리 로돕신(Holy rhodopsin)이라는 이름이 붙었습니다.

이처럼 빛을 이용해 에너지를 생성하도록 하는 로돕신 단백질은 장소에 따라 색이 다양합니다. 생물체는 에너지를 얻기 위해 파란빛이 많으면 파란빛을 흡수하게끔, 초록빛이 있으면 초록빛을 흡수하게끔 로돕신을 변형시켜 적응한 것입니다.

빛이 있는 쪽으로

생명체는 빛이 있어야 에너지를 얻기 때문에 빛이 있는 쪽으로 가는 것이 무척 중요합니다. 이렇게 빛이 있는 쪽으로 가는 성질을 광주성(光週性, phototaxis)이라고 합니다.

광주성이 나타나는 양상을 보면, 진핵생물과 원핵생물은 그 메커니즘이 다르다는 것을 알 수 있습니다. 기본적으로 빛이 있는 쪽으로 가는 것은 똑같습니다. 차이를 보이는 지점은, 진핵생물은 빛이 오는 방

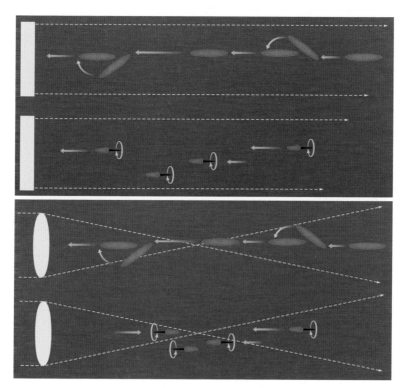

볼록렌즈를 갖다 놓은 다음 빛의 양을 달리해보면, 원핵생물은 빛이 어디서 오든지 상관하지 않고 빛의 양이 많은 지점으로 몰린다. 그래서 볼록렌즈를 통해 초점이 맞춰진 곳을 향해 간다. 이와 달리 진핵생물은 빛이 오는 방향을 향해 간다.

향에 민감하고, 원핵생물은 빛의 양에 민감하다는 점입니다.

그래서 볼록렌즈를 갖다 놓은 다음 빛의 양을 달리해보면, 원핵생물은 빛이 어디서 오든지 상관하지 않고 빛의 양이 많은 지점으로 몰립니다. 그래서 볼록렌즈를 통해 초점이 맞춰진 곳을 향해 갑니다. 이와 달리 진핵생물은 빛이 오는 방향을 향해 갑니다.

그러면 인간은 어떤가요? 빛의 방향에 민감한가요, 아니면 빛의 양에 민감한가요? 사실 인간이 어디에 민감한지는 분명치 않아 보입니다. 둘 다 민감하기 때문이지요.

이와 달리 미생물들은 아주 정확하게 빛에 반응합니다. 미생물은 어떻게 그렇게 정확하게 빛을 감지할까요?

편모가 있는 미생물을 대상으로 실험을 해보았습니다. 이 미생물은 왼쪽으로 가고 싶으면 오른쪽 편모는 세우고 왼쪽만 자극을 줍니다. 이 미생물에게 로돕신은 안점(眼點, eyespot)에 있습니다. 로돕신은 빛이 오면 감지해서 신호를 전달합니다. 한쪽 편모를 세운 채 다른 쪽을 계속 움직이면, 생물체가 움직이는 방향 쪽으로 가게 되는 겁니다. 이런 조절은 카로티노이드(carotinoid) 덩어리로 만들어진 안점이 빛을 막아주기 때문에 가능합니다.

채널로돕신(Channel Rhodopsin)은 좀 특이합니다. 편모를 움직일 때의 메커니즘은 신경 전달과 똑같습니다.

채널로돕신 연구는 예쁜꼬마선충의 운동신경세포(motor neuron)를 대상으로 이루어지곤 하는데, 이들 연구 중에는 근육의 운동신경세포에 로돕신을 넣어 빛을 쪼임으로써 근육을 움직이게 하는 연구도 있습니다. 이 연구를 확장시켜 장님 쥐의 눈에 미생물 유래 채널로돕신을 이식시킨 후 빛을 감지하게 한다거나, 아니면 특정 뇌 부위에 발현시키고 빛을 비춤으로써 뇌의 특정 부위가 어떤 기능을 하는 곳인지 알아내는 연구도 진행되고 있습니다.

화학주성

원핵생물이 빛의 양에 민감한 것은 일종의 화학주성이라고 설명할 수 있습니다. 화학주성은 특정 화학물질을 감지하여 반응하는 것입니다. 예컨대, 빵을 좋아하는 사람이 낯선 길을 가다가 빵집의 빵 냄새를 맡았을 때, 빵 냄새가 짙게 나는 쪽으로 가면 맞는 방향으로 자신이 가고 있다고 판단할 것입니다. 반대로 냄새가 옅어지면 방향이 잘못되었다고 판단할 것입니다.

이는 미생물에게도 마찬가지입니다. 미생물은 아주 작은 생물체이지만 그 작은 몸 안에 기억 시스템을 갖고 있습니다. 미생물은 이쪽과 저쪽을 비교한 다음 빛이 많은 쪽으로 계속 갑니다. 빛이 적어지면 바로 방향을 틉니다. 그리고 벡터의 합으로 방향을 결정짓습니다. 이것이 바로 미생물의 기억 시스템입니다.

원핵생물이 메모리 시스템으로 빛의 양이 많은 쪽으로 간다면, 진핵생물은 어떤 시스템으로 빛이 오는 방향 쪽으로 가는 것일까요? 간단히 언급하자면 진핵생물은 빛의 방향을 그림자를 이용해 알아냅니다.

그럼, 이제 미생물에게 로돕신이 있으면 어떤 이점이 있을지 간단히 정리해보면서 강의를 마무리짓도록 하겠습니다.

우선 미생물은 로돕신을 이용함으로써 빛에너지를 ATP라는 화학에너지로 전환시킵니다. 바다 미생물을 키워보면 빛이 있을 때와 없을 때에 자라는 속도는 똑같지만, 죽는 속도에서 차이를 보이는 것을 알 수 있습니다. 빛이 있으면 천천히 죽습니다. 다음으로, 미생물은 광주성과 화학주성이라는 성질을 가진 로돕신으로 인해 자기가 원하는 곳으로 움직일 수 있습니다. 미생물들이 좋아하는 빛은 파란빛과 초록빛입니다. 좋아하지 않는 빛은 자외선입니다.

© 신인철

Q. 빛을 이용해서 살아가는 미생물 중 루시페린같이 발광 물질을 가진 미생물도 있을 텐데, 그런 미생물은 자기가 스스로 방출하는 빛과 외부의 빛을 어떻게 구별하는지 궁금합니다.

A. 생물 발광(Bio luminescence)을 하는 대표적인 생물로는 해파리와 개똥벌레가 있습니다. 개똥벌레가 빛을 내는 이유는 짝을 찾기 위해서입니다. 그러면 미생물이 빛을 내는 이유는 무엇일까요? 이에 대해서는 여러 가지 설이 있습니다. 예전에는 심해의 어류들이 빛을 내는 것은 먹이를 찾기 위해서라고 얘기했었는데, 최근에는 관점이 바뀌었습니다. 바다 밑의 큰 물고기들은 빛을 감지하고 있다가 그림자를 감지하면 그림자를 만든 생물체를 잡아먹었습니다. 만약 빛을 내는 생물체라면 잡아먹힐 확률이 낮아질 것입니다. 빛을 내는 것이 일종의 생존 전략인 셈입니다. 미생물이 방출하는 빛은 초록색과 빨간색입니다. 받아들이는 빛은 파란색입니다. 스스로 내는 빛과 외부의 빛은 파장이 다르기 때문에 미생물은 이 둘을 구별할 수 있을 것입니다.

Q. 미생물들이 빛을 받아서 에너지를 만든다고 하셨는데 그것을 인간들이 사용할 수 있는 방안도 있을까요?

A. 공상과학 TV 시리즈 〈스타트렉〉을 보면 사람 중에 광합성을 하는 인물이 있습니다. 사람들이나 동물한테 광합성을 할 수 있는 시스템을 집어넣으면 광합성을 통해서 에너지를 얻을 수 있을 것입니다. 그러면 밥을 먹지 않아도 될 겁니다. 그런데 따져보면, 사람의 온몸을 광합성 세포로 덮는다고 해도 표면적이 부족하여 얻을 수 있는 에너지는 많지 않습니다. 그래서 광합성에만 의존한다면 굶어 죽을 수밖에 없습니다. 사람의 표면에서 받아들이는 빛에너지를 전부 화학에너지로 전환해도, 밥을 먹은 것보다 양이 훨씬 적습니다. 기능적으로 만들 수는 있습니다만 표면적이 식물처럼 커져야 하기 때문에 실용적이지는 못합니다.

Q. 로돕신을 이용해서 에너지를 만드는 것이 약간 비효율적이라고 들었는데, 구체적으로 몇 ATP를 생성하는지 궁금합니다.

A. 실제로 빛에너지를 화학에너지로 만드는 가장 효율적인 방법은 광합성입니다. 효율이 36% 정도 됩니다. 로돕신의 효율성은 얼마나 될까요? 10% 정도가 최대치이고 적으면 5% 정도입니다. 그런데 장단점이 있습니다. 광합성 시스템은 매우 복잡합니다. 약 20~30개의 단백질이 연결되어 있습니다. 하지만 로돕신은 1개인데도 최대 10% 정도를 화학에너지로 변환합니다.

Q. 미생물이 빛을 이용하는 이유는 단순히 에너지를 얻기 위해서인가요?

A. 기본적으로 에너지를 얻기 위해서입니다. 빛이 미생물에 도움을 줄 수도 있지만 빛이 해로울 수도 있습니다. 빛이 너무 세면 광표백(photobleaching) 현상이 나타납니다. 센 빛 때문에 산소가 활성산소가 되어 피해를 입히는 것입니다. 그래서 그런 부작용을 피하기 위해서 카로티노이드도 만듭니다. 빛과 관련된 미생물들의 행동으로는 빛에서 에너지를 얻고, 해로운 것을 피하고, 자기가 좋아하는 빛 쪽으로 가는 것이 대부분이라고 생각하면 됩니다.

식물학자
다윈이
발견한
호르몬은

—

조형택 서울대학교 생명과학부 교수

서울대학교를 졸업하고, 서울대학교 대학원에서 이학 박사학위를 받았다. 미국 미시건주립대학교 MSU-DOE Plant Research Laboratory 박사후 연구원, 펜실베니아주립대학교 박사후 연구원, 충남대학교 교수를 거쳐, 현재 서울대학교 생명과학부 교수로 재직 중이다. 한국식물학회 상임이사를 역임했다. 다세포 생물의 발달 과정에서 다양한 모양과 기능의 세포들이 분화되는 메커니즘에 관심이 크다.

식물학자 다윈을 아시나요? 다윈을 진화학자로만 아는 사람이 많은데, 사실 다윈은 말년에 주로 식물을 연구했습니다.

다윈은 오랫동안 병마에 시달렸습니다. 권태감, 현기증, 경련, 떨림, 구토, 복통, 쥐, 복부 팽창, 두통, 시각 장애, 피로증, 신경쇠약, 호흡 곤란, 습진, 피부병, 울음병, 불안증, 공황 장애, 의식 불명, 심박급속증, 불면증, 우울증, 귀 울림 등등. 이런 병명들은 다윈이 겪

일곱 살 무렵의 다윈. 아끼는 식물인 듯 화분을 끌어안고 있다.

었던 것들 중 일부에 불과합니다. 영국에 있는 유명한 의사치고 다윈을 진료하지 않은 의사는 없을 정도였습니다.

젊었을 때의 다윈은 건강했습니다. 비글호를 타고 항해하면서 진화론의 기반이 되는 근거들을 모았습니다. 그러나 쉰이 넘어서는 굉장히 아팠기 때문에 탐사를 떠나거나 학회에 참여하거나 하는 활동적인 일은 하기 힘들었을 겁니다.

다윈의 질병은 비글호를 타고 탐험하면서 안데스 산맥을 넘을 때 침노린재에 물려 기생충 트리파노조마(*Trypanosoma*)에 감염되었고 그로 인해 샤가스병(Chagas' disease)에 걸렸기 때문이라는 설이 있습니다. 샤가스병은 심장 장애나 장합병증을 유발해 여러 다양한 통증을 일으키는 질병입니다.

식물을 연구하는 후대의 식물학자에게 다윈의 질병은, 다윈 선생께 죄송스럽지만, 다행스러운 일이기도 합니다. 다윈이 주로 집에서 식물

식물 연구를 다룬 다윈의 책.

을 관찰하면서 아주 다양하고 재미있는 현상을 기록했고, 더불어 실험도 진행했기 때문입니다.

다윈은 『종의 기원』을 쓴 이후에 10권의 책을 더 집필했는데, 이 가운데 6권은 모두 식물에 대한 연구 결과를 담고 있습니다. 다윈이 죽기전에 마지막으로 쓴 책은 지렁이에 대한 책입니다.

여기서는 다윈이 다룬 일부 식물 연구와 식물의 운동성에 대해 중점적으로 다뤄보겠습니다. 다윈이 19세기 말에 발견한 것들을 현대 과학이 어떻게 적용하고 해석하는지를 소개해볼 생각입니다.

다윈이 『종의 기원』을 쓸 즈음, 그는 대부분 동물을 대상으로 실험을 진행했습니다. 다윈의 진화론의 핵심은 '자연선택에 의한 진화'입니다. 다윈은 인간이 동물을 가축화하는 과정에서 인위적인 선택을 하듯이 자연도 선택한다고 주장했습니다. 그는 실험을 통해 칙칙한 색깔의 평범한 야생 비둘기에서 하얀색의 가축화된 비둘기와 꼬리가 아름다운 비둘기를 얻을 수 있었습니다.

이렇게 주로 동물 실험을 하던 어느 날 다윈은 해변을 산책하다가 여

러 종류의 난초를 보게 되었습니
다. 공통점도 있었지만, 종류마다
꽃의 모양이 굉장히 달랐습니다.

진화론적인 관점에서 보면 모든
생물체에게는 공통조상이 있습니
다. 인간과 침팬지의 공통조상뿐
아니라 사람과 바나나의 공통조상
도 있습니다. 다윈의 위대한 통찰

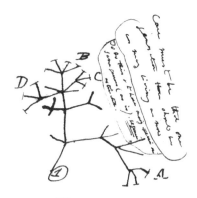

다윈이 그린 생명의 나무.

력 가운데 하나는 지구 상의 모든 생명체들이 하나의 공통조상에서 출
발했다는 것입니다. 다윈의 '생명의 나무'는 이처럼 공통조상에서 여러
종이 갈라져 나오는 것을 그림으로 형상화한 것입니다. '생명의 나무'에
서 갈라지는 바로 그 지점에 있는 생물체가 바로 공통조상입니다. 다윈
의 생각에 따르면, 다양한 종의 난이 존재하는 것은 한 종의 공통조상
이 변이를 거쳐 다양한 종이 되었기 때문입니다.

다윈의 예언

난초는 충매화입니다. 즉 곤충에 의해 가루받이가 일어나는 꽃입니
다. 충매화의 경우 곤충이 없다면 가루받이가 일어날 수가 없고, 그러
면 씨를 맺지 못하며 자손도 없습니다.

다윈이 여러 관찰을 통해서 내린 결론은 난이 꽃을 피우기 위해서는
어떤 곤충이든지 반드시 존재해야 된다는 것입니다.

어떤 난초들을 보면 특수한 곤충의 모습을 하고 있습니다. 예컨대 호
박벌의 모습을 하고 있는 난이 있는데, 수컷 호박벌은 이 난을 암컷 배

우자라고 생각하고는 교배를 시도합니다. 그 과정에서 수컷 호박벌에게 꽃가루가 묻게 되고 다른 꽃으로 날아간 수컷 호박벌은 그 꽃에 꽃가루를 옮기는 것입니다.

마다가스카르에서 발견된 난초 안그레쿰 세스퀴페달레.

각기 다른 종류의 난마다 서로 다른 종류의 곤충이나 벌들이 가루받이를 해주는데, 이것을 공진화(共進化)라고 합니다. 특정 종류의 난초와 곤충 사이에서 공동 진화가 일어난 것입니다. '공진화'라는 개념은 다윈이 난초를 관찰하면서 처음으로 제시한 개념입니다. 그리고 다윈은 난과 관련하여 생물학사에서 굉장히 드문 예견을 하나 내놓습니다.

1860년대 영국의 귀족들 사이에서는 난을 키우는 것이 유행이었습니다. 어느 품평회에서 한 귀족이 마다가스카르에서 온 희한한 난초를 사람들에게 보여주었는데, 이 난은 독특하게도 꼬리처럼 긴 꿀샘을 가지고 있었습니다. 꿀샘의 길이가 자그마치 30cm가 넘었습니다. 이 난은 다른 난과 마찬가지로 충매화였습니다.

이 난이 존재한다는 것은 어떤 곤충이나 무엇인가가 가루받이를 해주었기 때문일 것입니다. 가루받이를 해주는 매개자가 없다면 이 식물은 자손을 남기지 못할 것입니다.

당시는 다윈의 자연선택 이론이 널리 퍼진 상태가 아니어서, 많은 이들이 이 난초가 어떻게 세대를 이어나가면서 존재할 수 있는지에 대해 의문을 품었습니다. 그런 상황에서 다윈은 마다가스카르에 반드시

이 난초에 가루받이를 해줄 수 있는, 혀가 30cm가 넘는 나방이 존재할 것이라고 예견했습니다.

다윈이 처음 이 말을 내뱉었을 때 주위 사람들은 모두들 믿지 않았습니다. 나방의 몸 길이가 아무리 길어도 10cm인데 어떻게 혀가 30cm가 넘느냐며 그의 말을 비웃는 이들도 있었다고 합니다.

그로부터 약 50년 후, 혀가 30cm가 넘는 나방이 실제로 발견되었습니다. 박가시

다윈이 그 존재를 예견한 나방 산토판 모르가니 프레딕타.

나방의 일종입니다. 발견자 모르가니(Morgani)의 이름을 따서 이 나방에게는 산토판 모르가니 프레딕타(*Xanthopan morgani predicta*)라는 학명이 붙었습니다. 학명은 속명과 종명을 나란히 배열하는 이명법으로 지어지는데, 이 나방의 경우는 다윈에 의해 예견되었기 때문에 '예견된(predicta)'라는 이름이 하나 더 포함되어 있습니다.

난초의 존재가 산토판 모르가니 프레딕타 나방의 존재를 알려준다는 다윈의 생각은 다윈의 자연선택설에 기초한 것이었습니다. 다윈의 예언대로 곤충이 발견되었다는 것은 그의 이론이 얼마나 자연현상을 잘 설명하는지를 보여줍니다.

물리학에서 물리현상을 예측하는 것은 그리 어렵지 않습니다. 질량이나 속도와 같은 기본적인 변수들을 알면 다음 일식이 언제 일어날지 등을 예측할 수 있습니다. 그러나 생물학에서 예측이나 예견을 하는 것은 결코 쉬운 일이 아닙니다. 생명체들의 복잡성과 다양성 때문입니다. 그럼에도 다윈이 예견할 수 있었다는 것은 자연선택론이 자연현상과

얼마나 잘 들어맞는지를 보여주는 사례라고 할 수 있습니다.

다윈의 식충식물 실험

다윈은 식충식물에 관한 책도 썼습니다. 식충식물은 참으로 독특한 식물입니다. 다른 식물은 광합성을 하며 생존하는데, 식충식물은 곤충을 잡아먹습니다. 심지어 작은 쥐를 잡아먹는 식충식물도 있습니다.

다윈은 여러 종류의 식충식물을 관찰했는데, 그중 특히 자세히 실험한 식충식물은 *끈끈이주걱*입니다. 지금 봐도, 다윈은 참으로 상상을 초월하는 실험을 진행했습니다. 다윈은 *끈끈이주걱*에게 굉장히 다양한 음식을 주는데, 그것들은 다음과 같습니다. 고기(+), 피브린, 계란알부민(+), 신토닌, 힘줄, 뼈(+), 법랑질(이)(+), 젤라틴, 연골(+), 우유(+), 치즈(+), 꽃가루, 요소(-), 키틴(곤충날개)(-), 펩신, 셀룰로오스(-), 엽록소(-), 기름(-), 녹말, 설탕, 소변(+), 가래(+), 침(+), 풀 녹즙, 배추국물(+), 완두콩 국물(+), 껌(-), 술(-), 차(-), 한천(+), 암모늄, 나트륨, 칼륨, 금속 이온, 니코틴, 아트로핀 등입니다. 자세히 보면 음식이 아닌 것도 있습니다. 다윈이 이렇게 다양한 종류의 음식과 물질을 *끈끈이주걱*에게 준 이유는 과연 *끈끈이주걱*이 어떤 영양소를 필요로 하는지 알기 위해서입니다. 위에서 (+)라고 쓴 것은 *끈끈이주걱*이 그 음식과 물질에 반응해서 흡수를 시도한 것이고, (-)는 반응하지 않은 것입니다. *끈끈이주걱*이 반응한 것들에는 공통적인 특징이 있습니다. 대부분 단백질 성분이라는 것입니다.

*끈끈이주걱*에게 양 뼈를 주면 어떻게 될까요? 다윈이 한번 실험해보았는데, *끈끈이주걱*이 열흘 동안이나 양 뼈를 물고는 흐물흐물하게 만

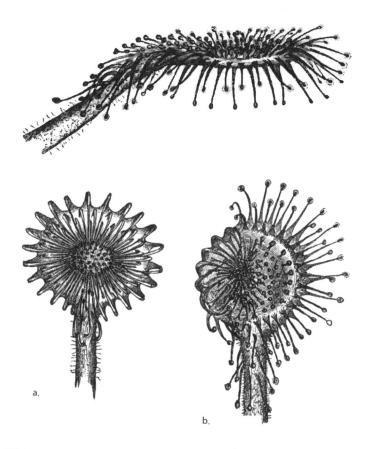

다윈의 책에 실린 끈끈이주걱 그림. a는 끈끈이주걱의 모습을 그린 그림이다. b는 암모늄을 떨어뜨린 부분에만 촉수가 움직이는 것을 그린 그림이다.

들어 먹어버렸습니다. 심지어 법랑질로 되어 있는 동물 이빨도 닷새 동안 물고는 부드럽게 만들어 소화시켰습니다. 뼈나 이빨에 있는 단백질 때문에 이것들을 섭취한 것입니다. 두 가지 사례만 봐도 끈끈이주걱의 소화액이 얼마나 강력한지를 알 수 있습니다. 다윈은 이들 실험을 통해 동물의 소화력 못지않게 식충식물의 소화력도 강력하다는 것을 보여주었습니다.

그러면 더 자세하게, 끈끈이주걱은 단백질 성분 중에서도 어떤 원소에 반응하는 것일까요? 끈끈이주걱이 반응한 원소는 질소였습니다. 질소는 식물이 주로 토양에서 얻는 원소입니다.

다윈은 끈끈이주걱이 질소를 필요로 한다는 것을 알고 질소 원료의 하나인 암모늄을 곧바로 투여해보았습니다. 과연 어느 정도 소량의 암모늄염에 촉수가 반응하는지를 살펴본 것입니다.

암모늄의 경우 3ng에 반응할 정도로 충분히 민감하게 반응하는 것으로 나타났습니다. 1ng은 10^{-9}g으로, 3ng은 정말 극소량이라고 할 수 있습니다.

식물의 운동

이제 다윈이 세상을 떠나기 2년 전에 쓴 『식물의 운동성』과 관련된 이야기를 본격적으로 소개해보고자 합니다. 다윈의 책이 다룬 내용은 제가 연구하는 주제와도 관련이 있습니다.

요즘의 촬영 장비로 식물을 오랜 시간 찍으면, 식물이 흔들흔들하면서 움직이는 것을 찍을 수 있습니다. 그런데 100여 년 전에는 식물이 움직이는 것을 알 수 있는 방법이 없었습니다.

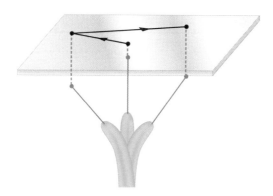

다윈은 자엽초의 줄기 끝에 핀을 꽂아 자엽초의 줄기가 움직이는 것을 관찰했다.

바람이 불어서 식물이 흔들리는 것이 아니라 자체적으로 식물이 움직인다는 것을 최초로 관찰한 과학자 중 한 명이 다윈이었습니다.

다윈은 여러 종의 어린 식물을 관찰했는데, 그중 하나가 자엽초입니다. 자엽초는 외떡잎 식물의 눈이 나올 때 이것을 싸고 있는 부분을 말합니다. 이 자엽초의 줄기 끝은 왔다갔다 움직입니다. 현대 장비로 연속 촬영하면 줄기가 움직이는 것을 확인할 수 있습니다.

다윈은 자엽초의 움직임을 관찰하기 위해, 줄기 끝에 핀을 꽂았습니다. 줄기의 움직임을 훨씬 더 크게 확인하기 위해서입니다. 다윈은 줄기 끝에 핀을 꽂은 다음 그 위쪽에 특정 유리판을 갖다 대고, 그 움직임을 시간대별로 표시했습니다.

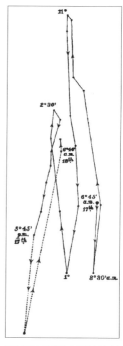

다윈이 기록한 자엽초의 시간대별 움직임.

앞의 그림은 다윈이 기록한 자엽초의 시간대별 움직임을 기록한 것입니다. 아침 6시 45분에 일어나서 첫 번째 점을 찍고, 그 다음 8시 30분에 점을 찍었습니다. 11시가 되면 꽤 많은 거리를 움직인 것을 확인할 수 있습니다. 그 다음 오후 1시, 오후 2시 30분의 위치를 점으로 찍었습니다. 다윈의 이 간단한 실험에서도 보이는데, 이렇게 식물의 줄기가 움직이는 것을 왕복운동이라고 합니다.

식물의 굴광성과 굴중성

식물이 빛을 향해 굽는 것을 굴광성, 중력을 향해 굽는 것을 굴중성이라고 합니다. 이와 관련해서도 다윈이 최초로 실험하고 관찰한 결과가 있습니다.

생명체에는 항상 변이가 존재합니다. 같은 호모사피엔스이지만 각 사람들의 모양이 다른 것은 DNA 조성에 변이가 조금씩 있기 때문입니다.

만약 식물 중에서 어떤 변이는 빛을 향해 줄기를 꺾을 수 있게 하고, 어떤 것은 가만히 있게 했다면, 이중 살아남을 확률이 더 높은 개체는 어떤 것일까요? 당연히 빛을 향해 굽는 개체가 광합성을 더 잘 해낼 수 있기 때문에, 꽃을 피우고 씨앗을 남겨 더 잘 생존할 수 있을 것입니다. 반면 빛과 상관없이 가만히 있는 개체는 상대적으로 후손을 덜 남길 가능성이 높습니다.

다윈은 생리학적인 실험을 진행하면서도 모든 것을 진화론과 연관시켰습니다. 생명체의 살아가는 메커니즘을 '생리(生理)'라고 하는데, 다윈은 이 생리가 생존하고 번식하기 위해 존재한다고 생각한 것입니다.

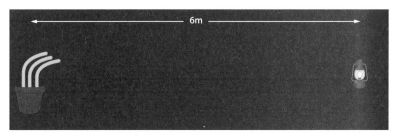

아주 캄캄한 곳에 촛불을 하나 켜놓고 그로부터 6m 떨어진 곳에 식물을 놔두면, 식물의 줄기가 빛을 향해 굽는다.

다윈은 얼마나 약한 빛에 줄기가 반응할 수 있는지 실험해보았습니다. 아주 캄캄한 곳에 촛불 하나를 켜놓고, 그로부터 6m 멀리 떨어진 곳에 식물을 놔두었습니다. 실험 결과 이 정도로 약한 빛에도 식물의 줄기가 빛을 향해 굽는 현상이 나타났습니다. 이것은 식물이 굉장히 민감한 굴광성을 갖고 있다는 것을 말해줍니다.

이와 관련된 재미있는 실험 몇 가지를 더 소개해보도록 하겠습니다. 빛이 있는 곳에 식물을 놔두면 식물의 줄기는 빛을 향해 굽기 시작합니다. 그러면 빛을 향해 줄기가 굽기 시작한 어린 식물을 덮개로 씌우면 어떻게 될까요? 빛이 차단되었음에도 불구하고, 원래 빛이 있던 방향으로 줄기가 계속 굽습니다. 다윈은 실험을 기록할 때 촉수, 두뇌, 지능처럼 동물에게 사용되곤 하는 단어로 자주 식물의 모습을 표현했는데, 이 경우에도 동물의 '잔상'에 비유해 이 현상을 설명했습니다. 그러니까 사람이 밝은 것을 본 후 옆으로 시선을 옮기면 여전히 상이 남아 있습니다. 이것을 잔상이라고 하는데, 그런 잔상 때문에 빛을 차단해도 원래 빛이 있던 방향으로 식물의 줄기가 굽는다는 것입니다.

다윈은 또 한 가지 재미난 실험을 진행해봅니다. 굉장히 섬세하고 참신한 실험이었습니다. 줄기에서 빛이 비추는 쪽의 절반에 빛이 투과

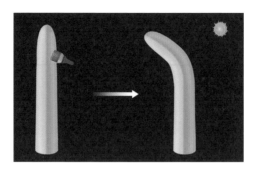

식물은 상대적으로 빛이 더 강한 쪽에 반응한다.

하지 않는 색소를 칠해본 것입니다. 빛을 차단한 것입니다. 그러면 빛
이 오른쪽에서 들어올 때 식물의 줄기는 어느 쪽으로 굽을까요? 식물
의 줄기는 왼쪽으로 굽습니다. 색소가 칠해져 있어서 오른쪽에는 빛이
없다고 생각하는 것입니다. 왼쪽에는 빛이 아주 없는 것이 아닙니다.
빛이 들어오는 쪽이 아닐지라도 약간이나마 산란된 빛이 있을 겁니다.
6m 멀리 떨어진 촛불의 빛을 인지하는 식물이 산란된 빛을 왜 인지하
지 못하겠습니까? 이 실험은 식물이 상대적으로 빛이 더 강한 쪽에 반
응한다는 것을 보여줍니다.

그러면 과연 식물의 어떤 부위가 빛을 인지하는 것일까요? 이를 알
아보는 가장 쉬운 방법은 잘라보는 것입니다. 어디까지 잘랐을 때 식물
이 반응하지 않는지, 그것을 살펴보면 되기 때문입니다. 알려진 대로,
줄기의 끝 부분을 자르면 빛에 반응하지 않습니다. 그래서 줄기의 끝
부분이 빛을 인지하는 기능을 갖고 있다고 생각할 수 있습니다.

그런데 다윈은 아주 신중한 사람이었습니다. 줄기를 자르는 상처를
입었기 때문에 식물이 반응하지 못한 것은 아니냐는 질문을 의식해서
인지, 다윈은 또 다른 실험을 한 가지 진행합니다.

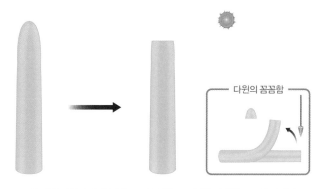

줄기를 중력의 수평 방향으로 눕혀 놓으면 하늘 방향으로 올라간다.

줄기는 빛을 향해서 굽지만 중력의 반대 방향으로도 굽습니다. 그래서 줄기를 중력의 수평 방향으로 눕혀 놓으면 하늘 방향으로 올라갑니다. 즉 줄기가 중력의 반대 방향으로 굽습니다. 이것을 음성 굴중성 반응이라고 합니다.

다윈은 줄기의 끝 부분을 자르면 빛에는 반응하지 못하지만, 음성 굴중성 반응은 일어난다는 것을 보여주었습니다. 그러니까 끝 부분이 잘리는 상처를 입어서 굽는 반응 자체는 일어날 수 있으나 빛에는 반응하지 못한다는 것을 보여준 것입니다. 또 줄기를 잘라내는 것과 상관없이 중력의 반대 방향으로 줄기가 굽는 현상이 일어난다는 것도 증명했습니다.

다윈은 쌍떡잎 식물의 굴광성 실험도 아주 신중하게 진행했습니다. 다윈은 떡잎까지 자르는 것은 식물에 과도한 상처를 주는 것이라고 생각했던지, 알루미늄 호일 비슷한 것으로 빛을 가리고는 굴광성을 관찰했습니다. 다윈은 5mm, 4mm, 2.5mm처럼 다양한 길이로 줄기 끝 부분 근처를 가려보았는데, 최소한 5mm 정도는 가려야 빛에 반응하지

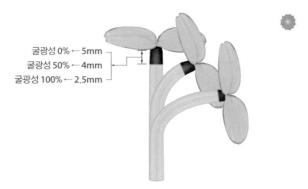

다윈은 5mm, 4mm, 2.5mm처럼 다양한 길이로 줄기 끝 부분 근처를 가려보았는데, 최소한 5mm 정도는 가려야 빛에 반응하지 않는다.

않는다는 사실을 발견했습니다. 이런 다윈의 실험 결과는 줄기 끝 부분에서 빛을 인지한다는 최근의 연구 결과와도 완전히 일치합니다.

이 실험을 근거로 다윈은 빛을 인지하는 부분이 줄기의 말단이라고 예측했습니다. 다윈은 '뇌'라는 표현을 썼는데, 신경조직이 식물 속에 들어 있다는 얘기가 아니라 식물이 자신을 둘러싼 환경에서 빛을 인지하는 뇌가 들어 있다는 식으로 표현했습니다.

세포 생장 조절 호르몬, 옥신

줄기의 굴광성에서처럼 어떤 부분이 굽는다는 것은 바깥쪽이 안쪽보다 빨리 자라야 가능해집니다. 즉, 바깥쪽과 안쪽이 비대칭적으로 자라기 때문에 굽는 것입니다. 굴광성이나 굴중성이 나타난다고 해서 바깥쪽의 세포 수가 안쪽보다 많아지는 것은 아닙니다. 다만 세포가 더 빨리 자라는, 다시 말해 커지는 것입니다. 세포 분열은 끝 부분에서만 일어날 뿐, 다른 부분에서는 자라는 현상만 나타납니다.

다윈이 뛰어난 것은 오늘날 세포 생장 조절 호르몬으로 알려진 물질의 존재를 예측했다는 점입니다. 당시에는 호르몬이라는 개념이 명확히 정의될 때가 아니었기 때문에 그것을 '영향력(influence)'이라고 표현했습니다.

다윈은 어떤 물질이 빛을 인지하며 그 물질이 빛의 반대쪽으로 이동해서 세포를 자라게 할 뿐 아니라 줄기가 굽는 부분까지 수송된다고 예측했습니다. 즉 세포의 신장을 촉진하는 호르몬이 있다는 것과 그 호르몬이 수송된다는 것을 예측한 것입니다.

이렇게 다윈이 언급한 호르몬은 150년이 지나서 실제로 그 존재가 확인되었습니다. 1928년 F. W. 벤트(F. W. Went)는 다윈이 예견한 세포 신장 호르몬의 존재를 확인하고는 '옥신(auxin)'이라는 이름을 붙였습니다. 옥신의 'aux-'는 커진다는 뜻을 갖고 있는 접두어입니다. 벤트의 발견 이후 옥신은 식물 발달에 있어서 가장 핵심적인 호르몬 중 하나라는 것이 점차 드러나기 시작했습니다.

옥신은 굉장히 많은 일을 합니다. 중력의 반대 방향으로 줄기가 자라는 것(음성 굴중성), 빛의 방향으로 줄기가 굽는 것(굴광성), 잎이 나는 것, 과일의 발달 성장, 관다발의 형성, 뿌리 생성 등 옥신은 식물 발달에 있어서 핵심적인 역할을 수행하는 호르몬입니다.

그러면 옥신이라는 호르몬은 어떻게 수송되는 것일까요? 옥신의 수송은 세포와 세포 사이를 통해서 수송됩니다. 세포 안에서 세포 밖으로 나왔다가 다시 세포 안으로 들어가는 식으로, 옥신이 옆의 세포로 수송되는 것입니다. 그리고 이 수송으로 인해 어떤 세포 또는 조직에 옥신이 몰리게 되면, 높은 농도의 옥신이 형성되어 그곳에 새로운 잎이나 뿌리가 나오거나 관다발이 형성되거나 하는 일이 벌어집니다.

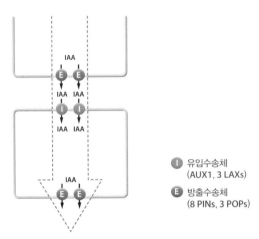

유입수송체
(AUX1, 3 LAXs)

방출수송체
(8 PINs, 3 POPs)

자연산 옥신인 인돌아세트산(indoleacetic acid, IAA)은 세포질 안에서는 이온화되는데, 이렇게 이온화된 것들은 수송체가 있어야지만 소수성(물을 싫어하는) 물질만 통과할 수 있는 인지질 세포막을 통과할 수 있다.

이렇게 옥신이 한 방향으로 이동할 수 있기 위해서는 수송체가 있어야 합니다. 자연산 옥신인 인돌아세트산(indoleacetic acid, IAA)은 세포질 안에서는 이온화되는데, 이렇게 이온화된 것들은 수송체가 있어야지만 소수성(물을 싫어하는) 물질만 통과시키는 인지질 세포막을 통과할 수 있습니다. 수송체가 세포막의 반대쪽까지 경로를 열어주어야지만 옥신이 그 사이를 지나갈 수 있는 것입니다. 그리고 이런 수송체는 세포막에 골고루 퍼져 있는 것이 아니라 한쪽으로 편향되어 있을 때, 옥신이 한쪽 방향으로만 이동할 수 있습니다. 그리고 이렇게 옥신 수송체가 세포막에 비대칭적으로 있기 때문에 다윈이 얘기한 옥신의 방향성 있는 수송, 즉 옥신의 극성 수송이 이뤄질 수 있는 것입니다.

가장 잘 알려진 옥신 수송체의 이름은 핀(PIN)입니다. 핀은 앞에서 설명한 것처럼 세포 안에서 밖으로 옥신을 내보내는 옥신방출수송체입니다. 여러 종류의 핀 수송체 단백질이 있으며, 세포 안에서 분포하는

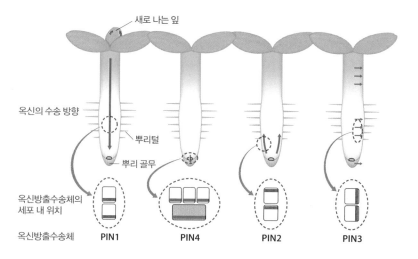

새로 나는 잎

옥신의 수송 방향

뿌리털

뿌리 골무

옥신방출수송체의
세포 내 위치

옥신방출수송체

PIN1　　　PIN4　　　PIN2　　　PIN3

여러 종류의 핀 수송체 단백질이 있는데, 세포막의 아랫부분이나 윗부분에 있기도 하고, 옆부분에 있기도 합니다.

곳도 다양합니다. 세포막의 아랫부분이나 윗부분에 있기도 하고, 옆부분에 있기도 합니다.

핀의 분포는 옥신 수송이 어느 쪽으로 일어날 것인지를 보여줍니다. 그래서 수송체 단백질이 세포막의 어디에 있는지를 안다는 것은 옥신이 그 조직의 발생에 어떤 기여를 할지를 아는 데 매우 중요합니다.

최근의 과학자들은 핀 단백질이 세포막의 어디에 위치해 있는지를 알기 위해 녹색형광단백질을 이용하고 있습니다. 녹색형광단백질의 유전자와 관찰하고 싶은 단백질의 유전자를 유전공학적으로 결합해서 복합 단백질을 만든 다음, 그것을 이용해 그 복합 단백질이 세포 안의 어디에 있는지 추적하는 것입니다.

그러면 핀이 망가지면 어떤 일이 벌어질까요? 사실 핀이라는 이름은 핀이 망가진 돌연변이의 모습에서 유래한 것입니다.

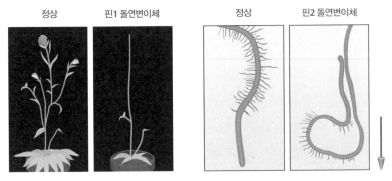

애기장대(Arabidopsis)에게 옥신 수용체1(핀1)과 옥신 수용체2(핀2)가 망가졌을 때, 핀1이 망가지면 잎도 만들지 못하고 꽃도 맺지 못한 채 핀처럼 자라난다. 그리고 핀2가 망가지면 뿌리가 중력을 찾지 못하는 모습을 보여준다.

위 그림은 모델식물 애기장대(Arabidopsis)에게 옥신 수용체1(핀1)과 옥신 수용체2(핀2)가 망가졌을 때 나타나는 모습을 보여줍니다. 핀1이 망가지면 잎도 만들지 못하고 꽃도 맺지 못한 채 핀처럼 자라납니다. 그리고 핀2가 망가지면 뿌리가 중력을 찾지 못하는 모습을 보여줍니다. 정상적이라면 중력을 찾아 내려가야 하는데 뿌리가 헤매는 것입니다.

다윈의 음성 굴광성은 이 핀의 기능과 연관되어 있습니다. 옆 그림에서 노란 네모 상자 부분이 빛을 감지하고 옥신의 재배치가 일어나는 부분입니다. 이 부분을 자세히 들여다본 a, b, c, d, e 부분은 줄기의 종단면입니다. 녹색형광단백질과 핀 단백질을 결합시켰기 때문에, 녹색으로 된 부분은 핀 단백질이 존재하는 곳입니다.

핀 단백질은 모든 세포막에 다 있습니다. 하지만 a~c처럼 빛을 왼쪽에서 주면(화살표) 비대칭적으로 바뀝니다. c를 보면, 빛을 받는 왼쪽의 내피세포(화살표 머리)에 핀 단백질이 사라지는 것을 볼 수 있습니다. 반면 빛을 받지 않는 반대쪽의 내피세포막에는 핀 단백질이 여전히 존

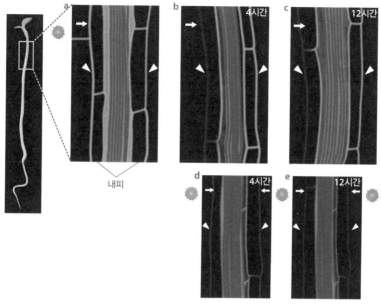

d, e처럼 빛을 양쪽에서 쪼여주면, 핀 단백질이 양쪽 다 사라진다. 이 실험은 옥신이 빛을 받았을 때 어떻게 반대쪽으로 흘러가는지를 보여주는 실험이다. 화살표는 빛의 방향.

재합니다. 즉 빛의 반대쪽으로 옥신이 수송된 것입니다.

그리고 d, e처럼 빛을 양쪽에서 쪼여주면, 핀 단백질이 양쪽 다 사라집니다. 이 실험은 옥신이 빛을 받았을 때 어떻게 반대쪽으로 흘러가는지를 보여주는 실험이라고 할 수 있습니다.

옥신이 많은 세포 또는 조직에 색을 띠게 하는 간접적인 방법으로 옥신의 양을 측정할 수도 있습니다. 실험해보면 빛의 반대쪽의 옥신 농도가 훨씬 더 높습니다. 그래서 빛의 반대쪽 줄기 부분은 파란색이 진하고, 굽어서 안쪽인 줄기 부분은 파란색이 옅습니다.

그러면 새로운 잎이 날 때 옥신 수송체는 어떤 역할을 할까요?

세상에서 가장 큰 나무 종으로 언급되는 자이언트 세쿼이아(giant

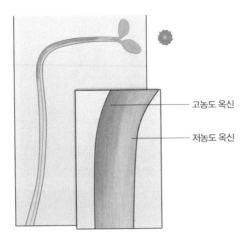

빛의 반대쪽의 옥신 농도가 훨씬 더 높다. 그래서 빛의 반대쪽 줄기 부분은 파란색이 진하고 굽어서 안쪽인 줄기 부분은 파란색이 옅다.

sequoia)도 실제로는 아주 조그만 씨앗에서 자라난 것입니다. 지름이 5mm도 안 되는 작은 씨앗이 자라나 높이가 100m인 거대한 나무가 됩니다. 이렇게 자라는 과정에서 이 나무는 무수히 많은 잎과 가지, 셀 수 없을 정도의 뿌리를 만들어냅니다. 이것은 어떻게 가능한 것일까요?

줄기의 맨 끝 부분을 보면 줄기 정단분열조직이 있습니다. 이곳에서 세포 분열을 통해 세포들을 계속 내놓고, 거기서 잎이 새로 나옵니다.

식물을 위에서 내려다보기 위해 세쿼이아 꼭대기로 올라갈 수는 없으므로, 연구실에서 키우는 사막 식물을 한번 살펴보겠습니다.

이 식물을 자세히 살펴보면, 잎이 무작위로 나오지 않고, 나오는 순서와 각도에 어떤 패턴을 갖고 있습니다. 가장 어린 잎에서부터 바로 직전에 나온 잎, 그 전에 나온 잎으로 순서를 매겨서 각도를 살펴보면, 흥미롭게도 가상의 중심점에서 보았을 때 이전에 나온 잎과 그 다음에 나온 잎 사이의 각도가 평균 137.5°라는 것을 알 수 있습니다. 이 각도

평균적으로 가상의 중심점을 기준으로 보았을 때, 이전에 나온 잎과 그 다음에 나오는 잎 사이의 각도는 137.5도이다.

는 소라, 암모나이트, 해바라기 씨에서도 나오는 황금각입니다. 그래서 우리는 그 다음 잎이 어디서 나올 수 있는지 알 수 있습니다.

그러면 다음 잎이 나오는 곳에서는 무슨 일이 벌어질까요? 137.5°가 되는 지점의 핀1 단백질에 녹색형광단백질을 붙여 살펴보면, 이들 핀1 단백질이 세포막의 모든 방향에 골고루 퍼져 있는 것이 아니라 잎이 나올 부분들이 있는 쪽 막을 향한 막에서만 존재한다는 것을 볼 수 있습니다. 이는 옥신이 잎이 나올 부분으로만 흐른다는 것을 말해줍니다. 즉 잎이 나오는 부분에 옥신이 수송되고, 그 옥신에 반응해서 세포가 자라거나 분열하는 것입니다.

그래서 핀1 돌연변이 식물의 줄기를 보면, 마치 핀처럼 줄기에서 자라나는 잎이 없습니다. 핀 단백질이 골고루 퍼져 잎이 나오는 부분에 옥신이 몰리지 않기 때문입니다.

그러면 이 돌연변이의 잎이 나올 부분에 옥신을 넣어주면 어떻게 될까요? 핀1 돌연변이에 옥신을 넣어주면 실제로 그곳에서 잎이 나옵니다.

지금까지 살펴본 것처럼 다윈이 예견했던 물질은 세포학에 의해 더 정교하게 증명되었습니다. 다윈은 세포 신장을 촉진시키는 호르몬이 있다는 것, 그것이 수송된다는 것을 예견했습니다. 이런 다윈의 관찰 결과들은 현대적인 해석을 통해 핀 단백질의 발견과 옥신의 재배치로 설명되었습니다.

다윈이 재미있는 실험 결과를 얻어낼 수 있었던 것은 연구의 대상을 옆에서 끊임없이 관찰했기 때문입니다. 생물학에 관심이 있다면, 관심이 있는 생명체를 옆에 두고 계속 관찰해야 합니다. 그 과정에서 자신만의 독특한 생명현상을 알게 되고, 그것이 중요한 연구 주제가 될 수 있습니다. 이번 기회에 다윈이 견지했던 과학적인 자세들을 여러분에게 꼭 소개해보고 싶었습니다.

© 신인철

Q. 옥신이라는 호르몬이 원형질연락사를 통해 고농도에서 저농도로 이동하는 확산을 이용하지 않고, 왜 굳이 핀 단백질을 이용해서 수송되는지 궁금합니다.

A. 옥신은 잎이 나게 하고 뿌리를 만드는 호르몬, 즉 형태를 만드는 물질입니다. 잎과 뿌리는 나야 될 곳에서 나야 합니다. 잎은 몰아서 나지도 않습니다. 만약 잎이 마구잡이로 난다면, 자기들끼리 빛을 가려서 광합성에 큰 지장을 초래할 수도 있을 것입니다. 그래서 빛을 받는 데 가장 효율적인 방식으로 줄기에서 잎이 납니다. 그런 의미에서 옥신이 무작위적으로 마구 몰리면 안 됩니다. 특정한 리듬과 패턴을 갖고 모여야 하는 것입니다. 이것을 '조절된다' 혹은 '방향성이 있다'고 표현합니다. '확산'으로는 '방향성'을 가질 수 없습니다. 지금 여기서 누군가가 암모니아를 탁 터뜨리면 전체로 확 퍼집니다. 암모니아가 원하는 곳으로 가지 않습니다. 그래서 만약 옥신이 확산에 의해 이동된다면, 옥신의 작용은 무작위로 일어나게 될 것입니다. 하지만 핀 단백질이 있다면, 옥신은 핀 단백질에 의해 조절된 방향으로 흐르게 되고, 그곳에서 잎이 나거나 뿌리가 나게 될 것입니다. 식물세포에는 원형질연락사라는 세포 사이의 통로가 있으나 이 역시 무작위적인 확산 통로로 작용하는 것이 아니라 식물 발달의 조절과 함께 엄격히 조절됩니다.

Q. 사람의 경우 간뇌 시상하부가 호르몬을 조절합니다. 식물의 경우 어떻게 옥신이라는 호르몬을 조절하는지 궁금합니다.

A. 식물 호르몬으로 정의되는 것으로는 6~7개 정도 됩니다. 그중 가장 먼저 발견된 것이 옥신입니다. 동물에서는 호르몬이 만들어지는 부분과 사용되는 부분이 다른데, 식물에서는 많은 호르몬들이 곳곳에서 만들어져 그 근처에서 사용되는 경우가 많습니다. 하지만 옥신은 방향성을 갖고 먼 거리를 이동하는 식물 호르몬이 대표적입니다. 옥신은 주로 줄기의 어린 부분, 어린 잎 부분 같은 데서 만들어지고, 뿌리까지

이동됩니다. 뿌리 끝에서 옥신이 만들어지기도 하지만 뿌리에서 사용되는 70%의 옥신은 줄기에서 만들어져서 수송된 것입니다. 하지만 동물 호르몬과 달리 옥신은 혈관과 같은 관다발을 타고 이동하는 것보다 세포와 세포 사이를 이동하는 극성 수송이 더 중요하다는 것을 명심할 필요가 있습니다.

Q. 끈끈이주걱이 질소를 흡수한다고 하셨는데, 왜 공기 중에서 질소를 얻지 않고 곤충을 섭취함으로써 질소를 흡수하려는 것인지 궁금합니다.

A. 식물체는 공기 중의 기체 상태 질소(N_2)를 마음대로 쓸 수 없습니다. 그것을 곧바로 사용 가능한 유기질소 형태로 고정할 수 있는 그런 방법이 없습니다. 콩과 식물들은 질소 고정 박테리아와 공생함으로써 질소 분자를 쓸 수 있는 형태의 암모늄이라든지 질산 형태로 만들 수가 있습니다. 그러나 보통 식물들은 그게 불가능합니다. 식물이 질소를 얻는 방법은 토양에 녹아 있는 질소 원료를 받아들이거나 동물을 직접 녹여서 흡수하거나 하는 방법밖에 없습니다.

Q. 중력에 따라 식물의 옥신이 다르게 분포가 된다고 하셨는데, 만약 지구 상에서 중력이 없어진다면 어떻게 될까요?

A. 핀2 돌연변이를 보면 뿌리가 중력 방향으로 자라지 못하고 방향 없이 자기 멋대로 자랍니다. 만약 중력이 사라진다면 그런 현상이 벌어질 겁니다. 실제로 우주에서 그런 실험들을 해보았습니다. 중력이 거의 없는 조건에서 식물이 어떻게 반응하는지 관찰한 것입니다. 그랬더니 방향을 잡지 못하는 반응들이 일어났습니다. 옥신도 중력 방향으로 수송되지 못한 채, 아무 방향으로나 수송될 것입니다.

경암바이오 시리즈

생물학 명강 3

ⓒ 2015 고기남 고재원 김재호 김형기 박철승 박충모 백성희 서영준
선웅 신인철 안지훈 오우택 임대식 정광환 정용 조형택 한진희

1판 1쇄 2015년 4월 21일
1판 6쇄 2023년 5월 10일

기획 한국분자·세포생물학회
지은이 고기남, 고재원, 김재호, 김형기, 박철승, 박충모, 백성희, 서영준
    선웅, 안지훈, 오우택, 임대식, 정광환, 정용, 조형택, 한진희
카툰 신인철
후원 경암교육문화재단
펴낸이 김정순
편집 허영수 김소희 변익상 임선영 정소연 호미선 황은주
일러스트 전수교
디자인 김진영 모희정
마케팅 이보민 양혜림 정지수

펴낸곳 (주)북하우스 퍼블리셔스
출판등록 1997년 9월 23일 제406-2003-055호
주소 04043 서울시 마포구 양화로 12길 16-9(서교동 북앤빌딩)
전자우편 henamu@hotmail.com
홈페이지 www.bookhouse.co.kr
전화번호 02-3144-3123
팩스 02-3144-3121

ISBN 978-89-5605-516-9 04470
    978-89-5605-678-4 (세트)